解ける！使える！ 微分方程式

稲津　將 著

北海道大学出版会

はじめに

　微分方程式を解けば未来がわかる。未来を先見するのは、かつて人類の夢だった。たとえば、数年先の日食や、明日の天気は、微分方程式を解くことで実現した未来予想である。この例に限らず、微分方程式は、機械や電気の制御、河川の流れ、建築物の構造、金融など、ありとあらゆる分野で使われている。

　微分方程式を含め、数学の習熟には長い時間を要するものである。大学 1 年次の理系学生は、線型代数学と微分積分学を学ぶ。さらに多くの理学・工学分野を専攻する学生は、その知識を前提として、大学 2·3 年次に常・偏微分方程式を学ぶ。しかし、線型代数学や微分積分学の内容を十分、消化しきれない学生にとって、微分方程式を学ぶのは大変苦労が多いことだろう。多忙で誘惑の多い現代社会では、最小の努力で最大の効果があげられることが重要である。数学の書籍についていえば、学生が基礎からスムーズに数学をマスターできるような工夫が求められている。本書はその考えに基づいて執筆した。

　さて、世の中に数多ある微分方程式の書を紐解けば、おおまかに二種に大別される。一つは例題とその解法が羅列されているタイプ、もう一つは定義・定理・証明が羅列されているタイプである。後者は数学者のための書であり、理解が容易ではない。一方、前者では残念ながら数学は身につかないだろう。さしずめ大学生が単位のために授業を受けて、試験対策のために勉強する程度のことで、内容の理解を目指すには記述に不足が多いように思われる。著者は随分調べたが、初学者が段階的・螺旋的に理解できるように工夫された微分方程式の和書は少なかった。ほとんどの場合、日本語による考え方の説明が決定的に欠けている。物理数学の本では、物理の例示によりその欠を補っていることもある。しかし、数学の勉強に物理の知識を仮定することは必ずしも合理的ではない。例示によって応用の一端は示せても、それで数学そのものの理解が進むとは限らないからである。

　本書は北海道大学理学部地球惑星科学科 2 年生向け講義「地球惑星科学のための物理数学 I」の講義ノートおよびレポート問題をもとに執筆した。著者は執筆段階で草稿に基づいた講義と演習を行った。その結果、学生が不得手としがちなことが浮き彫りになり、本書で解説すべき重点項目を二点、認識することができた。行列・一次変換と積分の計算である。行列・一次変換は、かつて大学入試の花形とよばれ、文系の学生すら学習していた。しかし、高等学校の学習指導要領が近年、改訂され、それを高等学校で一切、取り扱わなくなった。また、積分の計算

は、高等学校では扱うものの技巧的な計算が要求されるため、大学入学後に忘れているケースが多いようである。さらに、多くの学生が、線型代数学や微分積分学の内容をマスターできていない点も、考慮しなければならない。本書では、学生が不得手としがちな事項に配慮し、線型代数学や微分積分学を十分に習得していなくても読み通せるように工夫した。とくに、復習となる事項も適宜織り交ぜたことで、学生が中途で挫折することを極力回避できると信じている。また、そのために難しい内容や応用上、重要でないテーマを割愛した。本書では微分方程式の級数解法とそれに付随する特殊関数を扱わない。

　本書の特長は以下の三点である。(1) 演習問題に対し 5 段階の難易表示をした。この難易は私の講義を受講してくれた学生の正答率を参考にしたため、学生にとって解きにくいか解きやすいかの指標である。また、難しい問題にはヒントを付した。さらに、後半の章の演習問題には、それ以前の例題や演習問題がヒントになっているものが多い。これにより学生は各単元を関連づけながら、本書の内容を螺旋的に理解できると期待している。(2) コラムで微分方程式の実用例や数学の発展的な内容を書いた。とくに、近年、情報処理が各分野で重要事項になっていることを念頭に、いくつかのコラムでは数値計算をテーマにした。(3) 初出のキーワードに英訳を付した。大学院に進学したり、国際的な企業に就職すると、英文でのやりとりが日常となる。ささやかだか、その一助になれば幸いである。

　本書は、講義ノートの作成から 6 年の歳月を経て、多くの方々のご支援のもとに完成に漕ぎ着けた。京都産業大学の西慧助教には数学者の立場から草稿を校閲して頂いた。本書中の図の作成には、北海道大学馬術部と土木研究所寒地土木研究所に協力を頂いた。また、私の授業を受講した多くの学生や授業のティーチングアシスタントである玉置雄大君、勝山祐太君から、問題の不備やレベルに関して率直な指摘を受けた。北海道大学の見延庄士郎教授、蓬田清教授、荒井迅准教授、および中野直人研究員、ならびに京都大学の坂上貴之教授をはじめ、多くの方々と数学の高等教育に関し意見を交わしたことは、執筆の大きな動機となった。最後に本書が出版に至ったのは、北海道大学出版会の上野和奈さんが出版に不慣れな著者を導いて下さったおかげである。ここにお世話になったすべての方に感謝の意を表したい。

　本書を手に取った読者のみなさんが、微分方程式を解けるようになり、そして使いこなせるようになることを、心から願っている。

平成 28 年 11 月　稲津　將

目 次

第1章　オイラーの公式とテイラー展開	**2**
1.1　オイラーの公式	2
1.2　三角関数の公式	4
1.3　複素平面の表示法	6
1.4　逆三角関数	10
1.5　テイラー展開	12

第2章　常微分方程式の基本的な解法	**16**
2.1　常微分方程式	16
2.2　変数分離型の常微分方程式	18
2.3　線型常微分方程式	21
2.4　特性方程式を用いた2階常微分方程式の解法	26
2.5　特性方程式の解に重根を含む場合の解法	30
2.6　特性方程式の解に0を含む場合の解法	32

第3章　非斉次常微分方程式	**34**
3.1　斉次方程式と非斉次方程式	34
3.2　発見的方法（1）非斉次項が多項式の場合	36
3.3　発見的方法（2）非斉次項が指数関数の場合	38
3.4　発見的方法（3）共鳴の場合	41
3.5　発見的方法（4）非斉次項が二つの関数の和の場合	43
3.6　ラグランジュの定数変化法による解法	46

第4章　行列と固有値解析	**50**
4.1　行列の基礎知識	50
4.2　連立方程式と逆行列	54
4.3　2次正方行列による線型写像	56
4.4　固有値と固有ベクトル	59
4.5　ケーリーハミルトンの定理と射影行列	64
4.6　行列の対称性	66
4.7　二次形式と二次曲線	68

vi

第 5 章　連立常微分方程式　　72

5.1　連立常微分方程式. 72
5.2　スペクトル分解を用いた解法　. 75
5.3　解軌道（1）固有値が実数のとき. 76
5.4　解軌道（2）固有値が共役複素数のとき. 80
5.5　解軌道の分類のまとめ　. 84

第 6 章　積分の計算法　　86

6.1　対称的な関数の積分. 86
6.2　三角関数・指数関数の積分. 89
6.3　部分積分. 90
6.4　不連続関数の積分. 94
6.5　正規分布の全積分. 95

第 7 章　フーリエ展開　　98

7.1　フーリエ展開. 98
7.2　パーセバルの等式とギブスの現象　. 101
7.3　複素フーリエ展開. 104
7.4　関数のノルムと計量. 106

第 8 章　常微分方程式と固有関数　　110

8.1　固有関数としての三角関数. 110
8.2　ディリクレ境界条件と正弦展開. 114
8.3　ノイマン境界条件と余弦展開. 116
8.4　その他の境界条件. 118
8.5　作用素の自己随伴性. 120
8.6　スツルム＝リュービル型微分方程式. 122

第 9 章　偏微分方程式と変数分離法　　124

9.1　2 変数関数と偏微分. 124
9.2　偏微分方程式の分類と問題・解法の概要. 126
9.3　熱拡散方程式の初期値境界値問題. 129
9.4　境界条件が異なる場合の解法. 134
9.5　さまざまな有限区間に対する解法. 138
9.6　方程式の係数が異なる場合の解法. 142

第 10 章　固有関数展開と熱拡散方程式　　144

10.1　固有関数展開による解法. 144

10.2	非斉次方程式の解法	147
10.3	非斉次境界条件の場合	150

第 11 章 振動の方程式　　152

11.1	波動方程式	152
11.2	定在波	153
11.3	強制振動	158

第 12 章 ラプラス方程式　　162

12.1	ラプラス方程式	162
12.2	矩形領域における境界値問題	163
12.3	変数変換と平面極座標におけるラプラシアン	167
12.4	オイラー方程式の解法	170
12.5	円盤領域における境界値問題	171
12.6	ポワッソンの公式	175

第 13 章 フーリエ変換と熱拡散方程式　　176

13.1	ディラックのデルタ超関数	176
13.2	フーリエ変換	179
13.3	畳み込み積分	183
13.4	初期値問題の解法	185
13.5	半無限区間の熱拡散方程式（１）ディリクレ境界条件 . . .	189
13.6	半無限区間の熱拡散方程式（２）ノイマン境界条件	192

第 14 章 波動方程式　　194

14.1	1 階の偏微分方程式とフーリエ変換	194
14.2	1 階の偏微分方程式と特性曲線	196
14.3	波動方程式のフーリエ変換による解法	198
14.4	波動方程式と特性曲線	200
14.5	波の固定端の反射	203
14.6	波の自由端の反射	205

第 15 章 グリーン関数　　206

15.1	2 次元デルタ超関数	206
15.2	ラプラス方程式の基本解	208
15.3	線積分・面積分とグリーンの定理	209
15.4	ポワッソン方程式の境界値問題	212
15.5	鏡像法とグリーン関数	215

コラム目次

A	最多被引用「数式」は？	3
B	ＡＴＡＮ２〜コンピュータの逆正接関数	11
C	性質が定義に、定義が性質に化ける	15
D	浴槽の水抜きは変数分離で	20
E	微分方程式と放射年代測定	24
F	数値解法〜ヤミキンと e	24
G	共鳴の例	42
H	鞍や峠のイメージ	79
I	非線型力学系	85
J	置換積分の秘訣	88
K	絶対値を含む積分の鉄則	89
L	数値積分の台形公式	97
M	黒体輻射と逆4乗和	105
N	データのフーリエ展開	108
O	ξ の書き方講座	113
P	ルジャンドル微分方程式	123
Q	フーリエの法則	128
R	解の図示あれこれ	136
S	∂ って何て読むの？	141
T	雪中温度の時間変化	151
U	定数のフーリエ変換？	182
V	さまざまフーリエ変換の定義	184
W	津波の速さ	195
X	大気中の物質輸送	197
Y	3次元ラプラス方程式の基本解	211

解ける！ 使える！
微分方程式

第1章 オイラーの公式とテイラー展開

　本章では微分方程式を解く上で必要な複素数の知識を復習する。まず、オイラーの公式を使って、三角関数と指数関数との間を自由に「往来」できるようにする。オイラーの公式の説明のため、テイラー展開を導入する。なお、オイラーの公式とテイラー展開は大学で学ぶ数学の最重要項目である。

1.1 オイラーの公式

　大学で学ぶ数学の中でもっとも重要な公式は、**オイラーの公式**
Euler's formula

$$e^{i\theta} = \cos\theta + i\sin\theta \tag{1.1.1}$$

だろう。ただし、虚数単位を $i = \sqrt{-1}$ とする。実数の世界では別の関数であった指数関数と三角関数が、複素数の世界ではオイラーの公式を介して同じ仲間となる。この説明は第 1.5 節で与える。

　オイラーの公式は指数関数を三角関数で表す公式である。これを使うと、逆に三角関数を指数関数で表すこともできる。式 (1.1.1) より、

$$\begin{aligned}
e^{-i\theta} &= \frac{1}{e^{i\theta}} = \frac{1}{\cos\theta + i\sin\theta} \\
&= \frac{\cos\theta - i\sin\theta}{(\cos\theta - i\sin\theta)(\cos\theta + i\sin\theta)} \\
&= \cos\theta - i\sin\theta
\end{aligned} \tag{1.1.2}$$

となる。式 (1.1.1) と式 (1.1.2) を足して 2 で割ると、余弦を指数関数にする公式を得る。

$$\cos\theta = \frac{e^{i\theta} + e^{-i\theta}}{2} \tag{1.1.3}$$

また、式 (1.1.1) から式 (1.1.2) を引いて $2i$ で割ると、正弦を指数関数にする公式を得る。

$$\sin\theta = \frac{e^{i\theta} - e^{-i\theta}}{2i} \tag{1.1.4}$$

ちなみに、式(1.1.3)と式(1.1.4)に似た形をした**双曲線関数**は
hyperbolic function

$$\cosh\theta = \frac{e^\theta + e^{-\theta}}{2} \quad (1.1.5)$$

$$\sinh\theta = \frac{e^\theta - e^{-\theta}}{2} \quad (1.1.6)$$

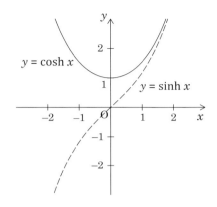

図 1.1 実線が双曲線余弦関数、点線が双曲線正弦関数。

と定義される（図1.1）。ここで、双曲線余弦関数 cosh はハイパーボリック・コサインと読み、双曲線正弦関数 sinh はハイパーボリック・サインと読むことに注意せよ。

演習問題 1.1. [易] $e^{i\pi}$ を計算せよ。

演習問題 1.2. [やや易] $\cos(i\theta)$ および $\sin(i\theta)$ を双曲線関数 $\cosh\theta$ および $\sinh\theta$ を用いて表せ。

 A. 最多被引用「数式」は？

研究をしてその成果を論文としてまとめることは、研究者の重要な仕事である。当然ながら、影響力のある論文を書くことが高い評価につながる。その指標の一つが、被引用論文数（他者の論文の中でどのくらい自分の論文が引用されているか）である。つまり、被引用論文数の多い論文ほど影響力があると一般には考えられる。この話を本書に照らしてみると、引用の多い数式ほど重要ということになるだろう。最多被引用数式は何か？本書を読み通せば、オイラーの公式 (1.1.1) がたびたび引用され、その重要さがわかる。本書におけるオイラーの公式の引用回数は 24 回で一位である。

1.2 三角関数の公式

オイラーの公式から三角関数の**加法定理**を導く。オイラーの公式 (1.1.1) の θ を
angle sum formulae
α と β で置き換える。

$$e^{i\alpha} = \cos\alpha + i\sin\alpha \tag{1.2.1}$$

$$e^{i\beta} = \cos\beta + i\sin\beta \tag{1.2.2}$$

式 (1.2.1) と式 (1.2.2) の左辺同士のかけ算は

$$e^{i\alpha}e^{i\beta} = e^{i(\alpha+\beta)} = \cos(\alpha+\beta) + i\sin(\alpha+\beta) \tag{1.2.3}$$

となり、右辺同士のかけ算は

$$(\cos\alpha + i\sin\alpha)(\cos\beta + i\sin\beta) =$$
$$\cos\alpha\cos\beta - \sin\alpha\sin\beta + i\,(\cos\alpha\sin\beta + \cos\beta\sin\alpha) \tag{1.2.4}$$

となる。式 (1.2.3) と式 (1.2.4) の実部同士と虚部同士はそれぞれ等しい。これより、

$$\cos(\alpha+\beta) = \cos\alpha\cos\beta - \sin\alpha\sin\beta \tag{1.2.5}$$

$$\sin(\alpha+\beta) = \cos\alpha\sin\beta + \cos\beta\sin\alpha \tag{1.2.6}$$

という余弦と正弦の加法定理を得る。式 (1.2.6) を式 (1.2.5) で除すると正接の加法定理

$$\tan(\alpha+\beta) = \frac{\tan\alpha + \tan\beta}{1 - \tan\alpha\tan\beta} \tag{1.2.7}$$

を得る。たいていの三角関数の公式は加法定理に由来する。したがって、オイラーの公式 (1.1.1) さえ覚えておけば、三角関数の各種公式を覚える必要はない。

例題 1.1. オイラーの公式 (1.1.1) から、以下の**三倍角の公式**を導け。
triple angle formulae

$$\cos 3\theta = 4\cos^3\theta - 3\cos\theta \tag{1.2.8}$$

$$\sin 3\theta = 3\sin\theta - 4\sin^3\theta \tag{1.2.9}$$

解答 オイラーの公式 (1.1.1) より

$$e^{3i\theta} = \cos 3\theta + i\sin 3\theta \tag{1.2.10}$$

ここで、式 (1.2.10) の左辺は

$$
\begin{aligned}
(e^{i\theta})^3 &= (\cos\theta + i\sin\theta)^3 \\
&= \cos^3\theta + 3i\cos^2\theta\sin\theta - 3\cos\theta\sin^2\theta - i\sin^3\theta \\
&= (\cos^3\theta - 3\cos\theta\sin^2\theta) + i\,(3\cos^2\theta\sin\theta - \sin^3\theta)
\end{aligned}
\tag{1.2.11}
$$

式 (1.2.10) と式 (1.2.11) の実部を比較すると、

$$
\begin{aligned}
\cos 3\theta &= \cos^3\theta - 3\cos\theta\sin^2\theta \\
&= \cos^3\theta - 3\cos\theta\,(1 - \cos^2\theta) \\
&= 4\cos^3\theta - 3\cos\theta
\end{aligned}
\tag{1.2.12}
$$

より式 (1.2.8) を得る。同様に式 (1.2.10) と式 (1.2.11) の虚部を比較すると、式 (1.2.9) を得る。（終）

演習問題 1.3. [易] オイラーの公式 (1.1.1) から、以下の**二倍角の公式**を導け。
double angle formulae

(1) $\cos 2\theta = 2\cos^2\theta - 1 = 1 - 2\sin^2\theta$ $\tag{1.2.13}$

(2) $\sin 2\theta = 2\sin\theta\cos\theta$ $\tag{1.2.14}$

演習問題 1.4. [易] オイラーの公式 (1.1.1) から、次の**積和の公式**を導け。
product-to-sum identities

(1) $\cos\alpha\cos\beta = \dfrac{1}{2}\cos(\alpha + \beta) + \dfrac{1}{2}\cos(\alpha - \beta)$ $\tag{1.2.15}$

(2) $\sin\alpha\sin\beta = -\dfrac{1}{2}\cos(\alpha + \beta) + \dfrac{1}{2}\cos(\alpha - \beta)$ $\tag{1.2.16}$

(3) $\sin\alpha\cos\beta = \dfrac{1}{2}\sin(\alpha + \beta) + \dfrac{1}{2}\sin(\alpha - \beta)$ $\tag{1.2.17}$

演習問題 1.5. [易] オイラーの公式 (1.1.1) から、以下の**ドモアブルの定理**を導け。
De Moivre's formula

$$
(\cos\theta + i\sin\theta)^n = \cos n\theta + i\sin n\theta \qquad (n \text{ は自然数})
\tag{1.2.18}
$$

1.3 複素平面の表示法

複素数 z は実数 x と実数 y の組み合わせで $z = x + yi$ と書ける。よって複素数
complex number
z は (x, y) 平面上に表現できる。この平面を**複素平面**といい、その x 軸を**実軸**、そ
complex plane real axis
の y 軸を**虚軸**という（図 1.2）。複素数 z の絶対値は
imaginary axis

$$|z| = \sqrt{x^2 + y^2} \tag{1.3.1}$$

と、複素数 z の**偏角** $\arg z$ は実軸と z とのなす角度 $(0 \leq \arg z < 2\pi)$ と定義する。
argument
また、複素数 $z = x + yi$ の**共役複素数**は $\bar{z} = x - yi$ と定義する。
complex conjugate

例題 1.2. 複素数 $\sqrt{3} + i$ の絶対値、偏角、および共役複素数を求めよ。

解答 複素数 $z = \sqrt{3} + i$ の絶対値は $|z| = \sqrt{(\sqrt{3})^2 + 1^2} = 2$。偏角は $\arg z = \dfrac{\pi}{6}$。共役複素数は $\bar{z} = \sqrt{3} - i$。（終）

複素数は実部 x と虚部 y により $z = x + yi$ と
表現するほかに、絶対値 $r = |z|$ と偏角 $\theta = \arg z$
を使って表現することもできる。三角関数の定義
より、

$$(x, y) = (r \cos \theta, r \sin \theta) \tag{1.3.2}$$

が成り立つ。$z = x + yi = r \cos \theta + i r \sin \theta$ にオイ
ラーの公式 (1.1.1) を使うと、

$$z = re^{i\theta} \tag{1.3.3}$$

となる。これを**極形式**という。また、極形式を使
polar form
うと、$z = re^{i\theta}$ の共役複素数は

$$\begin{aligned}
\bar{z} = \overline{re^{i\theta}} &= \overline{r \cos \theta + i r \sin \theta} \\
&= r \cos \theta - i r \sin \theta \\
&= re^{-i\theta}
\end{aligned} \tag{1.3.4}$$

と書ける。さらに、オイラーの公式 (1.1.1) より、
任意の実数 θ に対し、

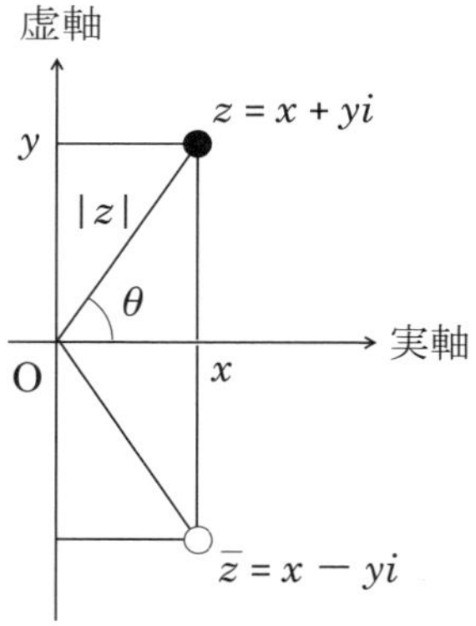

図 1.2 複素平面における複素数 $z = x + yi$ の絶対値 $|z|$、偏角 $\theta = \arg z$、および共役複素数 $\bar{z}$。

$$\left| e^{i\theta} \right| = |\cos \theta + i \sin \theta| = \sqrt{\cos^2 \theta + \sin^2 \theta} = 1 \tag{1.3.5}$$

が成り立つ。

例題 1.3. 複素数 $\sqrt{3}+i$ を極形式で表せ。

解答 例題 1.2 ☞ p.6 より、複素数 $z=\sqrt{3}+i$ の絶対値は $|z|=2$ で偏角は $\arg z = \dfrac{\pi}{6}$ なので、極形式は $z = 2\exp\left(\dfrac{i\pi}{6}\right)$。なお、$\exp x$ は e^x と同じ意味である。（終）

ここで、複素数の偏角について考察する。オイラーの公式 (1.1.1) より

$$e^{2\pi i} = 1 \qquad (1.3.6)$$

である。この両辺を n 乗 (n は整数) する。

$$e^{2n\pi i} = 1 \qquad (1.3.7)$$

この式は指数関数の周期性を示す重要な式である。これを図で理解しよう。図 1.3 で示すように複素数は複素平面上の

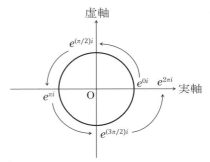

図 1.3　指数関数の周期性。

単位円 ($|z|=1$) 内を反時計回りに 2π まわるたびに、同じ複素数を繰り返し通過する。時計回りについても同じである。一般に、偏角に 2π の整数倍を加えたものがすべて同じ複素数である。

$$e^{i\theta} = e^{(i\theta + 2n\pi i)} \qquad (n \text{ は整数}) \qquad (1.3.8)$$

このことを使って、方程式

$$z^3 = 8i \qquad (1.3.9)$$

を解いてみよう。まず、複素数 $8i$ の絶対値は 8、偏角は $\dfrac{\pi}{2}$ である。これより、求める複素数を $z = re^{i\theta}$ と極形式で表すと、式 (1.3.9) は

$$(re^{i\theta})^3 = 8\exp\left\{i\left(\dfrac{\pi}{2} + 2n\pi\right)\right\} \qquad (n \text{ は整数}) \qquad (1.3.10)$$

となる。

まず、r を求める。式 (1.3.5) に注意して、式 (1.3.10) の絶対値をとると、左辺は

$$\left|(re^{i\theta})^3\right| = \left|r^3 e^{3i\theta}\right| = r^3 \left|e^{3i\theta}\right| = r^3 \qquad (1.3.11)$$

であり、右辺は

$$\left|8\exp\left\{i\left(\dfrac{\pi}{2} + 2n\pi\right)\right\}\right| = 8\left|\exp\left\{i\left(\dfrac{\pi}{2} + 2n\pi\right)\right\}\right| = 8 \qquad (1.3.12)$$

8

である。したがって、$r^3 = 8$。$r \geq 0$ より、

$$r = 2 \tag{1.3.13}$$

となる。

次に、偏角 θ を求める。式 (1.3.13) を式 (1.3.10) に代入する。

$$e^{3i\theta} = \exp\left\{i\left(\frac{\pi}{2} + 2n\pi\right)\right\} \qquad (n \text{ は整数}) \tag{1.3.14}$$

上式の両辺の偏角を比較する。

$$3\theta = \frac{\pi}{2} + 2n\pi \qquad (n \text{ は整数}) \tag{1.3.15}$$

よって、$0 \leq \theta < 2\pi$ を満たす θ は $\dfrac{\pi}{6}$、$\dfrac{5\pi}{6}$、および $\dfrac{3\pi}{2}$ である。つまり、極形式の解は

$$z = 2\exp\left(\frac{i\pi}{6}\right), \quad 2\exp\left(\frac{5i\pi}{6}\right), \quad 2\exp\left(\frac{3i\pi}{2}\right) \tag{1.3.16}$$

である。これを $x + yi$ の形に戻せば、

$$z = \pm\sqrt{3} + i, -2i \tag{1.3.17}$$

となる。

例題 1.4. $z^2 = i$ を満たす複素数 z をすべて求めよ。

解答 求める複素数の極形式を $z = re^{i\theta}$ とおく。ただし、$r \geq 0$ かつ $0 \leq \theta < 2\pi$。i の極形式が $\exp\left(\dfrac{i\pi}{2}\right)$ であることに注意して、方程式 $z^2 = i$ に代入する。

$$(re^{i\theta})^2 = \exp\left\{i\left(\frac{\pi}{2} + 2n\pi\right)\right\} \quad (n \text{ は整数}) \tag{1.3.18}$$

式 (1.3.18) 両辺の絶対値をとる。

$$r^2 = 1 \tag{1.3.19}$$

$r \geq 0$ より $r = 1$。次に、式 (1.3.18) に $r = 1$ を戻して、偏角を比較する。

$$2\theta = \frac{\pi}{2} + 2n\pi \qquad (n \text{ は整数}) \tag{1.3.20}$$

$0 \leq \theta < 2\pi$ を満たす θ は $\dfrac{\pi}{4}$ および $\dfrac{5\pi}{4}$ である。よって、

$$(\text{答}) \quad z = \frac{1}{\sqrt{2}} + \frac{1}{\sqrt{2}}i, \quad \text{および} \quad z = -\frac{1}{\sqrt{2}} - \frac{1}{\sqrt{2}}i \tag{1.3.21}$$

別解 複素数を実数 x と y を使って $z = x + iy$ と表し、方程式に代入する。

$$(x + iy)^2 = x^2 - y^2 + 2ixy = i \tag{1.3.22}$$

式 (1.3.22) の実部と虚部を比較する。

$$x^2 - y^2 = 0, \quad 2xy = 1 \tag{1.3.23}$$

式 (1.3.23) より $x = \pm y$ となるが、$x = -y$ と $2xy = 1$ を同時に満たす実数 (x, y) の組はない。よって、$x = y = \pm\dfrac{1}{\sqrt{2}}$ （複号同順）。これより答を得る。

演習問題 1.6. [易] 次の複素数を極形式で表せ。
(1) -1 (2) $-3 + 3i$

演習問題 1.7. [易] 複素数 z_1 と z_2 に対し、$\overline{z_1 z_2} = \overline{z_1}\,\overline{z_2}$ を証明せよ。

演習問題 1.8. [やや易] $z^3 = -8$ を満たす複素数 z をすべて求めよ。

演習問題 1.9. [標準] 複素数 x に対して整式 x^{172} を $x^2 - ix - 1$ で除した余りを求めよ。

演習問題 1.10. [やや難] r が無理数のとき、$z_{n+1} = e^{ir\pi} z_n$ および $z_0 = 1$ より生成される複素数列は周期性をもたないことを証明せよ。

1.4 逆三角関数

第 1.3 節では複素数の偏角を定義した。しかし、一般には偏角をピッタリと求めることは難しい。たとえば、$1+i$ の偏角は $\dfrac{\pi}{4}$ であるが、$1+2i$ の偏角はこのように π の有理数倍にはならない。このような場合は逆三角関数を使って表示する。**逆三角関数**とは三角関数の逆関数である。ここで三角関数の定義域を制限しなければ、その逆関数を定義できないことに注意せよ。
inverse trigonometric function

- **逆正弦関数** $y = \text{Arcsin}\, x$ は、正弦関数 $y = \sin x \left(-\dfrac{\pi}{2} \leq x \leq \dfrac{\pi}{2}\right)$ の逆関数である（図 1.4a の実線）。
  inverse sine function

- **逆余弦関数** $y = \text{Arccos}\, x$ は、余弦関数 $y = \cos x\, (0 \leq x \leq \pi)$ の逆関数である（図 1.4b の実線）。
  inverse cosine function

- **逆正接関数** $y = \text{Arctan}\, x$ は正接関数 $y = \tan x \left(-\dfrac{\pi}{2} < x < \dfrac{\pi}{2}\right)$ の逆関数である（図 1.4c の実線）。
  inverse tangent function

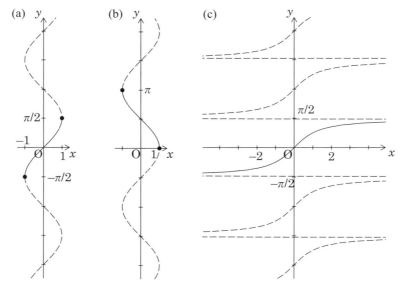

図 1.4　(a) 逆正弦関数 $\text{Arcsin}\, x$（実線）と $x = \sin y$（点線）。(b) 逆余弦関数 $\text{Arccos}\, x$（実線）と $x = \cos y$（点線）。(c) 逆正接関数 $\text{Arctan}\, x$（実線）と $x = \tan y$（点線）。

なお、Arcsin、Arccos、およびArctanはそれぞれ一つの記号でアークサイン、アークコサイン、およびアークタンジェントと読む。

演習問題 1.11. [易] 以下の計算をせよ。

(1) $\text{Arctan}\, 1$ 　　　(2) $\text{Arccos}\,\dfrac{1}{\sqrt{2}}$ 　　　(3) $\lim_{x\to\infty} \text{Arctan}\, x$

演習問題 1.12. [やや易] $\tan\alpha = \dfrac{1}{2}$ および $\tan\beta = \dfrac{1}{3}$ のとき、$\alpha+\beta$ を求めよ。ただし、$0 < \alpha+\beta < \dfrac{\pi}{2}$ とする。（ヒント）$\arg\{(2+i)(3+i)\}$ を計算すると面白い。

演習問題 1.13. [易] 以下の複素数の偏角を逆正接関数を用いて表せ。ただし、逆正接関数の値域は $-\pi/2$ から $\pi/2$ までの範囲であり、偏角は 0 から 2π までの範囲であることに注意せよ。

(1) $-1+2i$ 　　　　　　　(2) $3+4i$

演習問題 1.14. [標準] 以下の問いに答えよ。

(1) $\dfrac{d}{dx}\text{Arctan}\, x$ を計算せよ。

(2) 定積分 $\displaystyle\int_1^{\sqrt{3}} \dfrac{1}{x^2+1}\, dx$ を計算せよ（2014年後期・北海道大学）。

 B. ＡＴＡＮ２〜コンピュータの逆正接関数

原点から見た点 (x_0, y_0) の方角を知りたいとき、逆三角関数が利用できる。その角度は $\text{Arctan}(y_0/x_0)$ によって計算できる。しかし、図 1.4c のように

$$-\frac{\pi}{2} < \text{Arctan}\frac{y_0}{x_0} < \frac{\pi}{2}$$

に限られるため、第2象限と第3象限および $\pm\pi/2$ の角度を直接、求めることができない。そこで、多くの表計算ソフトやプログラミング言語には `ATAN2(Y,X)` という関数が用意されている。この関数は `X` と `Y` の入力に対し、方角を $-\pi$ から π までの範囲で出力する。たとえば、`ATAN2(1,-1)` の値は $2.35619 (= 3\pi/4)$ となる（図 1.5）。

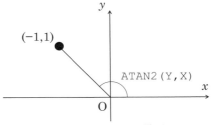

図 1.5 ATAN2 の説明。

1.5 テイラー展開

本章の最後に**テイラー展開**を利用した**オイラーの公式**の説明を行う。テイラー
展開 (Taylor expansion) は大学で学ぶ数学でオイラーの公式に次いで重要であろう。テイラー展開は、
関数をある点の近くだけで大雑把に表現する方法を与える。

ある関数 $f(x)$ を $x = x_0$ のまわりでもっとも雑に表現するのは、$f(x) \approx f(x_0)$ の
ように、その関数の値の一定値とみなすことである。高等学校の数学では、これ
よりも幾分マシな近似の方法を習う。関数 $f(x)$ を 1 次式で近似する、つまり「関
数 $f(x)$ に $x = x_0$ で接する直線を引く」のである。微分はこの近似のためにあると
いっても過言ではない。

$$f(x) \approx f(x_0) + f'(x_0)(x - x_0) \tag{1.5.1}$$

そうすると欲が出て、関数 $f(x)$ を $x = x_0$ のまわりに、もう少し精度良く近似した
くなる。そこで 2 次式で近似するとしよう。式 (1.5.1) の f を f' に、x を x_1 に置き
換える。

$$f'(x_1) \approx f'(x_0) + f''(x_0)(x_1 - x_0) \tag{1.5.2}$$

式 (1.5.2) の両辺を x_0 から x まで積分する。

$$\int_{x_0}^{x} f'(x_1) \, dx_1 \approx \int_{x_0}^{x} \{f'(x_0) + f''(x_0)(x_1 - x_0)\} \, dx_1 \tag{1.5.3}$$

これを計算すると、以下のように $f(x)$ を 2 次式で近似できる。

$$f(x) \approx f(x_0) + f'(x_0)(x - x_0) + \frac{1}{2}f''(x_0)(x - x_0)^2 \tag{1.5.4}$$

上記の操作を繰り返せば、$f(x)$ を近似する n 次式

$$f(x) \approx \sum_{k=0}^{n} \frac{f^{(k)}(x_0)}{k!}(x - x_0)^k \tag{1.5.5}$$

を得る。さらに、この操作を無限回実施すると、

$$f(x) = \sum_{k=0}^{\infty} \frac{f^{(k)}(x_0)}{k!}(x - x_0)^k \tag{1.5.6}$$

のように、$x = x_0$ の近くでは左辺と右辺が一致することが知られている。これが
テイラー展開である。ただし、一般に全実数 x について式 (1.5.6) が成り立つとは
限らない。式 (1.5.6) が全実数 x の範囲で成り立つとき、関数 f を**解析関数**とよぶ。
analytic function

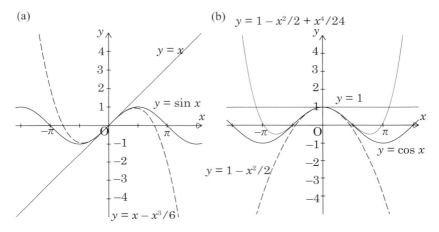

図 1.6 (a) 正弦関数と (b) 余弦関数とそのテイラー展開による近似。

具体例として、三角関数 $\cos x$ および $\sin x$ を $x = 0$ まわりにそれぞれテイラー展開する。

$$\cos x = 1 - \frac{x^2}{2} + \frac{x^4}{24} - \cdots \tag{1.5.7}$$

$$\sin x = x - \frac{x^3}{6} + \frac{x^5}{120} - \cdots \tag{1.5.8}$$

このような $x = 0$ まわりのテイラー展開を、とくに**マクローリン展開**(Maclaurin expansion)という。右辺第1項のみだと $x = 0$ のごく近傍でのみ左辺を近似するが、右辺の項を増やすと左辺をよく近似できる（図 1.6）。

例題 1.5. $f(x) = e^x$ をマクローリン展開せよ。
解答 $f'(x) = e^x$ および $f''(x) = e^x$ などに注意すると、

$$e^x = 1 + x + \frac{x^2}{2} + \frac{x^3}{6} + \frac{x^4}{24} + \frac{x^5}{120} + \cdots \tag{1.5.9}$$

となる。（終）

さて、式 (1.5.7)-(1.5.9) を使って、オイラーの公式 (1.1.1) を説明しよう。式 (1.5.9) と式 (1.5.7)-(1.5.8) の間には驚くべき類似性がある。式 (1.5.9) の x を ix に置き換えると

$$e^{ix} = 1 + ix - \frac{x^2}{2} - i\frac{x^3}{6} + \frac{x^4}{24} + i\frac{x^5}{120} + \cdots \tag{1.5.10}$$

となる。これは式 (1.5.7) と式 (1.5.8) の i 倍の和に一致する。よって、オイラーの公式 (1.1.1) が成り立つ。

　ついでながら、テイラー展開はさまざまな用途に用いられるので、ここで二点紹介する。

近似計算　テイラー展開により近似計算ができる。たとえば、$e^{0.1}$ は式 (1.5.9) の x に 0.1 を代入し右辺の 1 次の項まで計算すると、$e^{0.1} \approx 1 + 0.1 = 1.1$ と近似できる。ちなみに、正解は $e^{0.1} = 1.1051\cdots$ である。

ロピタルの定理　テイラー展開を使うと、不定型の極限計算も非常に便利に計算できる。大学受験のテクニックとしても有名な**ロピタルの定理**である。$f(x_0) =$
L'Hôpital's rule
$g(x_0) = 0$, $f'(x_0) \neq 0$、および $g'(x_0) \neq 0$ を満たす関数 $f(x)$ および $g(x)$ に対し、不定形の極限 $\lim\limits_{x \to x_0} \dfrac{f(x)}{g(x)}$ を考える。分子の $f(x)$ と分母の $g(x)$ を $x = x_0$ まわりにテイラー展開 (1.5.6) すると、

$$
\begin{aligned}
\lim_{x \to x_0} \frac{f(x)}{g(x)} &= \lim_{x \to x_0} \frac{f(x_0) + f'(x_0)(x - x_0) + \frac{1}{2}f''(x_0)(x - x_0)^2 + \cdots}{g(x_0) + g'(x_0)(x - x_0) + \frac{1}{2}g''(x_0)(x - x_0)^2 + \cdots} \\
&= \lim_{x \to x_0} \frac{\cancel{(x - x_0)}\left\{ f'(x_0) + \frac{1}{2}f''(x_0)(x - x_0) + \cdots \right\}}{\cancel{(x - x_0)}\left\{ g'(x_0) + \frac{1}{2}g''(x_0)(x - x_0) + \cdots \right\}} \\
&= \lim_{x \to x_0} \frac{f'(x_0) + \frac{1}{2}f''(x_0)(x - x_0) + \cdots}{g'(x_0) + \frac{1}{2}g''(x_0)(x - x_0) + \cdots} = \frac{f'(x_0)}{g'(x_0)} \qquad (1.5.11)
\end{aligned}
$$

というロピタルの定理を得る。「不定形の極限をみたら、分母分子を微分する」と覚えると簡単である。

演習問題 1.15. [易] $f(x) = \cos x$ を $x = \pi$ まわりにテイラー展開し、$(x - \pi)^4$ の項まで求めよ。

演習問題 1.16. [やや易] $f(x) = \log x$ を $x = 1$ まわりにテイラー展開せよ。また、その結果を使って、交代級数和 $1 - \dfrac{1}{2} + \dfrac{1}{3} - \dfrac{1}{4} + \cdots$ を計算せよ。

演習問題 1.17. [標準] $\tan 1°$ を近似計算し、小数点第 4 位まで求めよ。（ヒント）$1° = \dfrac{\pi}{180}$ に注意せよ。$\pi \approx 3.14159$ を使ってもよい。

演習問題 1.18. [易] $\displaystyle\lim_{x \to 0} \dfrac{\sin \alpha x}{x}$ を求めよ。ただし、α は正の定数とする。

演習問題 1.19. [やや難] 以下の問いに答えよ。

(1) $\dfrac{1}{x^2+1}$ をマクローリン展開せよ。（ヒント）$\dfrac{1}{1+x} = 1 - x + x^2 - x^3 + \cdots$

(2) (1) で得た式の両辺を積分することで、$\mathrm{Arctan}\, x$ のマクローリン展開を求めよ。

(3) **マチンの公式** Machin's formula
$$4\,\mathrm{Arctan}\,\dfrac{1}{5} - \mathrm{Arctan}\,\dfrac{1}{239} = \dfrac{\pi}{4} \tag{1.5.12}$$
を証明せよ。（ヒント）$\tan \alpha = \dfrac{1}{5}$ および $\tan \beta = \dfrac{1}{239}$ に対し、$\tan(4\alpha - \beta)$ を計算する。

(4) (2) と (3) の結果を使って、円周率を小数点以下第 5 位まで計算せよ。

C. 性質が定義に、定義が性質に化ける

指数関数は $e = 2.71828 \cdots$ のべき乗として、三角関数は角度を使って定義される。この定義は、**実関数**（実数から実数へ写す写像）ならば自然であるが、**複素関数**
real function　　　　　　　　　　　　　　　　　　　　　　　　　　　　　　complex function
（複素数から複素数へ写す写像）では合理的とはいえない。本書では何が定義であるかに頓着せずにオイラーの公式 (1.1.1) を導入したが、本来は複素関数としての指数関数と三角関数を先に定義すべきであった。この定義にはさまざまな流儀があるが、一番わかりやすいのは指数関数と三角関数をテイラー展開 (1.5.7)-(1.5.9) で定義することである。つまり、指数関数や三角関数を実関数から複素関数に拡張するとき、定義が性質に性質が定義に「化けている」。

第2章 常微分方程式の基本的な解法

　本章では、増幅・減衰や振動などを表す常微分方程式の基本的な解法を学習する。これには、おもに変数分離法と特性方程式を用いた解法の二つがある。とくに、特性方程式を用いた解法では、常微分方程式の解を「基本パーツ」の組み合わせで表現できることに着目する。

2.1 常微分方程式

　高等学校までに学習した方程式は、多項式、指数・対数関数、あるいは三角関数を含むものに限られている。よって、それら初等関数の組み合わせで表される関数 f に対し

$$f(x) = 0 \tag{2.1.1}$$

で与えられる方程式を解くとは、式 (2.1.1) を満たす値 x を求めることであった。

　一方、本章以降で学習する**常微分方程式**は、関数 $x(t)$、その微分 $\dfrac{dx}{dt}$、およびその2回微分 $\dfrac{d^2x}{dt^2}$ などを含む。常微分方程式は関数 $x(t)$ が満たすべき条件式であり、
ordinary differential equation (ODE)
それを解くとは、関数 $x(t)$ そのものを求めることを意味する。まず、1回微分のみを含む常微分方程式

$$\frac{dx}{dt} = \varphi(x, t) \tag{2.1.2}$$

を考える。一般に式 (2.1.2) は初等的に解くことはできない。そこで、二つの特殊な場合を考えることにする。一つは右辺が t のみの関数である場合、つまり

$$\frac{dx}{dt} = f(t) \tag{2.1.3}$$

である。もう一つは $\varphi(x, t) = f(t)\, g(x)$ と書ける場合、つまり

$$\frac{dx}{dt} = f(t)\, g(x) \tag{2.1.4}$$

である。後者は変数分離型とよばれる形で、次節で扱う。

常微分方程式 (2.1.3) の解は、単に t に関して積分することで求まる。

$$x(t) = \int^t \frac{dx}{ds}\, ds = \int^t f(s)\, ds \tag{2.1.5}$$

式 (2.1.5) の積分は不定積分である。たとえば、$x(0) = x_0$ と追加条件が与えられれば、

$$x(t) = x_0 + \int_0^t f(s)\, ds \tag{2.1.6}$$

と積分定数を定めることができる。ここで $x(0) = x_0$ のように、ある t において関数の値を定める条件のことを**初期条件**とよぶ。関数 $x(t)$ に対し、方程式とともに
initial condition
初期条件を与えた

$$\frac{dx}{dt} = \varphi(x, t) \tag{2.1.7}$$

$$x(0) = x_0 \tag{2.1.8}$$

のことを常微分方程式の**初期値問題**という。
initial-value problem

演習問題 2.1. [易] 関数 $x(t)$ に関する常微分方程式の初期値問題

$$\frac{dx}{dt} = at \tag{2.1.9}$$

$$x(0) = 0 \tag{2.1.10}$$

を解け。ただし、a は正の定数とする。

演習問題 2.2. [易] 関数 $x(t)$ に関する常微分方程式の初期値問題

$$\frac{dx}{dt} = \cos \omega t \tag{2.1.11}$$

$$x(0) = 0 \tag{2.1.12}$$

を解け。ただし、ω は正の定数とする。

2.2 変数分離型の常微分方程式

変数分離型の常微分方程式 (2.1.4) を考える。もし $g(x) = 0$ を満たす $x(t) = x_0$
separation of variables
があれば、これは式 (2.1.4) の解である。また、$g(x) \neq 0$ のとき、

$$\frac{1}{g(x)}\,dx = f(t)\,dt \tag{2.2.1}$$

とできる。ここで式 (2.2.1) の左辺は x のみの関数であり、右辺は t のみの関数で
あることに注意して、その両辺を不定積分すると

$$\int \frac{1}{g(x)}\,dx = \int f(t)\,dt \tag{2.2.2}$$

となる。f の原始関数を F、$1/g$ の原始関数を G とすると、

$$G(x) = F(t) + C \tag{2.2.3}$$

と x と t の関係式が求まる。ここで C は積分定数である。

例題 2.1. 関数 $x(t)$ に関する以下の常微分方程式の初期値問題を解け（例題 2.2
☞ p.22 に別解を示す）。

$$\frac{dx}{dt} = ax \qquad (a \neq 0) \tag{2.2.4}$$

$$x(0) = 1 \tag{2.2.5}$$

解答 まず、$x = 0$ は式 (2.2.4) の解であるが、初期条件 (2.2.5) を満たすことができ
ない。よって、$x \neq 0$。次に、式 (2.2.4) を x で除して変数分離する。

$$\frac{1}{x}\,dx = a\,dt \tag{2.2.6}$$

この両辺を不定積分する。

$$\int \frac{1}{x}\,dx = \int a\,dt \tag{2.2.7}$$

これを解くと、

$$\log|x| = at + C \quad (C \text{ は積分定数}) \tag{2.2.8}$$

となる。つまり、

$$x = \pm e^{at+C} = \pm e^C e^{at} \tag{2.2.9}$$

$e^C > 0$ に注意して改めて k を 0 以外の定数とおくと、常微分方程式 (2.2.4) の解は

$$x(t) = k\,e^{at} \tag{2.2.10}$$

第2章　常微分方程式の基本的な解法　　**19**

となる。初期条件 (2.2.5) を解 (2.2.10) に代入する。

$$x(0) = k = 1 \tag{2.2.11}$$

よって、(答) $x(t) = e^{at}$ である。

演習問題 2.3. [易] 関数 $x(t)$ に関する以下の常微分方程式の初期値問題を解け。

$$\frac{dx}{dt} = -x\,t \tag{2.2.12}$$

$$x(0) = 1 \tag{2.2.13}$$

演習問題 2.4. [易] 関数 $x(t)$ に関する以下の常微分方程式の初期値問題を解け。

$$\frac{dx}{dt} = \sqrt{x} \tag{2.2.14}$$

$$x(0) = 1 \tag{2.2.15}$$

演習問題 2.5. [標準] a と b は正の定数とする。以下の問いに答えよ。

(1) $\dfrac{d}{dx} \log|ax + b|$ を計算せよ。

(2) 関数 $x(t)$ に関する以下の常微分方程式の初期値問題を変数分離法によって解け（別解法を例題 3.1 ☞ p.35 で紹介する）。

$$\frac{dx}{dt} = ax + b \tag{2.2.16}$$

$$x(0) = 0 \tag{2.2.17}$$

演習問題 2.6. [やや難] 関数 $x(t)$ および $y(t)$ に関する以下の常微分方程式の初期値問題を解け。

$$\frac{dx}{dt} = -\frac{dy}{dt} = xy \tag{2.2.18}$$

$$x(0) = y(0) = 1 \tag{2.2.19}$$

演習問題 2.7. [標準] 曲線 $y = f(x)$ $(x > 0)$ 上の任意の点 $(t, f(t))$ における接線は y 軸と点 $(0, (t^2 - 1)f(t))$ で交わる。また、$y = f(x)$ は点 $(1, 1)$ を通る。関数 $y = f(x)$ を満たす微分方程式を立てて、関数 $f(x)$ を求めよ（1995 年前期・九州大学改）。

演習問題 2.8. [やや難] 深さ h の容器がある。底は半径 $a(> 0)$ の円板、側面は $x = f(y)$、$0 \leq y \leq h$ のグラフを y 軸まわりに回転したものである。ただし、$f(y)$ は正の連続関数で $f(0) = a$ とする。この容器に単位時間当たり V(一定) の割合で水を入れたとき、T 時間後に一杯になり、しかも $t(< T)$ 時間後の水面の面積は $Vt + \pi a^2$ であった。関数 $f(y)$ を決定し、T を求めよ（1995 年前期・京都大学）。

D. 浴槽の水抜きは変数分離で

暇人よろしく、浴槽の水抜きを抜き終わるまでじっとみると、序盤は勢いよく水が抜けていくのに、終盤はいささか時間がかかることがわかる。いま、浴槽が断面積 D・深さ H の直方体とし、この浴槽に水を満杯に入れて、断面積 d の栓を開けて浴槽の水を抜くことを考える。トリチェリーの定理によれば、浴槽の底から高さ h に水面があるとき、水の流れ出る速度は $\sqrt{2gh}$ で与えられる。ただし、g は重力加速度で定数とする。浴槽内の水が減った量と、浴槽から外へ水が抜けた量のバランスより、

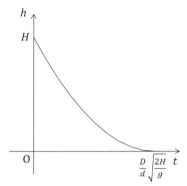

図 2.1　浴槽の水抜きにおける水面の高さの時間変化。

$$-D\frac{dh}{dt} = d\sqrt{2gh} \tag{2.2.20}$$

という微分方程式を立てることができる。D、d、および g はすべて定数であるから、変数 h と t に着目すると、

$$-\frac{dh}{\sqrt{h}} = \frac{d\sqrt{2g}}{D}dt \tag{2.2.21}$$

と変数分離できる。この解は

$$h(t) = \left(\sqrt{H} - \frac{d}{D}\sqrt{\frac{g}{2}}t\right)^2 \tag{2.2.22}$$

となる。確かに水抜き序盤は早く抜けていくが、終盤はゆっくり抜けていく（図 2.1）。

2.3 線型常微分方程式

　本節以降と次章では、特性方程式を用いた常微分方程式の解法を扱う。この解法が適用できる常微分方程式は線型で定数係数の場合に限られる。ここに常微分方程式に関する用語を整理しておく。

　まず、微分方程式が**線型**であるとは、関数 $x(t)$ に関する常微分方程式が
<small>linear</small>

$$\frac{d^n x}{dt^n} + a_1(t)\frac{d^{n-1}x}{dt^{n-1}} + \cdots + a_{n-1}(t)\frac{dx}{dt} + a_n(t)\, x = f(t) \tag{2.3.1}$$

の形に書けることと定義される。式 (2.3.1) には、関数 x のほか、その 1 回微分 $\dfrac{dx}{dt}$、$\cdots$、および関数の n 回微分 $\dfrac{d^n x}{dt^n}$、ならびに**非斉次項** $f(t)$ を含む。微分方程式に含
<small>inhomogeneous term</small>
まれる最高次の微分の回数が n のとき、その微分方程式の**階数**は n であるという。
<small>order</small>
また、その方程式を n 階常微分方程式という。

　次に、方程式が定数係数であるとは、式 (2.3.1) において、関数またはその微分にかかる係数 $\{a_1(t), a_2(t), \cdots, a_n(t)\}$ が t の関数ではなく定数であることを意味する。

　本章では式 (2.3.1) で $f(t) = 0$ の場合、つまり**斉次方程式**の場合を扱う。次章で
<small>homogeneous equation</small>
は式 (2.3.1) で $f(t) \neq 0$ の場合、つまり非斉次方程式の場合を扱う。

　以降、定数係数の n 階線型斉次常微分方程式

$$\frac{d^n x}{dt^n} + a_1\frac{d^{n-1}x}{dt^{n-1}} + \cdots + a_{n-1}\frac{dx}{dt} + a_n x = 0 \tag{2.3.2}$$

を考える。式 (2.3.2) は次のような方程式の性質を使って解くことができる。

- n 階線型常微分方程式に対し、n 個の**線型独立**な解 $\{x_1(t), x_2(t), \cdots, x_n(t)\}$
<small>linear independence</small>
  を見つけられる。これを**基本解**という。なお、関数 $\{x_1(t), x_2(t), \cdots, x_n(t)\}$
<small>fundamental solution</small>
  が線型独立とは「すべての t に対し、

$$c_1\, x_1(t) + c_2\, x_2(t) + \cdots + c_n\, x_n(t) = 0 \tag{2.3.3}$$

  が成り立つならば、$c_1 = c_2 = \cdots = c_n = 0$ であること」と定義される（第 4.3 節参照）。

- n 階線型常微分方程式の**一般解**（未定の係数を含むが方程式の解としてそれ
<small>general solution</small>
  で尽きているもの）は、以下のように基本解の**線型結合**で書ける。
<small>linear combination</small>

$$x(t) = c_1\, x_1(t) + c_2\, x_2(t) + \cdots + c_n\, x_n(t) \qquad (c_1, c_2, \cdots, c_n \text{ は定数}) \tag{2.3.4}$$

式 (2.3.4) の n 個の未定定数 $(c_1, c_2, \cdots, c_n)$ を決定するためには n 個の条件が必要になる。このため通常、n 階常微分方程式の初期値問題では、n 個の初期条件が課される。

さて、残った問題は「どのように基本解を見つけるか」である。そのやり方を以下で述べる。方程式 (2.3.2) の解を

$$x(t) = e^{\lambda t} \tag{2.3.5}$$

と仮定する。$x(t)$ の k 回微分が $x^{(k)}(t) = \lambda^k e^{\lambda t}$ となることと $e^{\lambda t} \neq 0$ に注意して、式 (2.3.5) を方程式 (2.3.2) に代入すると、

$$\lambda^n + a_1 \lambda^{n-1} + \cdots + a_{n-1} \lambda + a_n = 0 \tag{2.3.6}$$

という λ に関する n 次方程式を得る。これを式 (2.3.2) に対する**特性方程式**という。
characteristic equation

もし、特性方程式 (2.3.6) の解 $\lambda = \lambda_1, \lambda_2, \cdots, \lambda_n$ が互いに異なる場合、式 (2.3.5) より n 個の線型独立な基本解

$$\{e^{\lambda_1 t}, e^{\lambda_2 t}, \cdots, e^{\lambda_n t}\} \tag{2.3.7}$$

を見つけることができる。なお、特性方程式の解に重根を含む場合と 0 を含む場合の基本解の見つけ方は、それぞれ第 2.5 節と第 2.6 節で扱う。

上記、特性方程式を用いた常微分方程式の初期値問題の解法の手順を整理しよう。

1. 方程式が n 階の定数係数線型常微分方程式であることを確認する。

2. 解として $x(t) = e^{\lambda t}$ を仮定して、特性方程式を立てる。

3. 特性方程式の解に基づき、n 個の基本解を求める。

4. 基本解の線型結合として方程式の一般解を求める。

5. 一般解の未定定数を初期条件によって定める。

本節の残りでは 1 階常微分方程式を例に解法を紹介し、次節以降では 2 階常微分方程式について説明する。

例題 2.2. 関数 $x(t)$ に関する以下の常微分方程式の初期値問題を解け（例題 2.1 ☞ p.18）。

$$\frac{dx}{dt} = ax \qquad (a \neq 0) \tag{2.3.8}$$

$$x(0) = 1 \tag{2.3.9}$$

解答 この方程式は定数係数の 1 階線型常微分方程式である。この特性方程式は

$\lambda = a$ である。$a \neq 0$ より、基本解は e^{at}。よって、式 (2.3.8) の一般解は基本解の線型結合で

$$x(t) = c\, e^{at} \quad (c \text{ は定数}) \tag{2.3.10}$$

と書ける。初期条件 (2.3.9) を一般解 (2.3.10) に代入すると、$x(0) = c = 1$。これより、(答) $x(t) = e^{at}$。

演習問題 2.9. [易] 関数 $x(t)$ に関する以下の常微分方程式の初期値問題を解け。

$$\frac{dx}{dt} = -x \tag{2.3.11}$$

$$x(0) = 1 \tag{2.3.12}$$

演習問題 2.10. [やや易] 特性方程式の解が λ_1, λ_2 であるような定数係数の 2 階線型常微分方程式は何か？ただし、最高次の係数は 1 とせよ。

演習問題 2.11. [やや難] 関数 $x(t)$ に関する線型常微分方程式 (2.3.2) の解として $u(t)$ と $v(t)$ を見つけたとする。このとき、定数 c_1 および c_2 に対し、$c_1 u(t) + c_2 v(t)$ も式 (2.3.2) の解であることを証明せよ。

演習問題 2.12. [難] ロンスキー行列式を
Wronskian

$$W(t) = \det \begin{pmatrix} x_1(t) & x_2(t) & \cdots & x_n(t) \\ x_1'(t) & x_2'(t) & \cdots & x_n'(t) \\ \cdots & \cdots & \cdots & \cdots \\ x_1^{(n-1)}(t) & x_2^{(n-1)}(t) & \cdots & x_n^{(n-1)}(t) \end{pmatrix} \tag{2.3.13}$$

とする。すべての t に対して $W(t) \neq 0$ を満たすとき、関数 $\{x_1(t), x_2(t), \cdots, x_n(t)\}$ は線型独立であることを証明せよ。

演習問題 2.13. [難] 式 (2.3.2) に対する特性方程式が 0 でない相異なる n 個の解 $\lambda_1, \lambda_2, \cdots \lambda_n$ をもつとき、式 (2.3.2) の一般解は

$$x(t) = c_1\, e^{\lambda_1 t} + c_2\, e^{\lambda_2 t} + \cdots + c_n\, e^{\lambda_n t} \tag{2.3.14}$$

と書ける。ここに $t = 0$ における初期条件を

$$\frac{d^k x}{dt^k}(0) = d_{k+1} \qquad (k = 0, 1, \cdots, n-1) \tag{2.3.15}$$

のように n 個おく。すると、未定定数 $c_k\,(k=1,2,\cdots,n)$ を決定する連立方程式は、n 次正方行列 B を使って

$$\mathsf{B}\begin{pmatrix}c_1\\c_2\\\vdots\\c_n\end{pmatrix}=\begin{pmatrix}d_1\\d_2\\\vdots\\d_n\end{pmatrix} \tag{2.3.16}$$

と書くことができる。このとき B を求め、未定定数 $c_k\,(k=1,2,\cdots,n)$ が一意に定まることを証明せよ。(ヒント) $\det \mathsf{B}$ はヴァンデルモンド行列式になる。

 E. 微分方程式と放射年代測定

親核種と娘核種の存在比に注目した放射年代測定は、考古学などでは定番の測定方法である。この原理は微分方程式によって理解することができる。原子核崩壊を起こす核種の存在量 N は一定の割合で減少していくので、その比例係数を λ とすると、N は

$$\frac{dN}{dt}=-\lambda N \tag{2.3.17}$$

という常微分方程式に従う。初期時刻 $t=0$ における親核種の存在量を N_0 とすれば、この解はただちに、

$$N(t)=N_0\exp(-\lambda t) \tag{2.3.18}$$

と求まる。放射年代測定では親核種の量が半減する時間 T を半減期とよび、年代の定量化の目安として用いる。解 (2.3.18) を使うと、半減期は $T=\dfrac{\log 2}{\lambda}$ と計算できる。

たとえば、炭素 14(半減期約 5500 年)を利用した放射年代測定は、1000 年から 10000 年程度の時間スケールに有効である。したがって、この測定法は人類文明の発展や地球環境の変遷の研究にしばしば利用される。炭素 14 は宇宙線と窒素分子の衝突により常時、供給されることから、炭素 14 は大気中で一定の濃度と仮定できる。しかし、生物が死亡すると、生物内への大気中からの供給が絶たれ、炭素 14 は原子核崩壊により徐々に減少する。よって、現在の炭素 14 の大気濃度と死亡したした生物内の炭素 14 を比較すると、生物が死亡した年代がわかるのである。

 F. 数値解法〜ヤミキンと e

本書では、常微分方程式の初期値問題の解法として、変数分離法と特性方程式を

用いる方法を紹介した。実は、もう一つ重要な解法がある。それが数値解法である。関数 $x(t)$ の微分は

$$\frac{dx}{dt} = \lim_{\Delta t \to 0} \frac{x(t + \Delta t) - x(t)}{\Delta t} \tag{2.3.19}$$

と定義される。式 (2.3.19) 右辺の極限をとらずに、割り算に置き換えて、

$$\frac{dx}{dt} \approx \frac{x(t + \Delta t) - x(t)}{\Delta t} \tag{2.3.20}$$

と微分を近似する。このように微分を割り算に置き換えたものを**差分**という。す

finite difference

ると、常微分方程式の初期値問題 (2.3.8)-(2.3.9) は

$$\frac{x(t + \Delta t) - x(t)}{\Delta t} = ax(t) \tag{2.3.21}$$

$$x(0) = 1 \tag{2.3.22}$$

となる。式 (2.3.21) から、漸化式

$$x(t + \Delta t) = (1 + a\Delta t)x(t) \tag{2.3.23}$$

を導くことができる。式 (2.3.22) は初項を与える。この漸化式の一般項は

$$x(n\Delta t) = (1 + a\Delta t)^n \tag{2.3.24}$$

となる。$\Delta t \to 0$ にする極限では、$x(t) = e^{at}$ に近づく。

　具体的な例で考察する（以下、$a = 1$ とする）。借金の利子の計算は一般に複利計算される。つまり、一定期間に対する一定比率（たとえば年率）を乗じて加算された利子に対しても、さらに利子が加えられる。闇の高利貸しにおける典型的な違法利子に、10 日で一割の複利（通称トイチ）がある。単利（利子に利子をつけない計算法）ならば、100 日で 2 倍になるだけだが、トイチだと $(1 + 0.1)^{10} \approx 2.59$ 倍になる。この日の刻みを細かくすればするほど、大きな利子が得られるかと考えて、単利計算なら 100 日で 2 倍と同率の一日一分で複利計算したとする。ところが、その場合、100 日後には $(1 + 0.01)^{100} \approx 2.70$ となって、さしてトイチと変わらない。これはまさしく $\lim_{n \to \infty} \left(1 + \frac{1}{n}\right)^n = e$ を意味している。この極限は $e \approx 2.72$ となる。刻みを無限に細かくしたときの金額の移り変わりが $x(t) = e^t$ である。数値解法において、刻みを細かくした方が高精度に計算できる。

2.4 特性方程式を用いた2階常微分方程式の解法

前節では、特性方程式の解により、常微分方程式の基本解を発見する方法を紹介した。ここでは、関数 $x(t)$ に関する定数係数の2階線型常微分方程式

$$\frac{d^2x}{dt^2} + a\frac{dx}{dt} + bx = 0 \tag{2.4.1}$$

のうち、特性方程式

$$\lambda^2 + a\lambda + b = 0 \tag{2.4.2}$$

の二つの解が互いに異なっていて、どちらも0でない場合を扱う。係数 a と b がともに実数ならば、特性方程式の解は二つの実数かまたは共役複素数である。

(1) 二つの実数 λ_1 および λ_2 のとき、基本解は $\{e^{\lambda_1 t}, e^{\lambda_2 t}\}$ なので、方程式の一般解は

$$x(t) = c_1\, e^{\lambda_1 t} + c_2\, e^{\lambda_2 t} \tag{2.4.3}$$

となる。

(2) 共役複素数 $\alpha \pm \beta i$ のとき、基本解は $\{e^{(\alpha+i\beta)t}, e^{(\alpha-i\beta)t}\}$ なので、方程式の一般解は

$$x(t) = c_1\, e^{(\alpha+i\beta)t} + c_2\, e^{(\alpha-i\beta)t} \tag{2.4.4}$$

となる。一般に c_1 および c_2 は複素数となり、このままでは扱いにくいことがある。そこで、オイラーの公式 (1.1.1) を使って、式 (2.4.4) 右辺を変形すると

$$\begin{aligned}
(右辺) &= e^{\alpha t}\left(c_1\, e^{i\beta t} + c_2\, e^{-i\beta t}\right) \\
&= e^{\alpha t}\{c_1(\cos\beta t + i\sin\beta t) + c_2(\cos\beta t - i\sin\beta t)\} \\
&= (c_1 + c_2)\, e^{\alpha t}\cos\beta t + i\,(c_1 - c_2)\, e^{\alpha t}\sin\beta t
\end{aligned} \tag{2.4.5}$$

となる。新たに $C_1 = c_1 + c_2$、$C_2 = i\,(c_1 - c_2)$ とおくと、

$$x(t) = C_1\, e^{\alpha t}\cos\beta t + C_2\, e^{\alpha t}\sin\beta t \tag{2.4.6}$$

となる。ここで方程式の基本解を $\{e^{\alpha t}\cos\beta t, e^{\alpha t}\sin\beta t\}$ と考えて、これらの線型結合を方程式の一般解とすることもできる。

例題 2.3. 関数 $x(t)$ に関する以下の常微分方程式の初期値問題を解け。

$$\frac{d^2x}{dt^2} - 4\frac{dx}{dt} - 5x = 0 \tag{2.4.7}$$

$$x(0) = 1 \tag{2.4.8}$$

$$\frac{dx}{dt}(0) = 0 \tag{2.4.9}$$

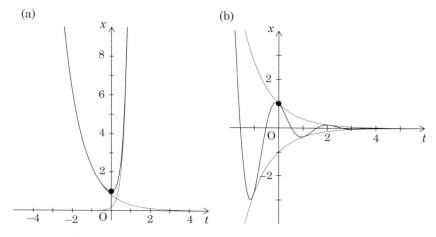

図 2.2 (a) 微分方程式の初期値問題 (2.4.7)-(2.4.9) の解 (2.4.14)。細線は $x(t) = \frac{1}{6}e^{5t}$ と $x(t) = \frac{5}{6}e^{-t}$ を表す。(b) 微分方程式の初期値問題 (2.4.15)-(2.4.17) の解 (2.4.22)。細線は $x(t) = e^{-t}$ と $x(t) = -e^{-t}$ を表す。

解答 微分方程式 (2.4.7) に対する特性方程式は

$$\lambda^2 - 4\lambda - 5 = (\lambda - 5)(\lambda + 1) = 0 \tag{2.4.10}$$

であるから、その解は $\lambda = 5, -1$ である。したがって、方程式 (2.4.7) の一般解は、未定定数 c_1 および c_2 に対し、

$$x(t) = c_1 e^{5t} + c_2 e^{-t} \tag{2.4.11}$$

である。初期条件 (2.4.8)-(2.4.9) より

$$x(0) = c_1 + c_2 = 1 \tag{2.4.12}$$

$$\frac{dx}{dt}(0) = 5c_1 - c_2 = 0 \tag{2.4.13}$$

という連立方程式を得る。これを解くと、$c_1 = \frac{1}{6}$ および $c_2 = \frac{5}{6}$ となる。したがって、微分方程式の初期値問題 (2.4.7)-(2.4.9) の解は

$$\text{(答)} \quad x(t) = \frac{1}{6}e^{5t} + \frac{5}{6}e^{-t} \tag{2.4.14}$$

28

となる（図 2.2a）。

例題 2.4. 関数 $x(t)$ に関する以下の常微分方程式の初期値問題を解け。

$$\frac{d^2x}{dt^2} + 2\frac{dx}{dt} + 10x = 0 \tag{2.4.15}$$

$$x(0) = 1 \tag{2.4.16}$$

$$\frac{dx}{dt}(0) = -1 \tag{2.4.17}$$

解答 微分方程式 (2.4.15) に対する特性方程式は

$$\lambda^2 + 2\lambda + 10 = 0 \tag{2.4.18}$$

であるから、その解は $\lambda = -1 \pm 3\,i$ である。したがって、方程式 (2.4.15) の一般解は、未定定数 c_1 および c_2 に対し、

$$x(t) = c_1\,e^{-t}\cos 3t + c_2\,e^{-t}\sin 3t \tag{2.4.19}$$

である。初期条件 (2.4.16)-(2.4.17) より

$$x(0) = c_1 = 1 \tag{2.4.20}$$

$$\frac{dx}{dt}(0) = -c_1 + 3c_2 = -1 \tag{2.4.21}$$

という連立方程式を得る。これを解くと、$c_1 = 1$ および $c_2 = 0$ となる。したがって、微分方程式の初期値問題 (2.4.15)-(2.4.17) の解は

$$(\text{答})\quad x(t) = e^{-t}\cos 3t \tag{2.4.22}$$

となる（図 2.2b）。

別解 微分方程式 (2.4.15) に対する特性方程式は

$$\lambda^2 + 2\lambda + 10 = 0 \tag{2.4.23}$$

であるから、その解は $\lambda = -1 \pm 3\,i$ である。したがって、方程式 (2.4.15) の一般解は、未定定数 c_1 および c_2 に対し、

$$x(t) = c_1\,e^{(-1+3i)t} + c_2\,e^{(-1-3i)t} \tag{2.4.24}$$

である。初期条件 (2.4.16)-(2.4.17) より

$$x(0) = c_1 + c_2 = 1 \tag{2.4.25}$$

$$\frac{dx}{dt}(0) = (-1 + 3\,i)\,c_1 + (-1 - 3\,i)\,c_2 = -1 \tag{2.4.26}$$

という連立方程式を得る。これを解くと、$c_1 = c_2 = \dfrac{1}{2}$ となる。したがって、微分方程式の初期値問題 (2.4.15)-(2.4.17) の解はオイラーの公式 (1.1.1) より

$$x(t) = \frac{1}{2} e^{(-1+3i)t} + \frac{1}{2} e^{(-1-3i)t} = e^{-t} \frac{e^{3it} + e^{-3it}}{2} = e^{-t} \cos 3t \tag{2.4.27}$$

となる。

演習問題 2.14. [易] 関数 $x(t)$ に関する以下の常微分方程式の初期値問題を解け。

$$\frac{d^2 x}{dt^2} - 3\frac{dx}{dt} + 2x = 0 \tag{2.4.28}$$

$$x(0) = 0 \tag{2.4.29}$$

$$\frac{dx}{dt}(0) = 1 \tag{2.4.30}$$

演習問題 2.15. [やや易] 関数 $x(t)$ に関する以下の常微分方程式の初期値問題を解け。

$$\frac{d^2 x}{dt^2} + 2\frac{dx}{dt} + 2x = 0 \tag{2.4.31}$$

$$x(0) = 0 \tag{2.4.32}$$

$$\frac{dx}{dt}(0) = 1 \tag{2.4.33}$$

演習問題 2.16. [標準] 関数 $x(t)$ に関する以下の常微分方程式の初期値問題を解け。

$$\frac{d^2 x}{dt^2} - i\,x = 0 \tag{2.4.34}$$

$$x(0) = 0 \tag{2.4.35}$$

$$\frac{dx}{dt}(0) = 1 \tag{2.4.36}$$

（ヒント）例題 1.4 ☞ p.8 より i の平方根を複素数 $a + bi$ の形に表すこと。

2.5 特性方程式の解に重根を含む場合の解法

n 階常微分方程式 (2.3.2) に対する特性方程式 (2.3.6) の解を $\lambda_1, \lambda_2, \cdots, \lambda_n$ とする。すると、特性方程式は

$$(\lambda - \lambda_1)(\lambda - \lambda_2) \cdots (\lambda - \lambda_n) = 0 \tag{2.5.1}$$

と因数分解できる。これより n 階常微分方程式 (2.3.2) は

$$\left(\frac{d}{dt} - \lambda_1\right)\left(\frac{d}{dt} - \lambda_2\right) \cdots \left(\frac{d}{dt} - \lambda_n\right) x = 0 \tag{2.5.2}$$

となる。

本節では、特性方程式が重根をもつ場合を考察する。このうちの一つの解 λ_k が m 重根をもったとする。このとき、その解に関して

$$\left(\frac{d}{dt} - \lambda_k\right)^m x = 0 \tag{2.5.3}$$

を満たす関数 $x(t)$ を考えればよい。方程式 $\left(\dfrac{d}{dt} - \lambda_k\right) x = 0$ は $e^{\lambda t}$ を基本解にもつことに注意して、天下りに変数変換 $x(t) = y(t)\, e^{\lambda_k t}$ を方程式 (2.5.3) に代入する。

$$\begin{aligned}
\left(\frac{d}{dt} - \lambda_k\right)^m \{y(t)e^{\lambda_k t}\} &= \left(\frac{d}{dt} - \lambda_k\right)^{m-1} \left\{\left(\frac{dy}{dt} + \lambda_k y - \lambda_k y\right)e^{\lambda_k t}\right\} \\
&= \left(\frac{d}{dt} - \lambda_k\right)^{m-1} \{y'(t)e^{\lambda_k t}\} \\
&= \cdots = y^{(m)}(t)e^{\lambda_k t}
\end{aligned} \tag{2.5.4}$$

よって、$e^{\lambda_k t} \neq 0$ より、式 (2.5.3) は

$$\frac{d^m y}{dt^m} = 0 \tag{2.5.5}$$

となる。式 (2.5.5) の一般解は両辺を m 回積分することで、$(m-1)$ 次多項式

$$y(t) = c_1\, t^{m-1} + c_2\, t^{m-2} + \cdots + c_{m-1}\, t + c_m \tag{2.5.6}$$

を得る。これより m 重根 λ_k に関する基本解は

$$\{e^{\lambda_k t}, te^{\lambda_k t}, t^2 e^{\lambda_k t}, \cdots, t^{m-1} e^{\lambda_k t}\} \tag{2.5.7}$$

となる。

例題 2.5. 関数 $x(t)$ に関する以下の常微分方程式の初期値問題を解け。

$$\frac{d^2x}{dt^2} - 2\frac{dx}{dt} + x = 0 \tag{2.5.8}$$

$$x(0) = 1 \tag{2.5.9}$$

$$\frac{dx}{dt}(0) = 0 \tag{2.5.10}$$

解答 微分方程式 (2.5.8) の特性方程式は

$$\lambda^2 - 2\lambda + 1 = 0 \tag{2.5.11}$$

であるから、その解は $\lambda = 1$（重根）である。これより方程式 (2.5.8) の一般解は、基本解 $\{e^t, te^t\}$ の線型結合

$$x(t) = c_1 e^t + c_2 t e^t \tag{2.5.12}$$

と書ける。ここで c_1 と c_2 は未定数である。初期条件 (2.5.9)-(2.5.10) より c_1 と c_2 についての連立方程式

$$x(0) = c_1 = 1 \tag{2.5.13}$$

$$\frac{dx}{dt}(0) = c_1 + c_2 = 0 \tag{2.5.14}$$

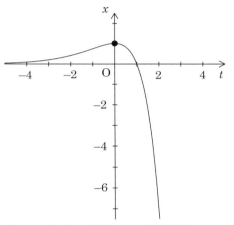

図 2.3 微分方程式の初期値問題 (2.5.8)-(2.5.10) の解 (2.5.15)。

を得る。これを解くと、$c_1 = 1$ および $c_2 = -1$ となる。したがって、微分方程式の初期値問題 (2.5.8)-(2.5.10) の解は

$$（答）\quad x(t) = (1-t)\,e^t \tag{2.5.15}$$

となる（図 2.3）。

演習問題 2.17. [やや易] 関数 $x(t)$ に関する以下の常微分方程式の初期値問題を解け。また、その概形をグラフに描け。

$$\frac{d^2x}{dt^2} + 2\frac{dx}{dt} + x = 0 \tag{2.5.16}$$

$$x(0) = 1 \tag{2.5.17}$$

$$\frac{dx}{dt}(0) = 0 \tag{2.5.18}$$

2.6 特性方程式の解に0を含む場合の解法

一方、特性方程式(2.3.6)の解の一つ λ_k が0であったとする。すると、式(2.5.2)は

$$\left(\frac{d}{dt} - \lambda_1\right) \cdots \left(\frac{d}{dt} - \lambda_{k-1}\right)\left(\frac{d}{dt} - \lambda_{k+1}\right) \cdots \left(\frac{d}{dt} - \lambda_n\right)\frac{dx}{dt} = 0 \quad (2.6.1)$$

となる。よって、$y = \dfrac{dx}{dt}$ とおけば、$(n-1)$ 階微分方程式に帰着される。

例題 2.6. 関数 $x(t)$ に関する以下の常微分方程式の初期値問題を解け。

$$\frac{d^2x}{dt^2} - 4\frac{dx}{dt} = 0 \quad (2.6.2)$$

$$x(0) = 0 \quad (2.6.3)$$

$$\frac{dx}{dt}(0) = 1 \quad (2.6.4)$$

解答 式(2.6.2)の特性方程式は

$$\lambda^2 - 4\lambda = 0 \quad (2.6.5)$$

であり、その解は $\lambda = 4, 0$ である。変数変換 $y(t) = \dfrac{dx}{dt}$ を式(2.6.2)および式(2.6.4)に代入すると、

$$\frac{dy}{dt} - 4y = 0 \quad (2.6.6)$$

$$y(0) = 1 \quad (2.6.7)$$

という1階常微分方程式の初期値問題に帰着される。式(2.6.6)-(2.6.7)を解くと、

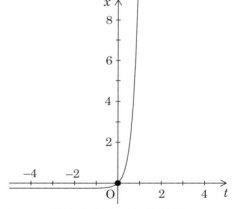

図 2.4 微分方程式の初期値問題 (2.6.2)-(2.6.4) の解 (2.6.11)。

$$y(t) = e^{4t} \quad (2.6.8)$$

となる。これを不定積分する。

$$x(t) = \frac{1}{4}e^{4t} + c \quad (c\text{ は積分定数}) \quad (2.6.9)$$

初期条件(2.6.3)より

$$x(0) = \frac{1}{4} + c = 0 \quad (2.6.10)$$

第 2 章　常微分方程式の基本的な解法　　**33**

となる。よって、$c = -\dfrac{1}{4}$。これより、式 (2.6.2)-(2.6.4) の解は

$$(\text{答}) \quad x(t) = \frac{1}{4}(e^{4t} - 1) \tag{2.6.11}$$

である（図 2.4）。

別解　式 (2.6.2) の特性方程式 (2.6.5) の解は $\lambda = 4, 0$ である。よって、基本解は $\{e^{4t}, e^{0t}\}$ である。これより微分方程式 (2.6.2) の一般解は

$$x(t) = c_1 e^{4t} + c_2 \tag{2.6.12}$$

である。初期条件 (2.6.3)-(2.6.4) より

$$0 = x(0) = c_1 + c_2 \tag{2.6.13}$$

$$1 = \frac{dx}{dt}(0) = 4c_1 \tag{2.6.14}$$

上記の連立方程式を解くと、$(c_1, c_2) = \left(\dfrac{1}{4}, -\dfrac{1}{4}\right)$ となるので、解 (2.6.11) を得る。

演習問題 2.18. [やや易] 関数 $x(t)$ に関する以下の常微分方程式の初期値問題を解け。

$$\frac{d^2 x}{dt^2} + 2\frac{dx}{dt} = 0 \tag{2.6.15}$$

$$x(0) = 1 \tag{2.6.16}$$

$$\frac{dx}{dt}(0) = 1 \tag{2.6.17}$$

第3章 非斉次常微分方程式

本章では、常微分方程式のうち、非斉次方程式の初期値問題の解法を学習する。非斉次方程式はその方程式を満たす解を一つ発見できれば、斉次方程式に帰着できる。よって、特解をいかにして見つけるかが重要なポイントとなる。ここでは、第2.3 節以降で学んだ定数係数の 1 階または 2 階線型常微分方程式を例に説明する。

3.1 斉次方程式と非斉次方程式

n 階常微分方程式 (2.3.1) を再掲する。ただし、$a_1, a_2, \cdots, a_n$ は定数とする。

$$\frac{d^n x}{dt^n} + a_1 \frac{d^{n-1} x}{dt^{n-1}} + \cdots + a_{n-1} \frac{dx}{dt} + a_n x = f(t) \tag{3.1.1}$$

この一つの解として $x = x_p(t)$ が発見できたとする。このとき、発見した一つの解 $x_p(t)$ は

$$\frac{d^n x_p}{dt^n} + a_1 \frac{d^{n-1} x_p}{dt^{n-1}} + \cdots + a_{n-1} \frac{dx_p}{dt} + a_n x_p = f(t) \tag{3.1.2}$$

を満たす。式 (3.1.1) から式 (3.1.2) を引くと、

$$\frac{d^n x_h}{dt^n} + a_1 \frac{d^{n-1} x_h}{dt^{n-1}} + \cdots + a_{n-1} \frac{dx_h}{dt} + a_n x_h = 0 \tag{3.1.3}$$

という関数 $x_h = x - x_p$ に関する斉次方程式になる。ここで、はじめに一つ発見した解 x_p を**特解** （または**特殊解**）という。このように、**線型非斉次方程式**の一般解
　　　　　　particular solution　　　　　　　　　　　　　　inhomogeneous equation
は、特解と線型斉次方程式の一般解の和で書ける。したがって、線型非斉次常微分方程式の解法は、以下の二段階で行われる。

1. 方程式を満たす一つの特解を見つける。

2. 非斉次項を除いた方程式の一般解を求める。

後者は前章で解説済であるから、本章では、おもにどのように特解を発見するかを解説する。なお、非斉次項はシステムの外部から与えられる強制力を意味することが多く、特解は強制力と関係する時間変化である。一方、斉次方程式の一般解はシステム内部に固有の時間変化を表す。

第 3 章　非斉次常微分方程式　　**35**

例題 3.1.　関数 $x(t)$ に関する以下の常微分方程式の初期値問題を解け（演習問題 2.5 ☞ p.19）。

$$\frac{dx}{dt} = ax + b \qquad (a \text{ と } b \text{ は正の定数}) \tag{3.1.4}$$

$$x(0) = 0 \tag{3.1.5}$$

解答 式 (3.1.4) を満たす特解として、$a \neq 0$ より

$$x_p(t) = -\frac{b}{a} \tag{3.1.6}$$

を発見できる。そこで、$x(t) = x_h(t) + x_p(t)$ を式 (3.1.4) に代入すると、

$$\frac{dx_h}{dt} = ax_h \tag{3.1.7}$$

となる。式 (3.1.7) の一般解は次の通りである（例題 2.1 ☞ p.18 または例題 2.2 ☞ p.22 を参考にせよ）。

$$x_h(t) = c\,e^{at} \qquad (c \text{ は未定定数}) \tag{3.1.8}$$

常微分方程式 (3.1.4) の一般解は、式 (3.1.6) と式 (3.1.8) の和である。

$$x(t) = x_h(t) + x_p(t) = c\,e^{at} - \frac{b}{a} \tag{3.1.9}$$

初期条件 (3.1.5) より、$c = \dfrac{b}{a}$。よって、常微分方程式の初期値問題 (3.1.4)-(3.1.5) の解は

$$(\text{答}) \quad x(t) = \frac{b}{a}(e^{at} - 1) \tag{3.1.10}$$

である。

演習問題 3.1. [易] 関数 $x(t)$ に関する以下の常微分方程式の初期値問題を解け。

$$\frac{dx}{dt} + x = 1 \tag{3.1.11}$$

$$x(0) = 1 \tag{3.1.12}$$

3.2 発見的方法（１）非斉次項が多項式の場合

本節から第3.6節まで1階または2階の非斉次常微分方程式を例に、特解の見つけ方を述べる。コツは、共鳴の場合を除き、「n次式の非斉次項には、n次式の特解を」、「指数関数の非斉次項には、指数関数の特解を」である。本節は、非斉次項がn次式の場合を扱う。

例題 3.2. 関数 $x(t)$ に関する以下の常微分方程式の初期値問題を解け。

$$\frac{d^2 x}{dt^2} + x = t^2 \tag{3.2.1}$$

$$x(0) = 1 \tag{3.2.2}$$

$$\frac{dx}{dt}(0) = 0 \tag{3.2.3}$$

解答 式 (3.2.1) の非斉次項 t^2 は2次式なので、特解を2次式におく。

$$x_p(t) = a_2 t^2 + a_1 t + a_0 \tag{3.2.4}$$

式 (3.2.4) を式 (3.2.1) の x に代入する。

$$2a_2 + a_2 t^2 + a_1 t + a_0 = t^2 \tag{3.2.5}$$

式 (3.2.5) はすべての t で成り立つので、t のべき乗の各係数は両辺で等しくなければならない。

$$a_2 = 1, \quad a_1 = 0, \quad 2a_2 + a_0 = 0 \tag{3.2.6}$$

連立方程式 (3.2.6) を解くと、$a_0 = -2$、$a_1 = 0$、および $a_2 = 1$ である。よって、求める特解は

$$x_p(t) = t^2 - 2 \tag{3.2.7}$$

である。一方、式 (3.2.1) の非斉次項を除いた方程式は

$$\frac{d^2 x}{dt^2} + x = 0 \tag{3.2.8}$$

である。これに対する特性方程式 $\lambda^2 + 1 = 0$ の解は共役複素数 $\lambda = \pm i$ である。これより基本解は $\{\cos t, \sin t\}$ であるから、式 (3.2.8) の一般解は、

$$x_h(t) = c_1 \cos t + c_2 \sin t \qquad (c_1 \text{ および } c_2 \text{ は未定定数}) \tag{3.2.9}$$

である。非斉次方程式 (3.2.1) の一般解は、特解 (3.2.7) と斉次方程式の一般解 (3.2.9) の和である。

$$x(t) = x_p(t) + x_h(t) = t^2 - 2 + c_1 \cos t + c_2 \sin t \tag{3.2.10}$$

初期条件 (3.2.2)-(3.2.3) を (3.2.10) に代入すると、

$$-2 + c_1 = 1 \qquad (3.2.11)$$
$$c_2 = 0 \qquad (3.2.12)$$

となる。連立方程式 (3.2.11)-(3.2.12) を解くと、$c_1 = 3$ および $c_2 = 0$。よって、常微分方程式の初期値問題 (3.2.1)-(3.2.3) の解は

(答)　$x(t) = t^2 - 2 + 3\cos t$ 　(3.2.13)

である（図 3.1）。

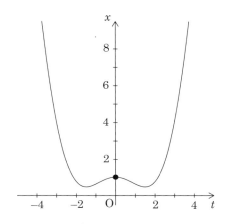

図 3.1　微分方程式の初期値問題 (3.2.1)-(3.2.3) の解 (3.2.13)。

演習問題 3.2. [やや易] 関数 $x(t)$ に関する以下の常微分方程式の初期値問題を解け。

$$\frac{dx}{dt} + x = t^2 \qquad (3.2.14)$$
$$x(0) = 1 \qquad (3.2.15)$$

演習問題 3.3. [標準] 関数 $x(t)$ に関する以下の常微分方程式の初期値問題を解け。

$$\frac{d^2 x}{dt^2} + 2\frac{dx}{dt} + x = t^2 \qquad (3.2.16)$$
$$x(0) = 1 \qquad (3.2.17)$$
$$\frac{dx}{dt}(0) = 0 \qquad (3.2.18)$$

38

3.3 発見的方法（2）非斉次項が指数関数の場合

次に、非斉次項が指数関数または三角関数の場合を考える。ただし、非斉次項に斉次方程式の基本解を含む場合は、次節で別に扱う。非斉次項が指数関数 e^{at} の場合、特解は同じべきの指数関数 e^{at} のスカラー倍である。

例題 3.3. 関数 $x(t)$ に関する以下の常微分方程式の初期値問題を解け。

$$\frac{d^2x}{dt^2} + x = e^t \tag{3.3.1}$$

$$x(0) = 1 \tag{3.3.2}$$

$$\frac{dx}{dt}(0) = 0 \tag{3.3.3}$$

解答 式 (3.3.1) の特解を $x_p(t) = ae^t$ とおく。これを式 (3.3.1) の x に代入する。

$$ae^t + ae^t = e^t \tag{3.3.4}$$

上式がすべての t について成り立つので、$a = \frac{1}{2}$。よって、式 (3.3.1) の特解は、

$$x_p(t) = \frac{1}{2}e^t \tag{3.3.5}$$

である。一方、式 (3.3.1) の非斉次項を除いた方程式の一般解は

$$x_h(t) = c_1 \cos t + c_2 \sin t \qquad (c_1 \text{ および } c_2 \text{ は未定定数}) \tag{3.3.6}$$

である（例題 3.2 ☞ p.36 を参考にせよ）。非斉次方程式 (3.3.1) の一般解は式 (3.3.5) と式 (3.3.6) の和である。

$$x(t) = x_p(t) + x_h(t) = \frac{1}{2}e^t + c_1 \cos t + c_2 \sin t \tag{3.3.7}$$

初期条件 (3.3.2)-(3.3.3) より

$$x(0) = \frac{1}{2} + c_1 = 1 \tag{3.3.8}$$

$$\frac{dx}{dt}(0) = \frac{1}{2} + c_2 = 0 \tag{3.3.9}$$

となるから、$c_1 = \frac{1}{2}$、$c_2 = -\frac{1}{2}$ である。したがって、常微分方程式の初期値問題 (3.3.1)-(3.3.3) の解は以下の通りである（図 3.2a）。

$$(\text{答}) \quad x(t) = \frac{1}{2}(e^t + \cos t - \sin t) \tag{3.3.10}$$

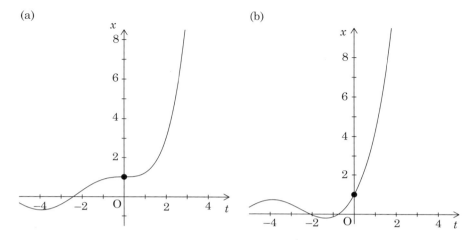

図 3.2 (a) 常微分方程式の初期値問題 (3.3.1)-(3.3.3) の解 (3.3.10)。(b) 常微分方程式の初期値問題 (3.3.11)-(3.3.12) の解 (3.3.19)。

非斉次項が三角関数の場合も指数関数と同様である。ただ、非斉次項が正弦と余弦のどちらか一方だけであったとしても、特解は正弦と余弦の線型結合として発見する。

例題 3.4. 関数 $x(t)$ に関する以下の常微分方程式の初期値問題を解け。

$$\frac{dx}{dt} - x = \cos t \tag{3.3.11}$$

$$x(0) = 1 \tag{3.3.12}$$

解答 非斉次項は $\cos t$ なので、特解はその正弦も含めて $x_p(t) = a\cos t + b\sin t$ とおく。これを式 (3.3.11) の x に代入すると、

$$-a\sin t + b\cos t - a\cos t - b\sin t = \cos t \tag{3.3.13}$$

となる。すべての t について (3.3.13) が成り立つので、正弦と余弦の係数を比較すると、連立方程式

$$-a + b = 1 \tag{3.3.14}$$

$$-a - b = 0 \tag{3.3.15}$$

を得る。式 (3.3.14)-(3.3.15) の解は $a = -\frac{1}{2}$ および $b = \frac{1}{2}$ である。これより、式

40

(3.3.11) の特解は

$$x_p(t) = \frac{1}{2}(\sin t - \cos t) \tag{3.3.16}$$

である。一方、式 (3.3.11) の非斉次項を除いた方程式 $\dfrac{dx}{dt} - x = 0$ の一般解は

$$x_h(t) = c\,e^t \quad (c\,\text{は未定定数}) \tag{3.3.17}$$

である（例題 2.2 ☞p.22 を参考にせよ）。よって、式 (3.3.11) の一般解は

$$x(t) = \frac{1}{2}(\sin t - \cos t) + c\,e^t \quad (c\,\text{は未定定数}) \tag{3.3.18}$$

となる。初期条件 (3.3.12) より $c = \dfrac{3}{2}$。したがって、常微分方程式の初期値問題 (3.3.11)-(3.3.12) の解は以下の通りである（図 3.2b）。

$$(\text{答}) \quad x(t) = \frac{1}{2}(\sin t - \cos t) + \frac{3}{2}e^t \tag{3.3.19}$$

演習問題 3.4. [易] 関数 $x(t)$ に関する以下の常微分方程式の初期値問題を解け。

$$\frac{dx}{dt} + 3x = e^{2t} \tag{3.3.20}$$

$$x(0) = 0 \tag{3.3.21}$$

演習問題 3.5. [標準] 関数 $x(t)$ に関する以下の常微分方程式の初期値問題を解け。

$$\frac{d^2x}{dt^2} + \omega^2 x = \cos \omega_0 t \tag{3.3.22}$$

$$x(0) = 0 \tag{3.3.23}$$

$$\frac{dx}{dt}(0) = 1 \tag{3.3.24}$$

ただし、ω と ω_0 はともに正の定数で異なる値とする。式 (3.3.22) は振動数 ω で自励的に振動する系に、外部から振動数 ω_0 の振動を与えている**強制振動**の方程式である。
forced oscillation

第 3 章　非斉次常微分方程式　　**41**

3.4　発見的方法（3）共鳴の場合

　本節では、非斉次項が斉次方程式の基本解を含む場合を扱う。この場合の方程式は**共鳴**（または**共振**）現象を記述する（コラム G 参照）。いま、斉次方程式の基本解
resonance
の一つを e^{at} として、非斉次項が $c\,e^{at}$ であるとする。このとき、特解は $c_1\,e^{at}+c_2\,te^{at}$ の形で与えればよい。

例題 3.5. 関数 $x(t)$ に関する以下の常微分方程式の初期値問題を解け。

$$\frac{dx}{dt} - x = e^t \tag{3.4.1}$$

$$x(0) = 1 \tag{3.4.2}$$

解答 式 (3.4.1) の斉次方程式の基本解は e^t であり、非斉次項 e^t と同じである。そこで、特解を

$$x_p(t) = c_1\,e^t + c_2\,te^t \tag{3.4.3}$$

とおき、式 (3.4.1) の x に代入する。

$$c_2\,e^t = e^t \tag{3.4.4}$$

上式がすべての t について成立するためには、c_1 は任意、$c_2 = 1$ となる。よって、$c_1 = 0$ として特解を

$$x_p(t) = te^t \tag{3.4.5}$$

と発見できた。これより、非斉次方程式 (3.4.1) の一般解は

$$x(t) = te^t + c\,e^t \qquad (c\text{ は未定定数}) \tag{3.4.6}$$

となる。初期条件 (3.4.2) より

$$x(0) = c = 1 \tag{3.4.7}$$

よって、常微分方程式の初期値問題 (3.4.1)-(3.4.2) の解は以下の通りである。

$$(\text{答}) \qquad x(t) = (t + 1)\,e^t \tag{3.4.8}$$

　さて、1 階の非斉次方程式 (3.4.1) は 2 階の斉次方程式に帰着することができる。式 (3.4.1) の両辺を t で微分すると、

$$\frac{d^2x}{dt^2} - \frac{dx}{dt} = e^t \tag{3.4.9}$$

である。式 (3.4.9) から式 (3.4.1) を引くと、斉次方程式

$$\frac{d^2x}{dt^2} - 2\frac{dx}{dt} + x = 0 \tag{3.4.10}$$

を得る。式 (3.4.10) の基本解は $\{e^t, te^t\}$ であった（例題 2.5 ☞ p.31 を参考にせよ）。これは、非斉次方程式 (3.4.1) の特解を e^t と te^t の線型結合としたことと関係している。なお、一般に微分方程式に対する特性方程式が解 λ_0 を m 重根としてもち、非斉次項が $e^{\lambda_0 t}$ のスカラー倍のときは、特解として $\{e^{\lambda_0 t}, te^{\lambda_0 t}, t^2 e^{\lambda_0 t}, \cdots t^{m-1} e^{\lambda_0 t}\}$ の線型結合

$$x_p(t) = e^{\lambda_0 t}(c_0 + c_1 t + c_2 t^2 + \cdots + c_{m-1} t^{m-1}) \quad (c_0, c_1, \cdots, c_{m-1} \text{ は未定定数}) \tag{3.4.11}$$

を候補とすればよい。

演習問題 3.6. [易] 関数 $x(t)$ に関する以下の常微分方程式の初期値問題を解け。

$$\frac{dx}{dt} - 2x = e^{2t} \tag{3.4.12}$$

$$x(0) = 1 \tag{3.4.13}$$

 **G. 共鳴の例**

方程式 (3.5.25) は、振動数 ω で自励的に振動する系に、外部から同じ振動数 ω の振動を与えることを意味している。その解 (3.5.28) の右辺第 1 項は振幅を変えない振動を表すが、右辺第 2 項は係数に時間 t とともに増幅する振動を表す。このような現象を**共鳴**という。たとえば、ある高層ビルのエアロビクス教室で、大人数が一定のリズムで動いたところ、ビル内部で揺れが感じられたことがあった。これは、エアロビクス教室で生じた振動の振動数が、建造物に固有の振動数と一致したために起こったのである。

別の例をもう一つ。内湾には固有の振動周期があって、外洋から潮汐などの長波が固有周期で侵入することで共鳴が生じることがある。長崎湾における「あびき」はその例で、30 分程度の周期で海面が大きく上下に振動し、被害が出たこともある。

第 3 章 非斉次常微分方程式　　**43**

3.5　発見的方法（４）非斉次項が二つの関数の和の場合

本節では、非斉次項が $f_1(t)$ と $f_2(t)$ の二つの和であるとする。説明の便のため、**線型作用素**を
linear operator

$$\mathcal{L} = \frac{d^n}{dt^n} + a_1 \frac{d^{n-1}}{dt^{n-1}} + \cdots + a_{n-1} \frac{d}{dt} + a_n \tag{3.5.1}$$

とおく。これを用いて、式 (3.1.1) を

$$\mathcal{L}x(t) = f(t) \tag{3.5.2}$$

と表現する。式 (3.5.2) は線型方程式であり、関数 $u(t)$ および $v(t)$、ならびに定数 a および b に対し

$$\mathcal{L}(au + bv) = a\,\mathcal{L}u + b\,\mathcal{L}v \tag{3.5.3}$$

が成り立つ（演習問題 2.11 ☞ p.23 を参考にせよ）。この記法により、関数をベクトルに、線型作用素は行列にたとえることができる（第 8.5 節参照）。いま、非斉次項が二つの関数 $f_1(t)$ と $f_2(t)$ の和である場合を考える。

$$\mathcal{L}x(t) = f_1(t) + f_2(t) \tag{3.5.4}$$

$\mathcal{L}x(t) = f_1(t)$ を満たす特解を $x_1(t)$、$\mathcal{L}x(t) = f_2(t)$ を満たす特解を $x_2(t)$ とおく。すると、作用素の線型性 (3.5.3) より

$$\mathcal{L}(x_1 + x_2) = \mathcal{L}(x_1) + \mathcal{L}(x_2) = f_1(t) + f_2(t) \tag{3.5.5}$$

が成り立つ。

$$x(t) = x_h(t) + x_1(t) + x_2(t) \tag{3.5.6}$$

を式 (3.5.4) に代入すると、式 (3.5.5) より

$$\mathcal{L}x_h = 0 \tag{3.5.7}$$

という斉次方程式に帰着される。つまり、非斉次項が二つの関数の和であるときは、どちらかの関数のみが非斉次項であった場合の特解をそれぞれ求めればよい。

例題 3.6.　関数 $x(t)$ に関する以下の常微分方程式の初期値問題を解け（ここでは例題 3.4 ☞ p.39 の別解を与える）。

$$\frac{dx}{dt} - x = \cos t \tag{3.5.8}$$

$$x(0) = 1 \tag{3.5.9}$$

解答 まず、オイラーの公式 (1.1.3) より非斉次項は

$$\cos t = \frac{e^{it} + e^{-it}}{2} \tag{3.5.10}$$

と指数関数の和で書ける。そこで、二つの非斉次方程式

$$\frac{dx}{dt} - x = \frac{1}{2}e^{it} \tag{3.5.11}$$

$$\frac{dx}{dt} - x = \frac{1}{2}e^{-it} \tag{3.5.12}$$

の特解をそれぞれ求める。

(i) 式 (3.5.11) に $x_1(t) = a\,e^{it}$ を代入する。

$$iae^{it} - ae^{it} = \frac{1}{2}e^{it} \tag{3.5.13}$$

上式がすべての t について成立するので、両辺を $e^{it}(\neq 0)$ で除すると

$$a = \frac{1}{i-1} \cdot \frac{1}{2} = -\frac{1}{4}(i+1) \tag{3.5.14}$$

となる。よって、式 (3.5.11) の特解は

$$x_1(t) = -\frac{1}{4}(i+1)\,e^{it} \tag{3.5.15}$$

となる。

(ii) 式 (3.5.12) に、$x_2(t) = b\,e^{-it}$ を代入すると、$b = -\dfrac{1}{4}(-i+1)$ である。よって、式 (3.5.12) の特解は

$$x_2(t) = -\frac{1}{4}(-i+1)\,e^{-it} \tag{3.5.16}$$

となる。

(i) と (ii) より、微分方程式 (3.5.8) の特解は、式 (3.5.11) の特解 (3.5.15) と式 (3.5.12) の特解 (3.5.16) の和で書ける。

$$x_1(t) + x_2(t) = -\frac{i+1}{4}e^{it} - \frac{-i+1}{4}e^{-it} = \frac{1}{2}(\sin t - \cos t) \tag{3.5.17}$$

斉次方程式

$$\frac{dx}{dt} - x = 0 \tag{3.5.18}$$

の一般解は

$$x_h(t) = c\,e^t \quad (c \text{ は未定定数}) \tag{3.5.19}$$

である。式 (3.5.8) の一般解は式 (3.5.17) と式 (3.5.19) の和である。

$$x(t) = \frac{1}{2}\left(\sin t - \cos t\right) + c\,e^t \quad (c \text{ は未定定数}) \tag{3.5.20}$$

初期条件 (3.5.9) より、$c = \dfrac{3}{2}$。したがって、常微分方程式の初期値問題 (3.5.8)-(3.5.9) の解は

$$(\text{答}) \quad x(t) = \frac{1}{2}\left(\sin t - \cos t\right) + \frac{3}{2}e^t \tag{3.5.21}$$

である。

演習問題 3.7. [やや易] 式 (3.5.1) で表される線型作用素 $\mathcal{L}$ に対し、関数 $x(t)$ に関する n 階線型常微分方程式

$$\mathcal{L}x(t) = \sum_{k=1}^{n} f_k(t) \tag{3.5.22}$$

を考える。非斉次方程式

$$\mathcal{L}x(t) = f_k(t) \quad (k = 1, 2, \cdots, n) \tag{3.5.23}$$

を満たす特解がそれぞれ $x_k(t)$ と与えられ、斉次方程式

$$\mathcal{L}x(t) = 0 \tag{3.5.24}$$

の一般解が $x_h(t)$ と与えられるとき、方程式 (3.5.22) の一般解を $x_h(t)$ と式 (3.5.23) の特解 $\{x_1(t), x_2(t), \cdots, x_n(t)\}$ を使って表せ。

演習問題 3.8. [標準] 関数 $x(t)$ に関する以下の常微分方程式の初期値問題を解け。

$$\frac{d^2x}{dt^2} + \omega^2 x = \cos \omega t \tag{3.5.25}$$

$$x(0) = 0 \tag{3.5.26}$$

$$\frac{dx}{dt}(0) = 1 \tag{3.5.27}$$

ただし、ω は正の定数とする。（ヒント）この答は下記の通り。

$$x(t) = \left(\frac{1}{\omega} + \frac{t}{2\omega}\right) \sin \omega t \tag{3.5.28}$$

3.6 ラグランジュの定数変化法による解法

本節までは非斉次方程式の特解をいくつかの場合について発見する方法を紹介した。**特解**は一つ発見できればよいので、簡単に発見できる場合は、それが最善の方法である。しかし、特解を簡単に発見できないときなどのため、系統的に非斉次方程式を解く方法が欲しい。その一つが**ラグランジュの定数変化法**である。

まず、以下の 1 階の非斉次常微分方程式の初期値問題の一般形を考える。

$$\frac{dx}{dt} - ax = f(t) \qquad (a \neq 0) \tag{3.6.1}$$

$$x(0) = x_0 \tag{3.6.2}$$

ここで、式 (3.6.1) で $f(t) = 0$ としたときの斉次方程式の基本解は e^{at} である。ラグランジュの定数変化法では、基本解の形を参考に

$$x(t) = c(t)\, e^{at} \tag{3.6.3}$$

とおく。$x'(t) = c'(t)\, e^{at} + ac(t)\, e^{at}$ に注意して、式 (3.6.3) を式 (3.6.1) に代入する。

$$c'(t) = f(t)\, e^{-at} \tag{3.6.4}$$

式 (3.6.4) を積分することで

$$c(t) = c(0) + \int_0^t f(s)\, e^{-as}\, ds \tag{3.6.5}$$

を得る。これを (3.6.3) に戻す。

$$x(t) = c(0)\, e^{at} + \int_0^t f(s)\, e^{a(t-s)}\, ds \tag{3.6.6}$$

初期条件 (3.6.2) を式 (3.6.6) に代入すると $c(0) = x_0$ となる。したがって、常微分方程式の初期値問題 (3.6.1)-(3.6.2) の解は以下の通りである。

$$x(t) = x_0\, e^{at} + \int_0^t f(s)\, e^{a(t-s)}\, ds \tag{3.6.7}$$

次にラグランジュの定数変化法を使って、以下の 2 階の非斉次常微分方程式を考える。

$$\frac{d^2x}{dt^2} + a\frac{dx}{dt} + bx = f(t) \tag{3.6.8}$$

第3章　非斉次常微分方程式　　**47**

式 (3.6.8) において $f(t) = 0$ とした斉次方程式の基本解を $\{x_1(t), x_2(t)\}$ とする。つまり、$x_1(t)$ と $x_2(t)$ は**線型独立**（第 2.3 節を参考にせよ）であり、かつそれぞれは

$$x_1''(t) + a\, x_1'(t) + b\, x_1(t) = 0 \tag{3.6.9}$$

$$x_2''(t) + a\, x_2'(t) + b\, x_2(t) = 0 \tag{3.6.10}$$

を満たす。ラグランジュの定数変化法では、式 (3.6.8) の解を

$$x(t) = c_1(t)\, x_1(t) + c_2(t)\, x_2(t) \tag{3.6.11}$$

とおく。しかし、これだけを式 (3.6.8) に代入しても、条件不足で未定定数 $c_1(t)$ および $c_2(t)$ が定まらない。そこで、天下りに条件

$$c_1'(t)\, x_1(t) + c_2'(t)\, x_2(t) = 0 \tag{3.6.12}$$

を追加する。式 (3.6.11) の両辺を t で 1 回微分すると、式 (3.6.12) の条件より

$$x'(t) = \cancel{c_1'(t)\, x_1(t) + c_2'(t)\, x_2(t)} + c_1(t)\, x_1'(t) + c_2(t)\, x_2'(t)$$
$$= c_1(t)\, x_1'(t) + c_2(t)\, x_2'(t) \tag{3.6.13}$$

となる。上式をさらに t で微分する。

$$x''(t) = c_1'(t)\, x_1'(t) + c_2'(t)\, x_2'(t) + c_1(t)\, x_1''(t) + c_2(t)\, x_2''(t) \tag{3.6.14}$$

式 (3.6.14)、式 (3.6.13) の a 倍、および式 (3.6.11) の b 倍の和をとる。左辺は、式 (3.6.8) より

$$x''(t) + ax'(t) + bx(t) = f(t) \tag{3.6.15}$$

となる。右辺は、式 (3.6.9)-(3.6.10) より

$$c_1'(t)\, x_1'(t) + c_2'(t)\, x_2'(t) + c_1(t)\, x_1''(t) + c_2(t)\, x_2''(t)$$
$$+ a\{c_1(t)\, x_1'(t) + c_2(t)\, x_2'(t)\} + b\{c_1(t)\, x_1(t) + c_2(t)\, x_2(t)\}$$
$$= c_1'(t)\, x_1'(t) + c_2'(t)\, x_2'(t)$$
$$+ c_1(t)\, \{x_1''(t) \cancel{+ ax_1'(t) + bx_1(t)}\} + c_2(t)\, \{x_2''(t) \cancel{+ ax_2'(t) + bx_2(t)}\}$$
$$= c_1'(t)\, x_1'(t) + c_2'(t)\, x_2'(t) \tag{3.6.16}$$

となる。式 (3.6.15)-(3.6.16) より、

$$c_1'(t)\, x_1'(t) + c_2'(t)\, x_2'(t) = f(t) \tag{3.6.17}$$

を得る。式 (3.6.12) および式 (3.6.17) より、(c_1', c_2') に関する連立方程式

$$\begin{pmatrix} x_1(t) & x_2(t) \\ x_1'(t) & x_2'(t) \end{pmatrix} \begin{pmatrix} c_1'(t) \\ c_2'(t) \end{pmatrix} = \begin{pmatrix} 0 \\ f(t) \end{pmatrix} \tag{3.6.18}$$

を立てることできる。基本解 $x_1(t)$ と $x_2(t)$ は線型独立なので、**ロンスキー行列式**

$$W(t) = \det \begin{pmatrix} x_1(t) & x_2(t) \\ x_1'(t) & x_2'(t) \end{pmatrix} \tag{3.6.19}$$

は 0 ではない（演習問題 2.12 ☞ p.23 を参考にせよ）。よって、式 (3.6.18) のただ一つの解を

$$\begin{pmatrix} c_1'(t) \\ c_2'(t) \end{pmatrix} = \frac{1}{W(t)} \begin{pmatrix} x_2'(t) & -x_2(t) \\ -x_1'(t) & x_1(t) \end{pmatrix} \begin{pmatrix} 0 \\ f(t) \end{pmatrix} = \frac{f(t)}{W(t)} \begin{pmatrix} -x_2(t) \\ x_1(t) \end{pmatrix} \tag{3.6.20}$$

と求めることができる（第 4.2 節参照）。上式を積分する。

$$\begin{pmatrix} c_1(t) \\ c_2(t) \end{pmatrix} = \begin{pmatrix} c_1(0) \\ c_2(0) \end{pmatrix} + \int_0^t \frac{f(s)}{W(s)} \begin{pmatrix} -x_2(s) \\ x_1(s) \end{pmatrix} ds \tag{3.6.21}$$

これを式 (3.6.11) に代入すると、

$$\begin{aligned}
x(t) &= c_1(0)\, x_1(t) + c_2(0)\, x_2(t) \\
&\quad - \int_0^t \frac{f(s)}{W(s)}\, x_1(t)\, x_2(s)\, ds + \int_0^t \frac{f(s)}{W(s)}\, x_1(s)\, x_2(t)\, ds \\
&= \sum_{n=1}^2 c_n(0)\, x_n(t) + \int_0^t \frac{f(s)}{W(s)} \det \begin{pmatrix} x_1(s) & x_2(s) \\ x_1(t) & x_2(t) \end{pmatrix} ds
\end{aligned} \tag{3.6.22}$$

となる。

演習問題 3.9. [易] 式 (3.6.7) に $f(s) = e^s$、$a = 1$、$x_0 = 1$ を代入して、例題 3.5 ☞ p.41 を解け。

演習問題 3.10. [標準] 例題 3.4 ☞ p.39 をラグランジュの定数変化法で解け。（ヒント）$\int_0^t e^{-s} \cos s\, ds$ の計算は例題 6.9 の別解 ☞ p.93 を参考にせよ。

演習問題 3.11. [標準] 式 (3.6.22) に、$(x_1(t), x_2(t)) = (\cos t, \sin t)$、$x(0) = 1$、$x'(0) = 0$、および $f(t) = t^2$ を代入することで、例題 3.2 ☞ p.36 の解を求めよ。（ヒント）$\int_0^t s^2 e^{is}\, ds$ を計算すると効率的である。

演習問題 3.12. [標準] 関数 $x(t)$ に関する以下の常微分方程式の初期値問題を解け。ただし、ω は正の定数とする。

$$\frac{d^2 x}{dt^2} + \omega^2 x = f(t) \tag{3.6.23}$$

$$x(0) = x_0 \tag{3.6.24}$$

$$\frac{dx}{dt}(0) = x_1 \tag{3.6.25}$$

第 3 章　非斉次常微分方程式　　**49**

（ヒント）この答えは下記の通り。

$$x(t) = x_0 \cos \omega t + \frac{1}{\omega} x_1 \sin \omega t + \frac{1}{\omega} \int_0^t f(s) \sin\{\omega(t-s)\} \, ds \qquad (3.6.26)$$

演習問題 3.13. [やや易] 式 (3.6.26) を式 (3.6.23) に代入し、同式が式 (3.6.23) を満たすことを示せ。（ヒント）下式を利用せよ。

$$\frac{d}{dt} \int_0^t f(s) \sin\{\omega(t-s)\} \, ds = \int_0^t \omega f(s) \cos\{\omega(t-s)\} \, ds \qquad (3.6.27)$$

演習問題 3.14. [難] 非斉次微分方程式 (3.1.1) の一般解が

$$\begin{aligned}
x(t) = {} & \sum_{k=1}^n c_k x_k(t) \\
& + \int_0^t \frac{f(s)}{W(s)} \det \begin{pmatrix}
x_1(s) & x_2(s) & \cdots & x_n(s) \\
x_1'(s) & x_2'(s) & \cdots & x_n'(s) \\
\cdots & \cdots & \cdots & \cdots \\
x_1^{(n-2)}(s) & x_2^{(n-2)}(s) & \cdots & x_n^{(n-2)}(s) \\
x_1(t) & x_2(t) & \cdots & x_n(t)
\end{pmatrix} ds
\end{aligned} \qquad (3.6.28)$$

となることを導け。ただし、$\{x_1(t), x_2(t), \cdots, x_n(t)\}$ は式 (2.3.2) の基本解、c_k は未定定数、$W(t)$ はロンスキー行列式 (2.3.13) とする。（ヒント）クラメールの公式を使う。

第4章 行列と固有値解析

本章では第5章以降で必要な行列について学習する。行列は連立方程式を解くことと、線型システムの特性を把握することの、おもに二つの用途に使われる。前者は逆行列を計算することに、後者は固有値・固有ベクトルを計算することに対応する。また、行列の固有値解析は二次曲線の分類にも応用できる。

4.1 行列の基礎知識

本節では、**行列**の基礎知識を復習する。行列は表計算ソフトのようにマス目に
matrix
数字が埋まっているものと考えてよい。どのように使うのかは、次節以降に述べることにする。

行と列 行列の大きさは行の数（縦方向に数字が何個並んでいるか）と列の数（横方向に数字が何個並んでいるか）で表す。たとえば

$$A = \begin{pmatrix} a_{11} & a_{12} & \cdots & a_{1n} \\ a_{21} & a_{22} & \cdots & a_{2n} \\ \cdots & \cdots & \cdots & \cdots \\ a_{m1} & a_{m2} & \cdots & a_{mn} \end{pmatrix} \tag{4.1.1}$$

は、縦に m 行、横に n 列並んでいるので、m 行 n 列の行列という。行列を構成する数のうち、i 行目と j 列目にある a_{ij} を i 行 j 列の成分という。$m = n$ のとき、行列 A を n 次**正方行列**とよぶ。また、横ベクトルは 1 行 2 列の行列と、縦ベクトル
square matrix
は 2 行 1 列の行列といえる。本章では基本的に 2 次正方行列 $\begin{pmatrix} a_{11} & a_{12} \\ a_{21} & a_{22} \end{pmatrix}$ によって
行列の基本事項を解説する。

行列の和　行列 $A = \begin{pmatrix} a_{11} & a_{12} \\ a_{21} & a_{22} \end{pmatrix}$ と行列 $B = \begin{pmatrix} b_{11} & b_{12} \\ b_{21} & b_{22} \end{pmatrix}$ の和は

$$A + B = \begin{pmatrix} a_{11} + b_{11} & a_{12} + b_{12} \\ a_{21} + b_{21} & a_{22} + b_{22} \end{pmatrix} \tag{4.1.2}$$

と定義される。

行列のスカラー倍　行列 $A = \begin{pmatrix} a_{11} & a_{12} \\ a_{21} & a_{22} \end{pmatrix}$ の α 倍は

$$\alpha A = \begin{pmatrix} \alpha a_{11} & \alpha a_{12} \\ \alpha a_{21} & \alpha a_{22} \end{pmatrix} \tag{4.1.3}$$

と定義される。

行列積　行列 $A = \begin{pmatrix} a_{11} & a_{12} \\ a_{21} & a_{22} \end{pmatrix}$ と行列 $B = \begin{pmatrix} b_{11} & b_{12} \\ b_{21} & b_{22} \end{pmatrix}$ の**行列積**は
matrix product

$$AB = \begin{pmatrix} a_{11}b_{11} + a_{12}b_{21} & a_{11}b_{12} + a_{12}b_{22} \\ a_{21}b_{11} + a_{22}b_{21} & a_{21}b_{12} + a_{22}b_{22} \end{pmatrix} \tag{4.1.4}$$

と定義される。一般に $AB \neq BA$ であることに注意せよ。同様に、行列 A と縦ベクトル $\boldsymbol{x} = \begin{pmatrix} x_1 \\ x_2 \end{pmatrix}$ との積は

$$A\boldsymbol{x} = \begin{pmatrix} a_{11}x_1 + a_{12}x_2 \\ a_{21}x_1 + a_{22}x_2 \end{pmatrix} \tag{4.1.5}$$

と定義され、横ベクトル $\boldsymbol{y} = \begin{pmatrix} y_1 & y_2 \end{pmatrix}$ と行列 A との積は

$$\boldsymbol{y}A = \begin{pmatrix} y_1 a_{11} + y_2 a_{21} & y_1 a_{12} + y_2 a_{22} \end{pmatrix} \tag{4.1.6}$$

と定義される。

行列のべき乗　正方行列 A のべき乗は

$$A^n = \underbrace{A \, A \cdots A}_{n \text{ 個}} \tag{4.1.7}$$

と定義される。

単位行列 行列 $I = \begin{pmatrix} 1 & 0 \\ 0 & 1 \end{pmatrix}$ を**単位行列**という。
identity matrix

零行列 行列 $O = \begin{pmatrix} 0 & 0 \\ 0 & 0 \end{pmatrix}$ を**零行列**という。
null matrix

対角成分と対角行列 行列の i 行 i 列成分を対角成分という。対角成分以外すべて 0 の行列を**対角行列**という。2 次正方行列なら
diagonal matrix

$$\Lambda = \begin{pmatrix} \lambda_1 & 0 \\ 0 & \lambda_2 \end{pmatrix} \tag{4.1.8}$$

である。よって、単位行列 I も零行列 O も対角行列である。

転置行列 行列 $A = \begin{pmatrix} a_{11} & a_{12} \\ a_{21} & a_{22} \end{pmatrix}$ の**転置行列**は
transposed matrix

$$^tA = \begin{pmatrix} a_{11} & a_{21} \\ a_{12} & a_{22} \end{pmatrix} \tag{4.1.9}$$

と定義される。つまり、転置とは行と列を入れ替える操作のことである。行列 A とその転置行列 ^tA が等しい場合、**対称行列**という。
symmetric matrix

随伴行列 行列 $A = \begin{pmatrix} a_{11} & a_{12} \\ a_{21} & a_{22} \end{pmatrix}$ の**随伴行列**は
adjoint matrix

$$A^* = \begin{pmatrix} \overline{a_{11}} & \overline{a_{21}} \\ \overline{a_{12}} & \overline{a_{22}} \end{pmatrix} \tag{4.1.10}$$

と定義される。つまり、随伴行列は転置行列の複素数バージョンである。行列 A とその随伴行列 A^* が等しい場合、行列 A を**エルミート行列** (または**自己随伴行列**)
Hermite matrix   self-adjoint matrix
という。

内積 ベクトル $\boldsymbol{x} = \begin{pmatrix} x_1 \\ x_2 \end{pmatrix}$ と $\boldsymbol{y} = \begin{pmatrix} y_1 \\ y_2 \end{pmatrix}$ との間の**内積**は
inner product

$$(\boldsymbol{x}, \boldsymbol{y}) = {}^t\boldsymbol{x}\boldsymbol{y} = x_1 y_1 + x_2 y_2 \tag{4.1.11}$$

と定義される。

第 4 章　行列と固有値解析　　**53**

エルミート内積　ベクトル $\boldsymbol{x} = \begin{pmatrix} x_1 \\ x_2 \end{pmatrix}$ と $\boldsymbol{y} = \begin{pmatrix} y_1 \\ y_2 \end{pmatrix}$ との間の**エルミート内積**は
Hermitian form

$$(\boldsymbol{x}, \boldsymbol{y}) = {}^t\boldsymbol{x}\,\overline{\boldsymbol{y}} = x_1\overline{y_1} + x_2\overline{y_2} \tag{4.1.12}$$

と定義される。つまり、エルミート内積は内積の複素数バージョンである。なお、
エルミート内積を $(\boldsymbol{x}, \boldsymbol{y}) = \boldsymbol{x}^*\boldsymbol{y}$ と定義する流儀もあるが、本書では採用しない。

ノルム　ベクトル $\boldsymbol{x} = \begin{pmatrix} x_1 \\ x_2 \end{pmatrix}$ の**ノルム**は
norm

$$\|\boldsymbol{x}\| = \sqrt{(\boldsymbol{x}, \boldsymbol{x})} = \sqrt{|x_1|^2 + |x_2|^2} \tag{4.1.13}$$

と定義される。

直交行列　行列 U が、$U^t U = {}^t U U = I$ を満たすとき、行列 U を**直交行列**という。
orthogonal matrix

ユニタリー行列　行列 U が $UU^* = U^*U = I$ を満たすとき、行列 U を**ユニタリー行列**
という。これは直交行列の複素数バージョンである。
Unitary matrix

演習問題 4.1. [易] 行列 $A = \begin{pmatrix} 1 & 2 \\ 3 & 4 \end{pmatrix}$ と行列 $B = \begin{pmatrix} 4 & 3 \\ 2 & 1 \end{pmatrix}$ に対し、下記の計算をせ
よ。
(1) $A + B$ (2) AB (3) $2A^2$ (4) ${}^t A$

演習問題 4.2. [やや易] 行列 A と行列 B に対して、$AB \neq BA$ となる例をあげよ。

演習問題 4.3. [やや易] 対角行列 $\Lambda = \begin{pmatrix} \lambda_1 & 0 \\ 0 & \lambda_2 \end{pmatrix}$ に対し、Λ^n を求めよ。

演習問題 4.4. [標準] 回転行列
rotation matrix

$$R(\theta) = \begin{pmatrix} \cos\theta & -\sin\theta \\ \sin\theta & \cos\theta \end{pmatrix} \tag{4.1.14}$$

は直交行列であることを示せ。

4.2 連立方程式と逆行列

連立方程式

$$\begin{pmatrix} a & b \\ c & d \end{pmatrix} \begin{pmatrix} x \\ y \end{pmatrix} = \begin{pmatrix} x_0 \\ y_0 \end{pmatrix} \tag{4.2.1}$$

を考える。この方程式の解は $ad - bc \neq 0$ のとき、

$$x = \frac{dx_0 - by_0}{ad - bc}, \qquad y = \frac{ay_0 - cx_0}{ad - bc} \tag{4.2.2}$$

である。行列を使うと、連立方程式の解 (4.2.2) は

$$\begin{pmatrix} x \\ y \end{pmatrix} = \frac{1}{ad - bc} \begin{pmatrix} d & -b \\ -c & a \end{pmatrix} \begin{pmatrix} x_0 \\ y_0 \end{pmatrix} \tag{4.2.3}$$

と表せる。式 (4.2.1) を行列 $A = \begin{pmatrix} a & b \\ c & d \end{pmatrix}$ とベクトル $\boldsymbol{x} = \begin{pmatrix} x \\ y \end{pmatrix}$ および $\boldsymbol{x_0} = \begin{pmatrix} x_0 \\ y_0 \end{pmatrix}$ で表現すると、

$$A\boldsymbol{x} = \boldsymbol{x_0} \tag{4.2.4}$$

となる。一方、$ad - bc \neq 0$ のとき、行列 A の**逆行列**が存在し、
_{inverse matrix}

$$A^{-1} = \frac{1}{ad - bc} \begin{pmatrix} d & -b \\ -c & a \end{pmatrix} \tag{4.2.5}$$

となる。式 (4.2.3) は逆行列 A^{-1} を用いて、

$$\boldsymbol{x} = A^{-1}\boldsymbol{x_0} \tag{4.2.6}$$

と表現できる。ここで $ad - bc$ は行列が逆行列をもつかどうかを診断する重要なパラメーターである。これを**行列式**といい、行列 $A = \begin{pmatrix} a & b \\ c & d \end{pmatrix}$ に対し、
_{determinant}

$$\det A = ad - bc \tag{4.2.7}$$

と定義する。なお、逆行列をもつような行列を**正則行列**という。
_{regular matrix}

連立方程式の解法から行列の役割を考える。連立方程式 (4.2.1) を解くということは、行列 A によって点 $\begin{pmatrix} x_0 \\ y_0 \end{pmatrix}$ に写される元の点 $\begin{pmatrix} x \\ y \end{pmatrix}$ を求めることを意味する。

連立方程式がただ一つの解 (4.2.2) をもつときは、行列 A^{-1} によって点 $\begin{pmatrix} x_0 \\ y_0 \end{pmatrix}$ から

点 $\begin{pmatrix} x \\ y \end{pmatrix}$ へ戻すことができる。このような逆写像があれば、$\begin{pmatrix} x_0 \\ y_0 \end{pmatrix}$ が何であっても

連立方程式 (4.2.1) の解はただ一つに定まる。そのことを踏まえると、2 次の正則
行列は平面全体を平面全体へ写す写像となる。言い換えれば、2 次元を次元を落と
すことなく 2 次元に写すのである（写した先の次元の数を**階数**といい、$\text{rank}\,A = 2$
と表す）。これは次のように考えることもできる。2 次元平面の任意の点は x と y
を使って、

$$\begin{pmatrix} x \\ y \end{pmatrix} = x \begin{pmatrix} 1 \\ 0 \end{pmatrix} + y \begin{pmatrix} 0 \\ 1 \end{pmatrix} \tag{4.2.8}$$

と成分表示できる。この両辺に行列 $A = \begin{pmatrix} a & b \\ c & d \end{pmatrix}$ をかけると

$$A \begin{pmatrix} x \\ y \end{pmatrix} = x \begin{pmatrix} a & b \\ c & d \end{pmatrix} \begin{pmatrix} 1 \\ 0 \end{pmatrix} + y \begin{pmatrix} a & b \\ c & d \end{pmatrix} \begin{pmatrix} 0 \\ 1 \end{pmatrix} = x \begin{pmatrix} a \\ c \end{pmatrix} + y \begin{pmatrix} b \\ d \end{pmatrix} \tag{4.2.9}$$

となる。もしも行列を使って平面を写像した先が平面であるためには、二つのベ

クトル $\begin{pmatrix} a \\ c \end{pmatrix}$ と $\begin{pmatrix} b \\ d \end{pmatrix}$ が平行でなく、ともにゼロベクトルでないことが必要である。

この条件はまさに $\det A = ad - bc \neq 0$ である。

では、連立方程式がただ一つの解をもたない場合はどうなるか？行列 A による

写像は平面を直線または点へと写すのである。たとえば、行列 $X = \begin{pmatrix} a & b \\ ca & cb \end{pmatrix}$ を考

える。

$$\begin{pmatrix} a & b \\ ca & cb \end{pmatrix} \begin{pmatrix} x \\ y \end{pmatrix} = \begin{pmatrix} ax + by \\ c(ax + by) \end{pmatrix} = (ax + by) \begin{pmatrix} 1 \\ c \end{pmatrix} \tag{4.2.10}$$

より、行列 X によって平面上の点は直線 $y = cx$ 上の点に写される。行列 X によっ
て、2 次元を写した先の次元は 1 になるので、$\text{rank}\,X = 1$ である。

演習問題 4.5. [易] $A = \begin{pmatrix} 1 & 2 \\ 3 & 4 \end{pmatrix}$ に対し、以下の計算をせよ。

(1) $\det A$ (2) $\text{rank}\,A$ (3) A^{-1}

演習問題 4.6. [やや易] 回転行列 (4.1.14) は正則行列か？

演習問題 4.7. [標準] $\text{rank}\,O$ を求めよ。

4.3 2次正方行列による線型写像

前節で2次正方行列とベクトルの積は、平面上の点から点への写像として考えた。行列が正則の場合は、平面全体を平面全体へ写すことがわかった。2次正方行列にはさまざまな種類があるが、拡大・縮小、回転、せん断、鏡映の四種類の行列の積として表現できることが知られている。

(1) 拡大・縮小　拡大・縮小を表す2次正方行列は $a \geq 0$ および $b \geq 0$ に対し

$$\mathsf{D}(a,b) = \begin{pmatrix} a & 0 \\ 0 & b \end{pmatrix} \tag{4.3.1}$$

である。この行列による写像は、x 軸方向に a 倍伸長し、y 軸方向に b 倍伸長する（図 4.1a）。

(2) 回転　角度 θ だけ反時計回りに回転させる2次正方行列は以下の通り（図4.1b）。

$$\mathsf{R}(\theta) = \begin{pmatrix} \cos\theta & -\sin\theta \\ \sin\theta & \cos\theta \end{pmatrix} \tag{4.3.2}$$

(3) せん断　正方形を引っ張って平行四辺形に写す2次正方行列は以下の通り（図4.1c）。

$$\mathsf{S}(m) = \begin{pmatrix} 1 & m \\ 0 & 1 \end{pmatrix} \tag{4.3.3}$$

(4) 鏡映　x 軸に関して線対称な像を与える2次正方行列は以下の通り（図4.1d）。

$$\mathsf{M} = \begin{pmatrix} 1 & 0 \\ 0 & -1 \end{pmatrix} \tag{4.3.4}$$

さて、上記の行列のうち、回転、せん断、および鏡映を表す行列は、パラメーターによらず正則行列である（回転行列については演習問題4.6 ☞ p.55 を参考にせよ）。拡大・縮小を表す行列 $\mathsf{D}(a,b)$ は $a \neq 0$ かつ $b \neq 0$ のときは正則だが、$a = 0$ または $b = 0$ のときは正則ではない。

　正則行列かそうでないか、を写像の観点で改めて整理したい。正則でない行列で写されると元の次元を維持できず、それより低い次元になることを前節で説明した。ここでは、そのために必要な知識を2次元で紹介する。以下の話題はすべて n 次元に拡張できる。

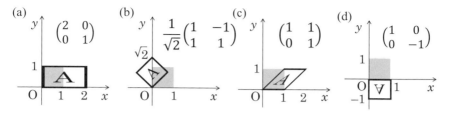

図 4.1 (a) 拡大、(b) 回転、(c) せん断、および (d) 鏡映を表す写像の例。元の正方形を影で表し、文字 A の像とともに変換後の図形を太線とした。

線型独立 2次元ベクトル u_1 と u_2 が**線型独立**であるとは、

$$a_1 u_1 + a_2 u_2 = 0 \tag{4.3.5}$$

のとき、$a_1 = a_2 = 0$ となることである。これは、二つの線型独立なベクトルを横に並べて作った行列 $\begin{pmatrix} u_1 & u_2 \end{pmatrix}$ の行列式は 0 でないことと同等である。2次元では、線型独立な二つのベクトルは、互いに平行でなく、かつともにゼロベクトルでないことを意味する。

例題 4.1. ベクトル $\begin{pmatrix} 1 \\ 1 \end{pmatrix}$ と $\begin{pmatrix} 1 \\ -1 \end{pmatrix}$ は線型独立か?

解答

$$a_1 \begin{pmatrix} 1 \\ 1 \end{pmatrix} + a_2 \begin{pmatrix} 1 \\ -1 \end{pmatrix} = 0 \tag{4.3.6}$$

のとき、$a_1 = a_2 = 0$ である。よって、両ベクトルは線型独立である。(終)

別解 二つのベクトルを横に並べた行列 $\begin{pmatrix} 1 & 1 \\ 1 & -1 \end{pmatrix}$ の行列式は -2 である。よって、この行列は正則なので、両ベクトルは線型独立である。(終)

線型結合 2次元ベクトル u_1 と u_2 の**線型結合**は、$a_1 u_1 + a_2 u_2$ である。

基底 線型独立なベクトルの線型結合で、すべてのベクトルが表現できるとき、そのベクトルを**基底** (basis) という。2次元の場合、2個の線型独立なベクトルはただちに基底になる。

直交基底 基底 e_1 と e_2 が $(e_1, e_2) = 0$ を満たすとき、これを**直交基底** (orthogonal basis) という。

58

正規直交基底　直交基底 e_1 と e_2 が $\|e_1\| = \|e_2\| = 1$ を満たすとき、これを
正規直交基底という。単位ベクトルは正規直交基底の例だが、これに限らない。
orthonormal basis

線型写像　写像 f が以下の条件を満たすとき、これを**線型写像**という。
　　　　　　　　　　　　　　　　　　　　　　　　　　　linear map

- ベクトル u と v に対し、$f(u + v) = f(u) + f(v)$
- ベクトル u と数 c に対し、$f(cu) = cf(u)$

線型写像はすべて行列で表現できる。したがって、かりに行列の形で書かれてい
ない類の写像であっても、線型写像の性質を満たせば、これを行列で表現できる。
　さて、行列 A が平面を平面に写すときと、そうでないときを、

$$A x = 0 \tag{4.3.7}$$

という方程式によって、考察する。前節の議論より行列 A が正則（つまり $\det A \neq 0$）
なら、$x = 0$ 以外に解はない。しかし、正則でないときはこの**自明解** $x = 0$ 以外
　　　　　　　　　　　　　　　　　　　　　　　　　　　　　trivial solution
にも解をもつ。本節の冒頭で述べた 2 次正方行列のうち、拡大縮小を表す行列の
一部は正則でないことを学んだ。そこで例として

$$\begin{pmatrix} 1 & 0 \\ 0 & 0 \end{pmatrix} \begin{pmatrix} x \\ y \end{pmatrix} = \begin{pmatrix} 0 \\ 0 \end{pmatrix} \tag{4.3.8}$$

をあげる。この方程式は $x = 0$ である。よって、式 (4.3.8) の解は $x = 0$ を満たす
すべての (x, y)、つまり y 軸上の任意の点となる。このような $\begin{pmatrix} x \\ y \end{pmatrix} = \begin{pmatrix} 0 \\ 0 \end{pmatrix}$ 以外の

解を**非自明解**という。
　　　　non-trivial solution

演習問題 4.8. [易] 連立方程式

$$\begin{pmatrix} a & b \\ c & d \end{pmatrix} \begin{pmatrix} x \\ y \end{pmatrix} = \begin{pmatrix} 0 \\ 0 \end{pmatrix} \tag{4.3.9}$$

が非自明解をもつための条件を求めよ。

演習問題 4.9. [やや易] ベクトル $\begin{pmatrix} 3 \\ 2 \end{pmatrix}$ を基底 $\begin{pmatrix} 1 \\ 1 \end{pmatrix}$ と $\begin{pmatrix} 1 \\ -1 \end{pmatrix}$ の線型結合として表せ。

4.4 固有値と固有ベクトル

本節では、線型システムの特性を調べる方法である行列の**固有値解析**を説明する。いま、行列 A で表現される線型システムを用意する。行列 A で作り出されるベクトル列を x_n とすると、

$$x_{n+1} = A x_n \tag{4.4.1}$$

と書ける。初期にベクトル x_0 を与えると、式 (4.4.1) を使って、

$$x_0 \xrightarrow{A} x_1 \xrightarrow{A} x_2 \xrightarrow{A} \cdots \tag{4.4.2}$$

というように数珠つなぎにベクトルを生成することができる。この結果、ベクトル列の一般項は

$$x_n = A^n x_0 \tag{4.4.3}$$

となる。この線型システムがある方向を指向するとき、x_0 をほぼどのように与えても x_n はある一つのベクトルに極限をもつだろう。よって、線型システムの特性を調べることは、行列のべき乗を調べることに相当する。

行列のべき乗を調べるとき、線型システムによるベクトル列の挙動に注目した方法で計算する。初期値 x_0 を上手に選ぶと、行列 A によって、x_0 の $\lambda(\neq 0)$ 倍に写される。λ が複素数になることもあるが、当面、λ が実数であるというイメージで説明する。つまり、行列 A はある直線上の任意の点を同じ直線上の点に写す。このような直線を 2 本探すことで、線型システムの発展は容易に計算できる。つまり、ある線型独立な p_1 と p_2 に対し、以下が成り立つとする。

$$A p_1 = \lambda_1 p_1 \tag{4.4.4}$$

$$A p_2 = \lambda_2 p_2 \tag{4.4.5}$$

任意のベクトル x は p_1 と p_2 の線型結合で表現できる。

$$x = \alpha_1 p_1 + \alpha_2 p_2 \tag{4.4.6}$$

この両辺に左から行列 A をかけると、式 (4.4.4)-(4.4.5) より

$$A x = \alpha_1 A p_1 + \alpha_2 A p_2 = \alpha_1 \lambda_1 p_1 + \alpha_2 \lambda_2 p_2 \tag{4.4.7}$$

となる。この操作を繰り返し、式 (4.4.7) に行列 A を左からかけ続けると、

$$A^n x = \alpha_1 \lambda_1^n p_1 + \alpha_2 \lambda_2^n p_2 \tag{4.4.8}$$

と計算できる。以上より、行列 A^n による写像は、ベクトル p_1 の方向に λ_1^n 倍し、ベクトル p_2 の方向に λ_2^n 倍することがわかった。このような λ_1、λ_2 のことを**固有値**と

いい、p_1 を固有値 λ_1 に対応した**固有ベクトル**、p_2 を固有値 λ_2 に対応した固有ベ
eigenvector
クトルという。

2 次正方行列 $A = \begin{pmatrix} a & b \\ c & d \end{pmatrix}$ の固有値と固有ベクトルの求め方は下記の通り。

$$\begin{pmatrix} a & b \\ c & d \end{pmatrix} \begin{pmatrix} x \\ y \end{pmatrix} = \lambda \begin{pmatrix} x \\ y \end{pmatrix} \tag{4.4.9}$$

これを満たすような $\begin{pmatrix} x \\ y \end{pmatrix}$ のうち、非自明解を探る。式 (4.4.9) を変形する。

$$\begin{pmatrix} a - \lambda & b \\ c & d - \lambda \end{pmatrix} \begin{pmatrix} x \\ y \end{pmatrix} = \begin{pmatrix} 0 \\ 0 \end{pmatrix} \tag{4.4.10}$$

式 (4.4.10) が非自明解をもつためには、

$$\det \begin{pmatrix} a - \lambda & b \\ c & d - \lambda \end{pmatrix} = 0 \tag{4.4.11}$$

が必要である。式 (4.4.11) は λ の 2 次方程式

$$\lambda^2 - (a + d)\lambda + (ad - bc) = 0 \tag{4.4.12}$$

となる。この解は、行列 A の**対角和** $\operatorname{tr} A = a + d$ と行列式 $\det A = ad - bc$ を使って、
trace

$$\lambda = \frac{\operatorname{tr} A \pm \sqrt{(\operatorname{tr} A)^2 - 4 \det A}}{2} \tag{4.4.13}$$

となる。この固有値をそれぞれ λ_1 と λ_2 とおく。$\lambda = \lambda_1$ を式 (4.4.10) に代入すると、

$$(a - \lambda_1)x + by = 0 \tag{4.4.14}$$

$$cx + (d - \lambda_1)y = 0 \tag{4.4.15}$$

となる。これを満たす固有ベクトルは $p_1 = \begin{pmatrix} x \\ y \end{pmatrix} = \begin{pmatrix} -b \\ a - \lambda_1 \end{pmatrix}$ である。$\lambda = \lambda_2$ を
代入する場合も同様である。

第 4 章　行列と固有値解析　　61

例題 4.2. $A = \begin{pmatrix} 2 & 1 \\ 1 & 2 \end{pmatrix}$ の固有値とそれに対応する固有ベクトルをすべて求めよ。

解答 $A \begin{pmatrix} x \\ y \end{pmatrix} = \lambda \begin{pmatrix} x \\ y \end{pmatrix}$、つまり

$$\begin{pmatrix} 2 - \lambda & 1 \\ 1 & 2 - \lambda \end{pmatrix} \begin{pmatrix} x \\ y \end{pmatrix} = \begin{pmatrix} 0 \\ 0 \end{pmatrix} \tag{4.4.16}$$

を満たす非自明なベクトル $\begin{pmatrix} x \\ y \end{pmatrix}$ を求める。

$$\det \begin{pmatrix} 2 - \lambda & 1 \\ 1 & 2 - \lambda \end{pmatrix} = \lambda^2 - 4\lambda + 3 = (\lambda - 3)(\lambda - 1) = 0 \tag{4.4.17}$$

となればよい。式 (4.4.17) の解 $\lambda_1 = 3$ と $\lambda_2 = 1$ は、行列 A の固有値である。二つの固有値それぞれに対し、式 (4.4.16) を満たすベクトルを考える。

(i) $\lambda_1 = 3$ のとき、

$$\begin{pmatrix} -1 & 1 \\ 1 & -1 \end{pmatrix} \begin{pmatrix} x \\ y \end{pmatrix} = \begin{pmatrix} -x + y \\ x - y \end{pmatrix} = \begin{pmatrix} 0 \\ 0 \end{pmatrix} \tag{4.4.18}$$

となるので、これを満たす $\begin{pmatrix} x \\ y \end{pmatrix}$ は $\boldsymbol{p_1} = \dfrac{1}{\sqrt{2}} \begin{pmatrix} 1 \\ 1 \end{pmatrix}$ である。注意すべきは、固有ベクトルは方向さえわかればよいので、$\boldsymbol{p_1}$ を 0 以外の数で定数倍しても構わない。ここでは、後の事情のため、固有ベクトルのノルムが 1 になるように**正規化**している。
normalization

(ii) $\lambda_1 = 1$ のとき、

$$\begin{pmatrix} 1 & 1 \\ 1 & 1 \end{pmatrix} \begin{pmatrix} x \\ y \end{pmatrix} = \begin{pmatrix} x + y \\ x + y \end{pmatrix} = \begin{pmatrix} 0 \\ 0 \end{pmatrix} \tag{4.4.19}$$

となるので、これを満たす $\begin{pmatrix} x \\ y \end{pmatrix}$ は $\boldsymbol{p_2} = \dfrac{1}{\sqrt{2}} \begin{pmatrix} -1 \\ 1 \end{pmatrix}$ である。

よって、(答) $\begin{cases} \text{固有値 3 に対し、固有ベクトル} \dfrac{1}{\sqrt{2}} \begin{pmatrix} 1 \\ 1 \end{pmatrix} \\[2em] \text{固有値 1 に対し、固有ベクトル} \dfrac{1}{\sqrt{2}} \begin{pmatrix} -1 \\ 1 \end{pmatrix} \end{cases}$

62

　さて、固有値・固有ベクトルを用いると、多くの場合、行列のべき乗を簡単に計算できる。まず、二つの固有ベクトルを並べ、$\begin{pmatrix} \boldsymbol{p_1} & \boldsymbol{p_2} \end{pmatrix}$ という行列を作る。すると、式 (4.4.4)-(4.4.5) は

$$\mathsf{A} \begin{pmatrix} \boldsymbol{p_1} & \boldsymbol{p_2} \end{pmatrix} = \begin{pmatrix} \boldsymbol{p_1} & \boldsymbol{p_2} \end{pmatrix} \begin{pmatrix} \lambda_1 & 0 \\ 0 & \lambda_2 \end{pmatrix} \tag{4.4.20}$$

とまとめられる。いま 2 次正方行列の固有ベクトル $\boldsymbol{p_1}$ と $\boldsymbol{p_2}$ は線型独立であるとすると、行列 $\mathsf{P} = \begin{pmatrix} \boldsymbol{p_1} & \boldsymbol{p_2} \end{pmatrix}$ は正則行列となる。式 (4.4.20) の左から P の逆行列 P^{-1} をかけることで、以下のように対角行列にできる。

$$\mathsf{P}^{-1}\mathsf{A}\mathsf{P} = \begin{pmatrix} \lambda_1 & 0 \\ 0 & \lambda_2 \end{pmatrix} \tag{4.4.21}$$

この操作を行列の**対角化**という。行列 A はその固有ベクトルが線型独立なとき対
_{diagonalization}
角化可能である。行列のべき乗の計算には式 (4.4.21) の n 乗を利用すればよい。対角行列の n 乗は成分の n 乗であること（演習問題 4.3 ☞ p.53）と、$\mathsf{P}\mathsf{P}^{-1} = \mathsf{I}$ に注意すると、式 (4.4.21) の n 乗は

$$\underbrace{(\mathsf{P}^{-1}\mathsf{A}\mathsf{P})(\mathsf{P}^{-1}\mathsf{A}\mathsf{P})\cdots(\mathsf{P}^{-1}\mathsf{A}\mathsf{P})}_{n\text{ 個}} = \mathsf{P}^{-1}\mathsf{A}^n\mathsf{P} = \begin{pmatrix} \lambda_1^n & 0 \\ 0 & \lambda_2^n \end{pmatrix} \tag{4.4.22}$$

となる。式 (4.4.22) の左から P を、右から P^{-1} をかけると

$$\mathsf{A}^n = \mathsf{P} \begin{pmatrix} \lambda_1^n & 0 \\ 0 & \lambda_2^n \end{pmatrix} \mathsf{P}^{-1} \tag{4.4.23}$$

と行列のべき乗を求めることができる。

例題 4.3. $\begin{pmatrix} 2 & 1 \\ 1 & 2 \end{pmatrix}^n$ を求めよ。

解答 例題 4.2 ☞ p.61 より、固有値・固有ベクトルが求められた。固有ベクトルを横に並べた行列 $\mathsf{P} = \dfrac{1}{\sqrt{2}} \begin{pmatrix} 1 & -1 \\ 1 & 1 \end{pmatrix}$ は正則行列であり、その逆行列は $\mathsf{P}^{-1} = $

$\dfrac{1}{\sqrt{2}} \begin{pmatrix} 1 & 1 \\ -1 & 1 \end{pmatrix}$ である。これを使うと、行列は対角化できる。

$$\mathsf{P}^{-1} \begin{pmatrix} 2 & 1 \\ 1 & 2 \end{pmatrix} \mathsf{P} = \begin{pmatrix} 3 & 0 \\ 0 & 1 \end{pmatrix} \tag{4.4.24}$$

第 4 章　行列と固有値解析　　**63**

式 (4.4.24) の両辺を n 乗する。

$$\mathsf{P}^{-1}\begin{pmatrix} 2 & 1 \\ 1 & 2 \end{pmatrix}^n \mathsf{P} = \begin{pmatrix} 3^n & 0 \\ 0 & 1 \end{pmatrix} \tag{4.4.25}$$

式 (4.4.25) の左から P を右から P^{-1} を乗じて、答えを得る。

$$(答)\qquad \begin{pmatrix} 2 & 1 \\ 1 & 2 \end{pmatrix}^n = \mathsf{P}\begin{pmatrix} 3^n & 0 \\ 0 & 1 \end{pmatrix}\mathsf{P}^{-1} = \frac{1}{2}\begin{pmatrix} 3^n + 1 & 3^n - 1 \\ 3^n - 1 & 3^n + 1 \end{pmatrix} \tag{4.4.26}$$

演習問題 4.10. [易] 行列 $\begin{pmatrix} 2 & 3 \\ 4 & 1 \end{pmatrix}$ の固有値とそれに対応する固有ベクトルをすべて求めよ。

演習問題 4.11. [やや易] 行列 $\mathsf{A} = \begin{pmatrix} 2 & 3 \\ 4 & 1 \end{pmatrix}$ とするとき、A^5 を求めよ。（ヒント）行列の対角化を用いる解法、ケーリーハミルトンの定理（次節）を用いる解法、および地道に計算する方法の三通りの解法がある。

演習問題 4.12. [標準] 行列 $\begin{pmatrix} 0 & -1 \\ 1 & 0 \end{pmatrix}$ の固有値とそれに対応する固有ベクトルをすべて求めよ。（ヒント）固有値が複素数になってもひるまず形式的に計算を進める。

演習問題 4.13. [やや難] 実対称行列 $\mathsf{H} = \begin{pmatrix} a & b \\ b & c \end{pmatrix}$ は回転行列 $\mathsf{R}(\theta)$ を用いて対角化可能であることを証明せよ。ただし、$b \neq 0$ とする。

4.5 ケーリーハミルトンの定理と射影行列

以降、2次正方行列 A の固有値は相異なる二つの値 λ_1 および λ_2 であり、それぞれに対応した固有ベクトル p_1 と p_2 があるとする。このとき A は対角化可能である。すると、**ケーリーハミルトンの定理**
Cayley-Hamilton theorem

$$(A - \lambda_1 I)(A - \lambda_2 I) = O \tag{4.5.1}$$

が成り立つ（この定理は実は対角化不能な行列でも成り立つ）。いま、行列 $A = \begin{pmatrix} a & b \\ c & d \end{pmatrix}$ とする。式 (4.4.12) で解と係数の関係を考えると、$\lambda_1 + \lambda_2 = a + d$ および $\lambda_1 \lambda_2 = ad - bc$ である。よって、ケーリーハミルトンの定理は

$$A^2 - (a + d)A + (ad - bc)I = O \tag{4.5.2}$$

とも書ける。式 (4.5.2) の証明は、式 (4.5.2) に $A = \begin{pmatrix} a & b \\ c & d \end{pmatrix}$ を代入し各成分を求めることで証明できる。ここではあえて写像を意識した方法で証明する。引き続き行列 A は対角化可能とする。2次元平面内の任意のベクトル x は行列 A の固有ベクトル p_1 および p_2 の線型結合で

$$x = a_1 p_1 + a_2 p_2 \tag{4.5.3}$$

と表現できる。式 (4.4.4)-(4.4.5) より

$$(A - \lambda_1 I)\, p_1 = 0, \qquad (A - \lambda_2 I)\, p_2 = 0 \tag{4.5.4}$$

であることに注意して、式 (4.5.3) の左から行列 $(A - \lambda_1 I)(A - \lambda_2 I)$ を乗じる。

$$\begin{aligned}
&(A - \lambda_1 I)(A - \lambda_2 I)(a_1 p_1 + a_2 p_2) \\
&= a_1 (A - \lambda_2 I)(A - \lambda_1 I)p_1 + a_2 (A - \lambda_1 I)(A - \lambda_2 I)p_2 \\
&= a_1 (A - \lambda_2 I)0 + a_2 (A - \lambda_1 I)0 = 0
\end{aligned} \tag{4.5.5}$$

ここで、$(A - \lambda_1 I)(A - \lambda_2 I) = (A - \lambda_2 I)(A - \lambda_1 I)$ を使った。2次元平面の任意の点を原点に写す行列は零行列しかない。よって、ケーリーハミルトンの定理 (4.5.2) が証明された。

いま任意のベクトルを固有ベクトルの方向へと向かせる**射影行列**（または**行列の射影**）を
projection matrix

$$Q_1 = \frac{A - \lambda_2 I}{\lambda_1 - \lambda_2}, \qquad Q_2 = \frac{A - \lambda_1 I}{\lambda_2 - \lambda_1} \tag{4.5.6}$$

と定義する。この定義より任意のベクトル x に対し、$Q_1 x$ は固有値 λ_1 に対応する固有ベクトル p_1 に平行になる。また、$Q_2 x$ は固有値 λ_2 に対応する固有ベクトル p_2 に平行になる。また、行列 A は

$$A = \lambda_1 Q_1 + \lambda_2 Q_2 \tag{4.5.7}$$

を満たす。これを行列の**スペクトル分解**という。さらに、式 (4.5.6) より、

spectral decomposition

$$Q_1 + Q_2 = I \tag{4.5.8}$$
$$Q_1{}^2 = Q_1, \quad Q_2{}^2 = Q_2, \quad Q_1 Q_2 = Q_2 Q_1 = O \tag{4.5.9}$$

を満たす。式 (4.5.8) より、任意のベクトル $x = Q_1 x + Q_2 x$ となるから、射影行列によって、任意のベクトルを各固有ベクトルと平行な成分に分解することができる。

射影行列を用いると行列のべき乗を簡単に計算することができる。式 (4.5.7) の両辺を n 乗すると、射影行列の性質 (4.5.9) よりただちに

$$A^n = \lambda_1^n Q_1 + \lambda_2^n Q_2 \tag{4.5.10}$$

となる。ついでに、次章で必要となる**指数行列**を指数関数のマクローリン展開 (1.5.9)

matrix exponential

をイメージして

$$\exp(A) = I + A + \frac{1}{2}A^2 + \cdots = I + \sum_{n=1}^{\infty} \frac{1}{n!} A^n \tag{4.5.11}$$

と定義する。式 (4.5.8) および式 (4.5.10) より、指数行列は下記の通りに計算できる。

$$\exp(A) = I + \sum_{n=1}^{\infty} \frac{1}{n!} (\lambda_1^n Q_1 + \lambda_2^n Q_2) = e^{\lambda_1} Q_1 + e^{\lambda_2} Q_2 \tag{4.5.12}$$

演習問題 4.14. [易] 行列 A の射影行列 Q_1 および Q_2 は、ともに**べき等行列**である

idempotent matrix

（つまり $Q_1{}^2 = Q_1$ および $Q_2{}^2 = Q_2$）ことを証明せよ。$Q_1 + Q_2 = I$ と $Q_1 Q_2 = O$ を使ってよい。

演習問題 4.15. [標準] 行列 $\begin{pmatrix} 2 & 3 \\ 4 & 1 \end{pmatrix}$ の射影行列および指数行列を求めよ。演習問題 4.10 ☞ p.63 の結果を使ってよい。

演習問題 4.16. [標準] 2 次正方行列 A が相異なる固有値をもつとき、その二つの射影行列はともに正則でないことを証明せよ。

4.6 行列の対称性

対称行列の性質を利用すると、二次曲線や極値の判別が可能となる。まず、準備として下記のエルミート内積の性質を示す。

$$(\boldsymbol{x}, \boldsymbol{y}) = \overline{(\boldsymbol{y}, \boldsymbol{x})} \tag{4.6.1}$$

（証明）$\boldsymbol{x} = \begin{pmatrix} x_1 \\ x_2 \end{pmatrix}$ および $\boldsymbol{y} = \begin{pmatrix} y_1 \\ y_2 \end{pmatrix}$ と成分で表す。

$$(左辺) = {}^t\boldsymbol{x}\,\overline{\boldsymbol{y}} = x_1\overline{y_1} + x_2\overline{y_2} \tag{4.6.2}$$

$$(右辺) = \overline{{}^t\boldsymbol{y}\,\overline{\boldsymbol{x}}} = \overline{\overline{y_1x_1} + \overline{y_2x_2}} = x_1\overline{y_1} + x_2\overline{y_2} \tag{4.6.3}$$

これより式 (4.6.1) が示された。（終）

例題 4.4. 行列 A とベクトル $\boldsymbol{x}$ および $\boldsymbol{y}$ に対し、以下の等式を示せ。

$$(A\boldsymbol{x}, \boldsymbol{y}) = (\boldsymbol{x}, A^*\boldsymbol{y}) \tag{4.6.4}$$

解答 行列 $A = \begin{pmatrix} a_{11} & a_{12} \\ a_{21} & a_{22} \end{pmatrix}$ ならびに $\boldsymbol{x} = \begin{pmatrix} x_1 \\ x_2 \end{pmatrix}$ および $\boldsymbol{y} = \begin{pmatrix} y_1 \\ y_2 \end{pmatrix}$ と成分で表す。

$$
\begin{aligned}
(左辺) &= {}^t\begin{pmatrix} a_{11}x_1 + a_{12}x_2 \\ a_{21}x_1 + a_{22}x_2 \end{pmatrix} \overline{\begin{pmatrix} y_1 \\ y_2 \end{pmatrix}} \\
&= a_{11}x_1\overline{y_1} + a_{12}x_2\overline{y_1} + a_{21}x_1\overline{y_2} + a_{22}x_2\overline{y_2}
\end{aligned} \tag{4.6.5}
$$

$$
\begin{aligned}
(右辺) &= {}^t\begin{pmatrix} x_1 \\ x_2 \end{pmatrix} \overline{\begin{pmatrix} \overline{a_{11}} & \overline{a_{21}} \\ \overline{a_{12}} & \overline{a_{22}} \end{pmatrix} \begin{pmatrix} y_1 \\ y_2 \end{pmatrix}} = {}^t\begin{pmatrix} x_1 \\ x_2 \end{pmatrix} \begin{pmatrix} a_{11}\overline{y_1} + a_{21}\overline{y_2} \\ a_{12}\overline{y_1} + a_{22}\overline{y_2} \end{pmatrix} \\
&= a_{11}x_1\overline{y_1} + a_{12}x_2\overline{y_1} + a_{21}x_1\overline{y_2} + a_{22}x_2\overline{y_2}
\end{aligned} \tag{4.6.6}
$$

よって、式 (4.6.4) は証明された。（終）

次に、エルミート行列の固有値が実数であり、その相異なる固有値に対応する固有ベクトルは互いに直交することを証明する。エルミート行列 H の固有値を λ_1 および λ_2 とし、相異なるとする。また、固有値 λ_1 および λ_2 に対応する固有ベクトルをそれぞれ $\boldsymbol{p_1}$ および $\boldsymbol{p_2}$ とする。

$$H\boldsymbol{p_1} = \lambda_1\boldsymbol{p_1}, \qquad H\boldsymbol{p_2} = \lambda_2\boldsymbol{p_2} \tag{4.6.7}$$

ここで、式 (4.6.4)、式 (4.6.7)、および $H = H^*$ より、

$$\lambda_1(\boldsymbol{p_1}, \boldsymbol{p_1}) = (H\boldsymbol{p_1}, \boldsymbol{p_1}) = (\boldsymbol{p_1}, H^*\boldsymbol{p_1})$$
$$= (\boldsymbol{p_1}, H\boldsymbol{p_1}) = (\boldsymbol{p_1}, \lambda_1\boldsymbol{p_1}) = \overline{\lambda_1}\,(\boldsymbol{p_1}, \boldsymbol{p_1}) \tag{4.6.8}$$

となる。$\boldsymbol{p_1} \neq \boldsymbol{0}$ より $\lambda_1 = \overline{\lambda_1}$ となる。自身の複素共役と等しい数は実数であるから、λ_1 は実数である。λ_2 についても同様。以上より、エルミート行列の固有値はすべて実数であることが示された。

また、別の内積を計算する。上記でエルミート行列の固有値は実数であることを証明したので、それを利用する。

$$\lambda_1(\boldsymbol{p_1}, \boldsymbol{p_2}) = (H\boldsymbol{p_1}, \boldsymbol{p_2}) = (\boldsymbol{p_1}, H\boldsymbol{p_2}) = (\boldsymbol{p_1}, \lambda_2\boldsymbol{p_2}) = \lambda_2(\boldsymbol{p_1}, \boldsymbol{p_2}) \tag{4.6.9}$$

$\lambda_1 \neq \lambda_2$ より $(\boldsymbol{p_1}, \boldsymbol{p_2}) = 0$ となる。これよりエルミート行列の相異なる固有値に対応する固有ベクトルは互いに直交することが示された。

ここで、行列 H の固有ベクトルを $\boldsymbol{e_1} = \boldsymbol{p_1}/\|\boldsymbol{p_1}\|$ および $\boldsymbol{e_2} = \boldsymbol{p_2}/\|\boldsymbol{p_2}\|$ のように大きさ 1 のベクトルに正規化しておく。すると、固有ベクトル $\{\boldsymbol{e_1}, \boldsymbol{e_2}\}$ は正規直交基底となる。つまり、**クロネッカーのデルタ**
Kronecker delta

$$\delta_{ij} = \begin{cases} 1 & (i = j) \\ 0 & (i \neq j) \end{cases} \tag{4.6.10}$$

を使って、$(\boldsymbol{e_i}, \boldsymbol{e_j}) = \delta_{ij}$ と書ける。式 (4.6.1) を参考にベクトルの内積に関する計算を行う。

$$\boldsymbol{u}^*\boldsymbol{v} = {}^t\overline{\boldsymbol{u}}\,\boldsymbol{v} = \overline{{}^t\boldsymbol{u}\,\overline{\boldsymbol{v}}} = \overline{(\boldsymbol{u}, \boldsymbol{v})} = (\boldsymbol{v}, \boldsymbol{u}) \tag{4.6.11}$$

これに注意すると、二つの固有ベクトルを横に並べた行列 $U = \begin{pmatrix} \boldsymbol{e_1} & \boldsymbol{e_2} \end{pmatrix}$ は

$$U^*U = \begin{pmatrix} \boldsymbol{e_1}^* \\ \boldsymbol{e_2}^* \end{pmatrix} \begin{pmatrix} \boldsymbol{e_1} & \boldsymbol{e_2} \end{pmatrix} = \begin{pmatrix} \boldsymbol{e_1}^*\boldsymbol{e_1} & \boldsymbol{e_1}^*\boldsymbol{e_2} \\ \boldsymbol{e_2}^*\boldsymbol{e_1} & \boldsymbol{e_2}^*\boldsymbol{e_2} \end{pmatrix} = \begin{pmatrix} (\boldsymbol{e_1}, \boldsymbol{e_1}) & (\boldsymbol{e_2}, \boldsymbol{e_1}) \\ (\boldsymbol{e_1}, \boldsymbol{e_2}) & (\boldsymbol{e_2}, \boldsymbol{e_2}) \end{pmatrix} = I \tag{4.6.12}$$

を満たす。つまり、U はユニタリー行列である。これより、エルミート行列 H はユニタリー行列 U を使って、以下のように対角化できる。

$$U^{-1}HU = \begin{pmatrix} \lambda_1 & 0 \\ 0 & \lambda_2 \end{pmatrix} \tag{4.6.13}$$

実数成分の行列で言い換えると「対称行列は直交行列で対角化できる」となる。

4.7 二次形式と二次曲線

二次形式を
quadratic form

$$Q(x,y) = ax^2 + 2bxy + cy^2 \tag{4.7.1}$$

と定義する。この二次形式は、実対称行列 $A = \begin{pmatrix} a & b \\ b & c \end{pmatrix}$ とベクトル $\boldsymbol{x} = \begin{pmatrix} x \\ y \end{pmatrix}$ を用いて、

$$Q(\boldsymbol{x}) = {}^t\boldsymbol{x}A\boldsymbol{x} = (\boldsymbol{x}, A\boldsymbol{x}) \tag{4.7.2}$$

と書ける。$Q(x,y) = 1$ を満たす (x,y) があるとき、(x,y) の軌跡を**二次曲線**（ま
quadratic curve

たは**円錐曲線**）という。いま、実対称行列 $A = \begin{pmatrix} a & b \\ b & c \end{pmatrix}$ の固有値 λ_1 および λ_2 は

$\lambda_1 > \lambda_2$ を満たし、ともに 0 でないとする。行列 A の固有値 λ_1 および λ_2 に対応する固有ベクトルを正規化して横に並べた行列は、回転行列 $R(\theta)$ となる（演習問題 4.13 ☞ p.63）。回転行列は直交行列なので $R(\theta)^{-1} = {}^tR(\theta)$ を満たす。これより、行列 A は

$$ {}^tR(\theta)\,A\,R(\theta) = \Lambda \tag{4.7.3}$$

と対角化できる。ただし、対角行列を $\Lambda = \begin{pmatrix} \lambda_1 & 0 \\ 0 & \lambda_2 \end{pmatrix}$ とおく。式 (4.7.3) の左から $R(\theta)$ を、右から ${}^tR(\theta)$ を乗じる。

$$A = R(\theta)\,\Lambda\,{}^tR(\theta) \tag{4.7.4}$$

式 (4.7.4) を式 (4.7.2) に代入する。

$$Q(\boldsymbol{x}) = (\boldsymbol{x}, R(\theta)\,\Lambda\,{}^tR(\theta)\,\boldsymbol{x}) = ({}^tR(\theta)\,\boldsymbol{x}, \Lambda\,{}^tR(\theta)\,\boldsymbol{x}) \tag{4.7.5}$$

回転の線型変換

$$\boldsymbol{X} = {}^tR(\theta)\,\boldsymbol{x} = R(-\theta)\,\boldsymbol{x} \tag{4.7.6}$$

を施す。$\boldsymbol{X} = \begin{pmatrix} X \\ Y \end{pmatrix}$ とおくと、二次曲線 $Q(\boldsymbol{x}) = 1$ は

$$Q(\boldsymbol{X}) = (\boldsymbol{X}, \Lambda\boldsymbol{X}) = \lambda_1 X^2 + \lambda_2 Y^2 = 1 \tag{4.7.7}$$

となる。固有値の正負によって、(X, Y) で描かれる軌跡には三通りの可能性がある。

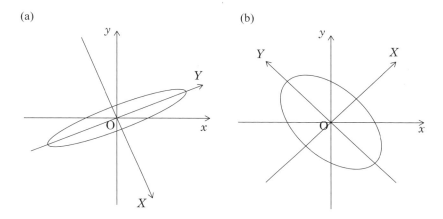

図 4.2 (a) $x^2 - 4xy + 5y^2 = 1$ と (b) $2x^2 + 2xy + 2y^2 = 1$。線型変換後の (X, Y) 軸が楕円の短軸・長軸を貫いている点に注意。

固有値がともに正のとき $A = 1/\sqrt{\lambda_1}$ および $B = 1/\sqrt{\lambda_2}$ とおくと、式 (4.7.7) は

$$\frac{X^2}{A^2} + \frac{Y^2}{B^2} = 1 \tag{4.7.8}$$

となる。これは**楕円**の標準形である。
　　　　　ellipse

固有値の一方が正で他方が負のとき $A = 1/\sqrt{\lambda_1}$ および $B = 1/\sqrt{-\lambda_2}$ とおくと、式 (4.7.7) は

$$\frac{X^2}{A^2} - \frac{Y^2}{B^2} = 1 \tag{4.7.9}$$

となる。これは**双曲線**の標準形である。
　　　　　hyperbola

固有値がともに負のとき $A = 1/\sqrt{-\lambda_1}$ および $B = 1/\sqrt{-\lambda_2}$ とおくと、式 (4.7.7) は

$$-\frac{X^2}{A^2} - \frac{Y^2}{B^2} = 1 \tag{4.7.10}$$

となる。これを満たす実数の組 (X, Y) は存在しない。

例題 4.5. 楕円 $x^2 - 4xy + 5y^2 = 1$ の長半径とその方向を求めよ。

解答 実対称行列 $A = \begin{pmatrix} 1 & -2 \\ -2 & 5 \end{pmatrix}$ および $\boldsymbol{x} = \begin{pmatrix} x \\ y \end{pmatrix}$ とおくと、楕円の方程式は

$$(\boldsymbol{x}, A\boldsymbol{x}) = 1 \tag{4.7.11}$$

と二次形式を使って書ける。$\det(A - \lambda I) = \lambda^2 - 6\lambda + 1 = 0$ より行列 A の固有値は $\lambda = 3 \pm 2\sqrt{2}$ である。回転の線型変換は固有値に対応する正規化した固有ベクトルを横に並べた行列は

$$R(\theta) = \frac{1}{\sqrt{4 + 2\sqrt{2}}} \begin{pmatrix} 1 & \sqrt{2} + 1 \\ -\sqrt{2} - 1 & 1 \end{pmatrix} \tag{4.7.12}$$

となる。$\Lambda = \begin{pmatrix} 3 + 2\sqrt{2} & 0 \\ 0 & 3 - 2\sqrt{2} \end{pmatrix}$ とおくと、行列 A は

$${}^t R(\theta)\, A\, R(\theta) = \Lambda \tag{4.7.13}$$

と対角化できる (つまり、$A = R(\theta)\, \Lambda\, {}^t R(\theta)$)。これを二次形式 (4.7.11) に代入すると、

$$({}^t R(\theta)\, \boldsymbol{x},\, \Lambda\, {}^t R(\theta)\, \boldsymbol{x}) = 1 \tag{4.7.14}$$

${}^t R(\theta) = R(-\theta)$ に注意して、線型変換を $\begin{pmatrix} X \\ Y \end{pmatrix} = R(-\theta) \begin{pmatrix} x \\ y \end{pmatrix}$ とおく。すると、(4.7.14) より、標準形

$$\frac{X^2}{(\sqrt{2} - 1)^2} + \frac{Y^2}{(\sqrt{2} + 1)^2} = 1 \tag{4.7.15}$$

となる。

一方、線型変換を表す行列 $R(-\theta)$ は

$$\begin{pmatrix} \cos\theta & \sin\theta \\ -\sin\theta & \cos\theta \end{pmatrix} = \frac{1}{\sqrt{4 + 2\sqrt{2}}} \begin{pmatrix} 1 & -\sqrt{2} - 1 \\ \sqrt{2} + 1 & 1 \end{pmatrix} \tag{4.7.16}$$

となるので、角度 θ は、$\tan\theta = -\sqrt{2} - 1$ を満たす。

$$\tan 2\theta = \frac{2\tan\theta}{1 - \tan^2\theta} = \frac{-2(\sqrt{2} + 1)}{1 - (3 + 2\sqrt{2})} = 1 \tag{4.7.17}$$

したがって、回転角度 $\theta = -3\pi/8$ である。つまり、$3\pi/8$ の回転の線型変換より、短半径は X 軸の、長半径は Y 軸の方向になる。

よって、(答)長半径は $\sqrt{2}+1$ で、角度 $\pi/8$ の方向にある(図 4.2a)。

別解 平面極座標 $\begin{pmatrix} x \\ y \end{pmatrix} = r \begin{pmatrix} \cos\theta \\ \sin\theta \end{pmatrix}$ を楕円の方程式に代入する。

$$r^2(\cos^2\theta - 4\cos\theta\sin\theta + 5\sin^2\theta) = 1 \tag{4.7.18}$$

二倍角の公式 (1.2.13)-(1.2.14) より、式 (4.7.18) は

$$3 - 2\cos 2\theta - 2\sin 2\theta = 1/r^2 \tag{4.7.19}$$

となる。さらに、合成公式より

$$3 - 2\sqrt{2}\cos(2\theta - \pi/4) = 1/r^2 \tag{4.7.20}$$

と変形できる。r が最大となるのは、式 (4.7.20) の両辺が最小になるときである。

$$r = \frac{1}{\sqrt{3 - 2\sqrt{2}}} = \frac{1}{\sqrt{2} - 1} = \sqrt{2} + 1 \tag{4.7.21}$$

(答)長半径は $\sqrt{2}+1$ で、角度 $\pi/8$ 方向にある。

演習問題 4.17. [標準] 二次曲線 $2x^2 + 2xy + 2y^2 = 1$ を標準形にせよ。(ヒント)答えは図 4.2b に示す通り。

演習問題 4.18. [標準] 二次曲線 $2x^2 - 5xy + 2y^2 = -1$ を標準形にせよ。また、この二次曲線は楕円か?双曲線か?

第5章 連立常微分方程式

本章では連立常微分方程式の初期値問題の解法を学ぶ。2変数の連立常微分方程式の解は2次元平面内の曲線として表現することができる。このような曲線を解軌道という。どのような解軌道となるかは、連立常微分方程式を定める行列の固有値によって分類される。

5.1 連立常微分方程式

第2章や第3章では、1変数の常微分方程式の解法として変数分離法と特性方程式による解法を学んだ。また、非斉次方程式の場合は特解をいかにして発見するかが重要であった。本章では、多変数の常微分方程式を学ぶ。これ以降、方程式は線型の場合に限ることとし、階数は1とする。

本章では**連立常微分方程式** (simultaneous ODEs) の初期値問題

$$\frac{dx}{dt} = ax + by \quad (5.1.1)$$

$$\frac{dy}{dt} = cx + dy \quad (5.1.2)$$

$$x(0) = x_0 \quad (5.1.3)$$

$$y(0) = y_0 \quad (5.1.4)$$

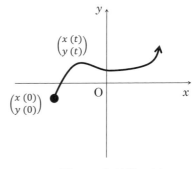

図 5.1 解軌道の例。

を考える。係数 a、b、c、および d は実数とする。式(5.1.1)-(5.1.4)は、行列 $A = \begin{pmatrix} a & b \\ c & d \end{pmatrix}$ とベクトル $\boldsymbol{x} = \begin{pmatrix} x \\ y \end{pmatrix}$ を使って、

$$\frac{d}{dt}\boldsymbol{x} = A\boldsymbol{x} \quad (5.1.5)$$

$$\boldsymbol{x}(0) = \boldsymbol{x_0} \quad (5.1.6)$$

と表現できる。この解 $\boldsymbol{x}(t) = \begin{pmatrix} x(t) \\ y(t) \end{pmatrix}$ は2次元平面上に軌跡として描かれる。初期値 $\boldsymbol{x}(0)$ から描かれる解 $\boldsymbol{x}(t)$ の曲線を**解軌道**という（図 5.1）。連立常微分方程式
(5.1.5) を考えるとき、さまざまな初期条件 (5.1.6) に対して、解軌道を描くことができる。ただし、かりに初期条件が原点（$\boldsymbol{x}(0) = \boldsymbol{0}$）だとすると、解軌道は原点から寸分も動くことはない。このような $\dfrac{d\boldsymbol{x}}{dt} = 0$ を満たす点を**不動点**という。
fixed point

　本章の目標は、連立常微分方程式の初期値問題 (5.1.5)-(5.1.6) の解を、1変数常微分方程式の解と同様に

$$\boldsymbol{x}(t) = \exp(t\mathsf{A})\,\boldsymbol{x}(0) \tag{5.1.7}$$

と書くことである。**指数行列**は式 (4.5.11) で定義したものである。

　さて、いま、2階の1変数常微分方程式

$$\frac{d^2x}{dt^2} + a\frac{dx}{dt} + bx = 0 \tag{5.1.8}$$

が、1階の2変数常微分方程式に変形できることを示す。$x_1 = x$ と $x_2 = \dfrac{dx}{dt}$ の二つの変数を置くと、常微分方程式 (5.1.8) は

$$\frac{d}{dt}\begin{pmatrix} x_1 \\ x_2 \end{pmatrix} = \begin{pmatrix} 0 & 1 \\ -b & -a \end{pmatrix}\begin{pmatrix} x_1 \\ x_2 \end{pmatrix} \tag{5.1.9}$$

という連立常微分方程式に変形できる。このように線型ならば階数が2以上であっても、変数を増やすことで階数を1にすることができる。

例題 5.1.　関数 $x(t)$ および $y(t)$ に関する連立常微分方程式の初期値問題

$$\frac{d}{dt}\begin{pmatrix} x \\ y \end{pmatrix} = \begin{pmatrix} 0 & -1 \\ 1 & 0 \end{pmatrix}\begin{pmatrix} x \\ y \end{pmatrix} \tag{5.1.10}$$

$$\begin{pmatrix} x(0) \\ y(0) \end{pmatrix} = \begin{pmatrix} 1 \\ 0 \end{pmatrix} \tag{5.1.11}$$

を解いて、解軌道を2次元平面に描け。

解答　式 (5.1.10) より、

$$\frac{dx}{dt} = -y,\ \frac{dy}{dt} = x \tag{5.1.12}$$

である。これより

$$\frac{d^2x}{dt^2} = -\frac{dy}{dt} = -x \qquad (5.1.13)$$

という $x(t)$ に関する 2 階の線型常微分方程式を得る。一方、初期条件 (5.1.11) より

$$x(0) = 1 \qquad (5.1.14)$$

$$\frac{dx}{dt}(0) = 0 \qquad (5.1.15)$$

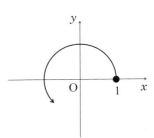

図 5.2 連立常微分方程式の初期値問題 (5.1.10)-(5.1.11) の解軌道。

となる。微分方程式 (5.1.13) の一般解は

$$x(t) = c_1 \cos t + c_2 \sin t$$
$$(c_1 \text{ および } c_2 \text{ は未定定数}) \qquad (5.1.16)$$

である（例題 3.2 ☞p.36 を参照せよ）。初期条件 (5.1.14)-(5.1.15) より、$c_1 = 1$ および $c_2 = 0$ である。したがって、$x(t) = \cos t$。式 (5.1.12) より $y(t) = \sin t$。解軌道は $x^2 + y^2 = 1$ の円を $(x, y) = (1, 0)$ から反時計回りに回る曲線である（図 5.2）。

演習問題 5.1. [易] 関数 $x(t)$ に関する 2 階の常微分方程式 (5.1.8) の特性方程式を $G(\lambda) = 0$ とする。連立常微分方程式 (5.1.9) における行列 $\begin{pmatrix} 0 & 1 \\ -b & -a \end{pmatrix}$ を A とするとき、$\det(\mathsf{A} - \lambda \mathsf{I}) = 0$ は特性方程式 $G(\lambda) = 0$ に一致することを示せ。

演習問題 5.2. [やや易] 連立常微分方程式の初期値問題

$$\frac{d}{dt}\begin{pmatrix} x \\ y \end{pmatrix} = \begin{pmatrix} 1 & 0 \\ 0 & 1 \end{pmatrix}\begin{pmatrix} x \\ y \end{pmatrix} \qquad (5.1.17)$$

$$\begin{pmatrix} x(0) \\ y(0) \end{pmatrix} = \begin{pmatrix} 1 \\ 1 \end{pmatrix} \qquad (5.1.18)$$

を解き、解軌道を 2 次元平面上に描け。

第 5 章 連立常微分方程式 75

5.2 スペクトル分解を用いた解法

連立常微分方程式 (5.1.5) の解軌道は、行列 A の固有値によって分類される。以降、行列 A の二つの固有値 λ_1 と λ_2 は相異なるとする。射影行列 (4.5.6) によって、行列 A を

$$A = \lambda_1 Q_1 + \lambda_2 Q_2 \tag{5.2.1}$$

とスペクトル分解する。連立常微分方程式 (5.1.5) は

$$\frac{d}{dt}\boldsymbol{x} = (\lambda_1 Q_1 + \lambda_2 Q_2)\boldsymbol{x} \tag{5.2.2}$$

となる。この左から Q_1 または Q_2 を乗じる。射影行列はべき等行列である（式 (4.5.9)）から、

$$\frac{d}{dt}(Q_1 \boldsymbol{x}) = \lambda_1(Q_1 \boldsymbol{x}) \tag{5.2.3}$$

$$\frac{d}{dt}(Q_2 \boldsymbol{x}) = \lambda_2(Q_2 \boldsymbol{x}) \tag{5.2.4}$$

という二つの常微分方程式を得る。$Q_1 \boldsymbol{x}$ と $Q_2 \boldsymbol{x}$ はそれぞれ「ひとかたまり」のベクトルと扱うことができるので、式 (5.2.3)-(5.2.4) の解を

$$Q_1 \boldsymbol{x}(t) = e^{\lambda_1 t}\, Q_1 \boldsymbol{x}(0) \tag{5.2.5}$$

$$Q_2 \boldsymbol{x}(t) = e^{\lambda_2 t}\, Q_2 \boldsymbol{x}(0) \tag{5.2.6}$$

と求めることができる。射影行列の性質 (4.5.8) より、常微分方程式 (5.1.5) の解は、式 (5.2.5) と式 (5.2.6) の和となる。

$$\boldsymbol{x}(t) = (e^{\lambda_1 t}\, Q_1 + e^{\lambda_2 t}\, Q_2)\boldsymbol{x}(0) \tag{5.2.7}$$

$Q_1 \boldsymbol{x}(0)$ は行列 A の固有値 λ_1 に対応する固有ベクトルに平行であり、$Q_2 \boldsymbol{x}(0)$ は行列 A の固有値 λ_2 に対応する固有ベクトルに平行である。このことから、連立常微分方程式がどのような解軌道をもつかは、固有値・固有ベクトルによっていることがわかる。なお、指数行列の定義 (4.5.12) より

$$\exp(tA) = e^{\lambda_1 t}\, Q_1 + e^{\lambda_2 t}\, Q_2 \tag{5.2.8}$$

であるから、解 (5.2.7) は、

$$\boldsymbol{x}(t) = \exp(tA)\, \boldsymbol{x}(0) \tag{5.2.9}$$

と表現できる。これで形式的には本章の目的を達した。以降、具体的に指数行列 $\exp(tA)$ を計算して、連立常微分方程式の解軌道および不動点を分類する。

5.3 解軌道（1）固有値が実数のとき

本節では、固有値が実数の場合について、考察する。固有値の正負によって、三通りに場合分けする。

（1）固有値がともに正のとき 式 (5.2.7) において、$\lambda_1 > 0$ かつ $\lambda_2 > 0$ であれば、どの固有ベクトルの方向に対しても、解軌道は無限遠方へと発散する。不動点である原点が初期値の場合のみ、$t \to \infty$ で解は無限遠方に発散しない。しかし、原点から少しでも離れた初期値が与えられれば、解軌道は t が大きくなるとともに原点からどんどん離れていく。このような不動点を**不安定結節点** （または**湧昇点**）という。
unstable node

例題 5.2. 関数 $x(t)$ および $y(t)$ に関する以下の連立常微分方程式の初期値問題を解け。

$$\frac{d}{dt}\begin{pmatrix} x \\ y \end{pmatrix} = \begin{pmatrix} 2 & 1 \\ 1 & 2 \end{pmatrix}\begin{pmatrix} x \\ y \end{pmatrix} \tag{5.3.1}$$

$$\begin{pmatrix} x(0) \\ y(0) \end{pmatrix} = \begin{pmatrix} x_0 \\ y_0 \end{pmatrix} \tag{5.3.2}$$

解答 行列 $A = \begin{pmatrix} 2 & 1 \\ 1 & 2 \end{pmatrix}$ の固有値は $\lambda_1 = 3$ および $\lambda_2 = 1$ である （例題 4.2 ☞ p.61 を参考にせよ）。それぞれの固有値に対応する射影行列はそれぞれ

$$Q_1 = \frac{A - \lambda_2 I}{\lambda_1 - \lambda_2} = \frac{1}{2}\begin{pmatrix} 1 & 1 \\ 1 & 1 \end{pmatrix} \tag{5.3.3}$$

$$Q_2 = \frac{A - \lambda_1 I}{\lambda_2 - \lambda_1} = \frac{1}{2}\begin{pmatrix} 1 & -1 \\ -1 & 1 \end{pmatrix} \tag{5.3.4}$$

である。これを使うと、式 (5.3.1)-(5.3.2) の解は

$$\begin{aligned}
\begin{pmatrix} x(t) \\ y(t) \end{pmatrix} &= e^{3t} Q_1 \begin{pmatrix} x_0 \\ y_0 \end{pmatrix} + e^t Q_2 \begin{pmatrix} x_0 \\ y_0 \end{pmatrix} \\
&= \frac{1}{2}e^{3t}(x_0 + y_0)\begin{pmatrix} 1 \\ 1 \end{pmatrix} + \frac{1}{2}e^t(x_0 - y_0)\begin{pmatrix} 1 \\ -1 \end{pmatrix}
\end{aligned} \tag{5.3.5}$$

と求まる。これをさまざまな初期値 $\begin{pmatrix} x_0 \\ y_0 \end{pmatrix}$ から出発した解軌道として 2 次元平面

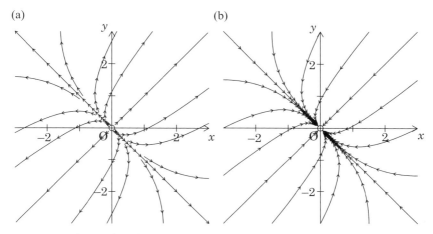

図 5.3 (a) 常微分方程式 (5.3.1) の解軌道。(b) 常微分方程式 (5.3.6) の解軌道。

に表現したのが、図 5.3a である。初期条件を $\alpha \begin{pmatrix} 1 \\ -1 \end{pmatrix}$ で与えた場合を除いて、$t \to \infty$ に対し、$\pm \begin{pmatrix} 1 \\ 1 \end{pmatrix}$ 方向へと向きを変えることがわかる。

（2）固有値がともに負のとき 式 (5.2.7) において、$\lambda_1 < 0$ かつ $\lambda_2 < 0$ であれば、どの固有ベクトルの方向に対しても、解軌道は原点へと収束する。原点からどんなに離れた初期値が与えられたとしても、解軌道は t が大きくなるにつれて原点へとどんどん近づいていく。このような不動点を**安定結節点**（または**沈降点**）
stable node
という。

例題 5.3. 関数 $x(t)$ および $y(t)$ に関する以下の連立常微分方程式の初期値問題を解け。

$$\frac{d}{dt}\begin{pmatrix} x \\ y \end{pmatrix} = \begin{pmatrix} -2 & -1 \\ -1 & -2 \end{pmatrix} \begin{pmatrix} x \\ y \end{pmatrix} \tag{5.3.6}$$

$$\begin{pmatrix} x(0) \\ y(0) \end{pmatrix} = \begin{pmatrix} x_0 \\ y_0 \end{pmatrix} \tag{5.3.7}$$

解答 射影行列を用いると、式 (5.3.6)-(5.3.7) の解は

$$\begin{pmatrix} x(t) \\ y(t) \end{pmatrix} = \frac{1}{2}e^{-3t}(x_0 + y_0)\begin{pmatrix} 1 \\ 1 \end{pmatrix} + \frac{1}{2}e^{-t}(x_0 - y_0)\begin{pmatrix} 1 \\ -1 \end{pmatrix} \tag{5.3.8}$$

と求まる。これをさまざまな初期値 $\begin{pmatrix} x_0 \\ y_0 \end{pmatrix}$ から出発した解軌道として2次元平面に表現したのが、図5.3bである。t が大きくなると、$\pm \begin{pmatrix} 1 \\ -1 \end{pmatrix}$ 方向に向きを変えて原点に向かうことがわかる。

（3）固有値が正と負のとき　式(5.2.7)において、$\lambda_1 > 0$ かつ $\lambda_2 < 0$ であれば、固有値 λ_1 に対応する固有ベクトルの方向に対しては原点から遠ざかるような、固有値 λ_2 に対応する固有ベクトルの方向に対しては原点に近づくような解軌道をとる。したがって、前者の固有ベクトルの方向に近い初期値が与えられた場合はそのまま無限遠へと発散するが、後者の固有ベクトルの方向に近い初期値が与えられた場合は、いったん原点に近づいたのちに無限遠方へと発散する。このとき不動点を**鞍点**（saddle point）または**峠点**）という。

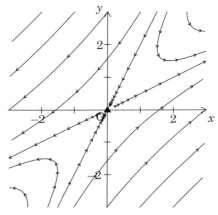

図 5.4　常微分方程式(5.3.9)の解軌道。

例題 5.4.　関数 $x(t)$ および $y(t)$ に関する以下の連立常微分方程式の初期値問題を解け。

$$\frac{d}{dt}\begin{pmatrix} x \\ y \end{pmatrix} = \begin{pmatrix} 5 & -4 \\ 4 & -5 \end{pmatrix} \begin{pmatrix} x \\ y \end{pmatrix} \tag{5.3.9}$$

$$\begin{pmatrix} x(0) \\ y(0) \end{pmatrix} = \begin{pmatrix} x_0 \\ y_0 \end{pmatrix} \tag{5.3.10}$$

解答　射影行列を用いると、式(5.3.9)-(5.3.10) の解は

$$\begin{pmatrix} x(t) \\ y(t) \end{pmatrix} = \frac{1}{3}e^{3t}(2x_0 - y_0)\begin{pmatrix} 2 \\ 1 \end{pmatrix} - \frac{1}{3}e^{-3t}(x_0 - 2y_0)\begin{pmatrix} 1 \\ 2 \end{pmatrix} \tag{5.3.11}$$

と求まる。これをさまざまな初期値 $\begin{pmatrix} x_0 \\ y_0 \end{pmatrix}$ から出発した解軌道として2次元平面に表現したのが、図5.4である。t が大きくなると $\pm \begin{pmatrix} 2 \\ 1 \end{pmatrix}$ へ向かうことがわかる。

第 5 章　連立常微分方程式　　79

演習問題 5.3. [やや易] 連立常微分方程式の初期値問題 (5.3.6)-(5.3.7) を解いて、その解が式 (5.3.8) であることを示せ。

演習問題 5.4. [やや易] 連立常微分方程式の初期値問題 (5.3.9)-(5.3.10) を解いて、その解が式 (5.3.11) であることを示せ。

演習問題 5.5. [やや難] 前問の解の解軌道は、初期値が固有ベクトルがなす直線上にない限り、双曲線であることを証明せよ。（ヒント）演習問題 4.18 ☞p.71 を参考にせよ。

演習問題 5.6. [標準] 関数 $x(t)$ および $y(t)$ に関する以下の連立常微分方程式の初期値問題を解け。ただし、演習問題 4.15 ☞p.65 の結果を使ってもよい。

$$\frac{d}{dt}\begin{pmatrix} x \\ y \end{pmatrix} = \begin{pmatrix} 2 & 3 \\ 4 & 1 \end{pmatrix}\begin{pmatrix} x \\ y \end{pmatrix} \tag{5.3.12}$$

$$\begin{pmatrix} x(0) \\ y(0) \end{pmatrix} = \begin{pmatrix} 1 \\ 0 \end{pmatrix} \tag{5.3.13}$$

 H. 鞍や峠のイメージ

本節の鞍点のイメージはつきにくいかもしれない。鞍（くら）というのは乗馬の用具で、馬の背に跨る座面のことである（図 5.5）。鞍の形状は、正面（進行方向）に対しては凹んでおり、側面に対しては凸の形状をしている。その中心の点が鞍点である。一方、鞍点の別名は峠点である。峠とは、山越えの道を谷沿いに進んで到達する標高の最高点のことである。よって、峠に立てば、これまで進んで来た道とこれから進む道の両方を見下ろし、両脇にそびえる山を見ることになる。しかし、昨今、主たる峠はことごとくトンネルで抜けられるようになってしまい、峠に立つことは案外、経験しにくいかもしれない。

図 5.5　乗馬に使われる鞍の写真（撮影協力：北海道大学馬術部）。

5.4 解軌道（2）固有値が共役複素数のとき

前節に続いて、連立常微分方程式 (5.1.5) における行列 A の固有値が共役複素数 $\lambda = a \pm bi$ である場合を考える。すると、その解 (5.2.7) は

$$\boldsymbol{x}(t) = e^{at}(e^{ibt}Q_1 + e^{-ibt}Q_2)\boldsymbol{x}(0) \tag{5.4.1}$$

となる。よって、解軌道の特徴は固有値の実部 a の正負によって決まる。そこで、以下では $a > 0$、$a < 0$、および $a = 0$ の三つの例を考えることにする。どの場合も固有ベクトルは複素数を含み、式 (5.4.1) の $(e^{ibt}Q_1 + e^{-ibt}Q_2)\boldsymbol{x}(0)$ を具体的に計算すると、t が大きくなるとともに回転する性質をもつことがわかる。

（1）固有値の実部が正のとき　式 (5.4.1) において、$a > 0$ ならば、解軌道は回転しながら無限遠方へと発散する。不動点である原点が初期値の場合は、原点から動くことはない。しかし、原点から少しでも離れた初期値が与えられれば、解軌道は t が大きくなるとともに渦巻きながら原点から離れていく。このような不動点を**不安定渦状点**という。
<small>unstable spiral</small>

例題 5.5.　関数 $x(t)$ および $y(t)$ に関する以下の連立常微分方程式の初期値問題を解け。

$$\frac{d}{dt}\begin{pmatrix} x \\ y \end{pmatrix} = \begin{pmatrix} 1 & -1 \\ 1 & 1 \end{pmatrix}\begin{pmatrix} x \\ y \end{pmatrix} \tag{5.4.2}$$

$$\begin{pmatrix} x(0) \\ y(0) \end{pmatrix} = \begin{pmatrix} x_0 \\ y_0 \end{pmatrix} \tag{5.4.3}$$

解答　$A = \begin{pmatrix} 1 & -1 \\ 1 & 1 \end{pmatrix}$ とおく。$\det(A - \lambda I) = \lambda^2 - 2\lambda + 2 = 0$ より、行列 A の固有値は $\lambda_1 = 1 + i$ および $\lambda_2 = 1 - i$ となる。式 (4.5.6) より、行列 A の射影行列は、固有値 λ_1 および λ_2 のそれぞれに対し、

$$Q_1 = \frac{A - \lambda_2 I}{\lambda_1 - \lambda_2} = \frac{1}{2i}\left\{\begin{pmatrix} 1 & -1 \\ 1 & 1 \end{pmatrix} - (1-i)\begin{pmatrix} 1 & 0 \\ 0 & 1 \end{pmatrix}\right\} = \frac{1}{2}\begin{pmatrix} 1 & i \\ -i & 1 \end{pmatrix} \tag{5.4.4}$$

$$Q_2 = \frac{A - \lambda_1 I}{\lambda_2 - \lambda_1} = \frac{1}{-2i}\left\{\begin{pmatrix} 1 & -1 \\ 1 & 1 \end{pmatrix} - (1+i)\begin{pmatrix} 1 & 0 \\ 0 & 1 \end{pmatrix}\right\} = \frac{1}{2}\begin{pmatrix} 1 & -i \\ i & 1 \end{pmatrix} \tag{5.4.5}$$

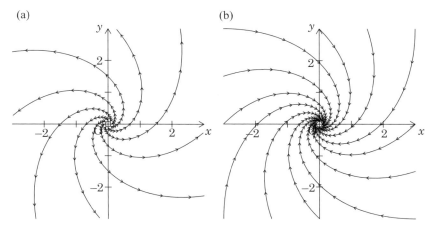

図 5.6 (a) 常微分方程式 (5.4.2) の解軌道。(b) 常微分方程式 (5.4.13) の解軌道。

である。これを使うと、式 (5.4.2)-(5.4.3) の解は

$$\begin{pmatrix} x(t) \\ y(t) \end{pmatrix} = e^{(1+i)t} Q_1 \begin{pmatrix} x_0 \\ y_0 \end{pmatrix} + e^{(1-i)t} Q_2 \begin{pmatrix} x_0 \\ y_0 \end{pmatrix}$$

$$= \frac{1}{2} e^{(1+i)t} (x_0 + iy_0) \begin{pmatrix} 1 \\ -i \end{pmatrix} + \frac{1}{2} e^{(1-i)t} (x_0 - iy_0) \begin{pmatrix} 1 \\ i \end{pmatrix} \quad (5.4.6)$$

と求まる。この解はオイラーの公式 (1.1.1) を使って

$$\begin{pmatrix} x(t) \\ y(t) \end{pmatrix} = \frac{e^t}{2} \begin{pmatrix} (\cos t + i\sin t)(x_0 + iy_0) + (\cos t - i\sin t)(x_0 - iy_0) \\ -i(\cos t + i\sin t)(x_0 + iy_0) + i(\cos t - i\sin t)(x_0 - iy_0) \end{pmatrix}$$

$$= e^t \begin{pmatrix} x_0 \cos t - y_0 \sin t \\ x_0 \sin t + y_0 \cos t \end{pmatrix} = e^t \begin{pmatrix} \cos t & -\sin t \\ \sin t & \cos t \end{pmatrix} \begin{pmatrix} x_0 \\ y_0 \end{pmatrix} \quad (5.4.7)$$

と変形できる。これをさまざまな初期値 $\begin{pmatrix} x_0 \\ y_0 \end{pmatrix}$ から出発した解軌道として 2 次元平面に表現したのが、図 5.6a である。解軌道は不動点である原点の近くから反時計回りに渦巻きながら離れていく。

(2) 固有値の実部が負のとき 式 (5.4.1) において、$a < 0$ ならば、解軌道は回転しながら原点へと収束する。原点以外のどのような初期値を与えたとしても、解

軌道は t が大きくなるとともに渦巻きながら原点へと吸い込まれていく。このような不動点を**安定渦状点**（stable spiral）という。

（3）固有値が純虚数のとき 式 (5.4.1) において、$a = 0$ ならば、解軌道は回転する成分しかもたない。不動点は原点だが、原点以外の点も初期に与えられた点にいずれは戻ってくることができる。つまり、解は周期的になる。このとき、不動点を**渦心点**（center）という。

例題 5.6. 関数 $x(t)$ および $y(t)$ に関する以下の連立常微分方程式の初期値問題を解け。

$$\frac{d}{dt}\begin{pmatrix} x \\ y \end{pmatrix} = \begin{pmatrix} 2 & -5 \\ 1 & -2 \end{pmatrix} \begin{pmatrix} x \\ y \end{pmatrix} \quad (5.4.8)$$

$$\begin{pmatrix} x(0) \\ y(0) \end{pmatrix} = \begin{pmatrix} x_0 \\ y_0 \end{pmatrix} \quad (5.4.9)$$

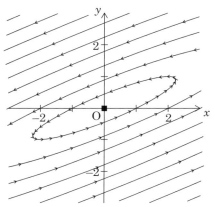

図 5.7　常微分方程式 (5.4.8) の解軌道。

解答 行列 $\begin{pmatrix} 2 & -5 \\ 1 & -2 \end{pmatrix}$ の固有値は $\pm i$ であり、式 (5.4.8)-(5.4.9) の解は、

$$\begin{pmatrix} x(t) \\ y(t) \end{pmatrix} = \sin t \begin{pmatrix} 2x_0 - 5y_0 \\ x_0 - 2y_0 \end{pmatrix} + \cos t \begin{pmatrix} x_0 \\ y_0 \end{pmatrix} \quad (5.4.10)$$

と求まる（図 5.7）。

最後に、式 (5.1.5) における行列 A がスペクトル分解不能の場合について概説する。行列 A に対し、$\det(\mathsf{A} - \lambda \mathsf{I}) = 0$ の解が重根 λ であるとする。このとき、行列 A は**ジョルダン分解**（Jordan decomposition）$\mathsf{A} = \lambda \mathsf{I} + \mathsf{N}$ できる。N は**べき零行列**（nilpotent matrix）である。べき零行列とはべき乗すると零行列になるものをいう。2 次正方行列の場合 $\mathsf{N}^2 = \mathsf{O}$ である。このとき、行列 A の指数行列は式 (4.5.11) より

$$\exp(t\mathsf{A}) = \exp\{t(\lambda \mathsf{I} + \mathsf{N})\} = e^{\lambda t} \exp(t\mathsf{N}) = e^{\lambda t}(\mathsf{I} + t\mathsf{N}) \quad (5.4.11)$$

となる。これより行列 A がスペクトル分解不能な場合、式 (5.1.5) の解は

$$\boldsymbol{x}(t) = e^{\lambda t}(\mathsf{I} + t\mathsf{N})\,\boldsymbol{x}(0) \quad (5.4.12)$$

と求められる。

第 5 章　連立常微分方程式　　83

演習問題 5.7. [標準] 関数 $x(t)$ および $y(t)$ に関する以下の連立常微分方程式の初期値問題を解け。（ヒント）解軌道は図 5.6b の通り。

$$\frac{d}{dt}\begin{pmatrix} x \\ y \end{pmatrix} = \begin{pmatrix} -1 & 1 \\ -1 & -1 \end{pmatrix}\begin{pmatrix} x \\ y \end{pmatrix} \tag{5.4.13}$$

$$\begin{pmatrix} x(0) \\ y(0) \end{pmatrix} = \begin{pmatrix} x_0 \\ y_0 \end{pmatrix} \tag{5.4.14}$$

演習問題 5.8. [標準] 式 (5.4.8)-(5.4.9) から式 (5.4.10) を導け。

演習問題 5.9. [やや難] 常微分方程式 (5.4.8) の解軌道のうち、初期値を $\begin{pmatrix} x_0 \\ y_0 \end{pmatrix} = \begin{pmatrix} 1 \\ 0 \end{pmatrix}$ とする軌道の方程式を求め、それが楕円であることを証明せよ。また、その長半径とその方向の偏角を求めよ。（ヒント）例題 4.5 ☞ p.70 を参考にせよ。

演習問題 5.10. [難] 関数 $x(t)$ および $y(t)$ に関する以下の連立常微分方程式の初期値問題を解き、その解軌道を描け。

$$\frac{d}{dt}\begin{pmatrix} x \\ y \end{pmatrix} = \begin{pmatrix} 1 & 1 \\ 0 & 1 \end{pmatrix}\begin{pmatrix} x \\ y \end{pmatrix} \tag{5.4.15}$$

$$\begin{pmatrix} x(0) \\ y(0) \end{pmatrix} = \begin{pmatrix} x_0 \\ y_0 \end{pmatrix} \tag{5.4.16}$$

5.5 解軌道の分類のまとめ

第 5.3 節と第 5.4 節の議論をもとに、連立常微分方程式 (5.1.5) の解軌道および不動点を分類する（図 5.8）。行列 A $= \begin{pmatrix} a & b \\ c & d \end{pmatrix}$ とおく。行列 A の固有値は (4.4.13) で与えられる。まず、固有値が相異なる二つの実数の場合（第 5.3 節）、式 (4.4.13) の平方根の中が正である。つまり $\det A < \frac{(\mathrm{tr}A)^2}{4}$。

- 行列式 det A が負の場合、一方の固有値が正で他方の固有値は負となる。このとき不動点は**鞍点**となる。解軌道は、負の固有値に対応する固有ベクトルの方向から、正の固有値に対応する固有ベクトルの方向へと、原点を避けて双曲線を描く。
- 行列式 det A が正で対角和 trA が負の場合、固有値はともに負となる。このとき不動点は**安定結節点**となる。解軌道は原点へと吸い込まれる。
- 行列式 det A が正で対角和 trA も正の場合、固有値はともに正となる。このとき不動点は**不安定結節点**となる。解軌道は原点付近から湧き出す。

次に、固有値が共役複素数の場合（第 5.4 節）、式 (4.4.13) の平方根の中が負である。つまり $\det A > \frac{(\mathrm{tr}A)^2}{4}$。

- 対角和 trA が負の場合、不動点は**安定渦状点**となる。解軌道は原点へと渦巻きながら吸い込まれる。

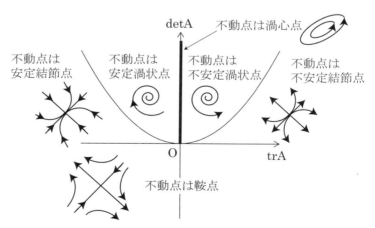

図 5.8　trA と det A による解軌道と不動点の分類。

- 対角和 trA が正の場合、不動点は**不安定渦状点**となる。解軌道は原点付近から渦巻きながら湧き出す。
- 対角和 trA が 0 の場合、不動点は**渦心点**となる。解軌道は原点のまわりを楕円を描きながら回り続ける。

 I. 非線型力学系

自然科学に表れるさまざまな方程式は、一般に**非線型**（nonlinear）である。2次元の例でいえば、

$$\frac{d}{dt}\begin{pmatrix} x \\ y \end{pmatrix} = \begin{pmatrix} f(x,y) \\ g(x,y) \end{pmatrix} \tag{5.5.1}$$

である。線型の場合とは異なり、不動点が原点以外にも存在する可能性がある。原点以外の不動点における挙動を調べるためには、右辺を不動点 (x_0, y_0) まわりで**テイラー展開**をすればよい。2変数関数のテイラー展開は本書では扱わないが、$f(x,y)$ および $g(x,y)$ を (x_0, y_0) まわりにテイラー展開すると、偏微分（第9.1節）と摂動 $x' = x - x_0$ および $y' = y - y_0$ を使って、

$$f(x,y) = f(x_0, y_0) + \frac{\partial f}{\partial x}(x_0, y_0)\, x' + \frac{\partial f}{\partial y}(x_0, y_0)\, y' + \cdots \tag{5.5.2}$$

$$g(x,y) = g(x_0, y_0) + \frac{\partial g}{\partial x}(x_0, y_0)\, x' + \frac{\partial g}{\partial y}(x_0, y_0)\, y' + \cdots \tag{5.5.3}$$

となる。いま、(x_0, y_0) は不動点なので、$f(x_0, y_0) = g(x_0, y_0) = 0$ である。1次の摂動の項（x' と y' の項）までで式 (5.5.2)-(5.5.3) を近似すると、

$$\frac{d}{dt}\begin{pmatrix} x' \\ y' \end{pmatrix} = \begin{pmatrix} \dfrac{\partial f}{\partial x}(x_0, y_0) & \dfrac{\partial f}{\partial y}(x_0, y_0) \\ \dfrac{\partial g}{\partial x}(x_0, y_0) & \dfrac{\partial g}{\partial y}(x_0, y_0) \end{pmatrix} \begin{pmatrix} x' \\ y' \end{pmatrix} \tag{5.5.4}$$

という線型連立常微分方程式を得る。式 (5.5.4) に対し、本章における議論をそのまま当てはめることができる。ちなみに、式 (5.5.4) 右辺の行列は**ヤコビ行列**（Jacobian）という。このような非線型の連立常微分方程式系は**力学系**（dynamical system）という分野で研究され、幅広い応用例がある。

第6章　積分の計算法

　本章ではおもに高等学校で学習した積分を復習する。第7章以降、三角関数や指数関数を含む積分を頻繁に計算しなければならない。微分は公式通りに計算すればよいが、積分の計算には「慣れ」や「勘」が必要となることが多い。第7章以降の例題や演習問題に登場する積分計算をできるようになることが、本章の目標となる。

6.1　対称的な関数の積分

　積分計算の上で重要なことは、なるべく正面から計算せず、「楽」できるところは「楽」をすることにある。対称性を利用することもそのうちの一つである。ここでは、関数が y 軸に対して対称な関数（**偶関数**）と反対称な関数（**奇関数**）を
　　　　　　　　　　　　　　even function　　　　　　　odd function
利用する。

偶関数　偶関数とは y 軸対称な関数である。関数 f が偶関数のとき、関数 f は

$$f(x) = f(-x) \tag{6.1.1}$$

を満たす。このような関数には $\cos x$、x^2、および定数関数 1 があげられる。偶関数には $f'(0) = 0$ という性質がある。

奇関数　奇関数とは y 軸反対称な関数である。関数 f が奇関数のとき、関数 f は

$$f(x) = -f(-x) \tag{6.1.2}$$

を満たす。このような関数には $\sin x$、x、および x^3 があげられる。奇関数には $f(0) = 0$ という性質がある。

　奇関数と偶関数の積には、まるで符号の積のような以下の関係がある。

- f も g も偶関数とするとき、fg は偶関数。
- f も g も奇関数とするとき、fg は偶関数。
- f を奇関数、g を偶関数とするとき、fg は奇関数。

第 6 章 積分の計算法　　87

例題 6.1. f を奇関数、g を偶関数とするとき、fg は奇関数となることを証明せよ。

解答 奇関数の定義 (6.1.2) より、$f(x) = -f(-x)$ を満たす。また、偶関数の定義 (6.1.1) より、$g(x) = g(-x)$ を満たす。f と g の積を h とおくと、

$$h(x) = f(x)\,g(x) = -f(-x)\,g(-x) = -h(-x) \tag{6.1.3}$$

より h は奇関数の定義 (6.1.2) を満たす。（終）

　奇関数 f を y 軸に対して対称な区間に対して積分すると、以下の通り 0 となる。

$$\int_{-L}^{L} f(x)\,dx = \int_{-L}^{0} f(x)\,dx + \int_{0}^{L} f(x)\,dx \tag{6.1.4}$$

右辺第 1 項に $y = -x$ の変数変換を施すと、区間は L から 0 までになり、$dx = -dy$ となる。また、奇関数の定義 $f(x) = -f(-x)$ を利用する。

$$(右辺第 1 項) = \int_{L}^{0} f(-y)\,(-dy) = \int_{0}^{L} f(-y)\,dy = -\int_{0}^{L} f(y)\,dy \tag{6.1.5}$$

これは式 (6.1.4) の右辺第 2 項と相殺する。よって、奇関数 f に関し、

$$\int_{-L}^{L} f(x)\,dx = 0 \tag{6.1.6}$$

が成り立つ。

例題 6.2. $\displaystyle\int_{-\pi/2}^{\pi/2} \sin x\,dx$ を計算せよ。

解答 $\sin x$ は奇関数であるから、0 である。（終）

　同様に、偶関数 f を y 軸に対して対称な区間に対して積分すると、その値は右半分の積分の値の 2 倍となる。

$$\int_{-L}^{L} f(x)\,dx = 2\int_{0}^{L} f(x)\,dx \tag{6.1.7}$$

例題 6.3. $\displaystyle\int_{-\pi/2}^{\pi/2} \cos x\,dx$ を計算せよ。

解答 $\cos x$ は偶関数であるから、

$$\int_{-\pi/2}^{\pi/2} \cos x\,dx = 2\int_{0}^{\pi/2} \cos x\,dx = 2\Big[\sin x\Big]_{0}^{\pi/2} = 2 \tag{6.1.8}$$

演習問題 6.1. [易] 偶関数同士の積は偶関数であることを証明せよ。

演習問題 6.2. [やや易] 偶関数 f に対し、式 (6.1.7) を証明せよ。

演習問題 6.3. [易] 自然数 n に対し、以下の積分を計算せよ。

(1) $\displaystyle\int_{-\pi}^{\pi} \cos x \, dx$
(2) $\displaystyle\int_{-\pi}^{\pi} x^2 \, dx$

(3) $\displaystyle\int_{-\pi}^{\pi} x^2 \sin(nx) \, dx$
(4) $\displaystyle\int_{-1}^{1} (1 - |x|) \sin(n\pi x) \, dx$

(5) $\displaystyle\int_{-\pi}^{\pi} x \cos(nx) \, dx$

 J. 置換積分の秘訣

置換積分の秘訣は、区間、倍率、関数の三つである。演習問題 1.14 ☞ p.11 の例 $\displaystyle\int_{1}^{\sqrt{3}} \frac{1}{1+x^2} \, dx$ を高等学校で習ったように置換積分によって計算する（ちなみにこの問題は置換積分で解いてもらう意図ではなかった）。どのような置換をするかは定石と経験がものをいうが、いったん置換する方法を定めれば秘訣に基づいて処理するとわかりやすい。ここで置換の方法は $x = \tan\theta$ である。まずは区間。元の積分区間は $1 \leq x \leq \sqrt{3}$ であった。置換後は $\tan\theta = 1$ を満たす $\theta = \pi/4$ から、$\tan\theta = \sqrt{3}$ を満たす $\theta = \pi/3$ までが積分区間となる。次に倍率。x の長さ（縮尺）と θ の長さ（縮尺）とは異なる。$dx = \dfrac{1}{\cos^2\theta} \, d\theta$ であることから、$d\theta$ に縮尺を換える。最後に被積分関数を x の関数から θ の関数へを変換する。

$$\frac{1}{1+x^2} = \frac{1}{1+\tan^2\theta} = \cos^2\theta \tag{6.1.9}$$

以上をまとめると、

$$\int_{1}^{\sqrt{3}} \frac{1}{1+x^2} \, dx = \int_{\pi/4}^{\pi/3} \cos^2\theta \, \frac{1}{\cos^2\theta} \, d\theta = \frac{\pi}{12} \tag{6.1.10}$$

と置換が完了する。

6.2 三角関数・指数関数の積分

指数関数、三角関数の不定積分は $\alpha \neq 0$ に対し、以下のように与えられる。

$$\int \exp(\alpha x)\, dx = \frac{1}{\alpha} \exp(\alpha x) + C \tag{6.2.1}$$

$$\int \cos(\alpha x)\, dx = \frac{1}{\alpha} \sin(\alpha x) + C \tag{6.2.2}$$

$$\int \sin(\alpha x)\, dx = -\frac{1}{\alpha} \cos(\alpha x) + C \tag{6.2.3}$$

ただし、C は積分定数である。

例題 6.4. 自然数 n に対して、$\int_0^1 \sin(n\pi x)\, dx$ を計算せよ。

解答
$$\begin{aligned}
\int_0^1 \sin(n\pi x)\, dx &= \left[-\frac{1}{n\pi} \cos(n\pi x)\right]_0^1 = \frac{1}{n\pi}\{1 - \cos(n\pi)\} \\
&= \begin{cases} \dfrac{1}{n\pi}(1-1) = 0 & (n \text{ が偶数}) \\ \dfrac{1}{n\pi}\{1-(-1)\} = \dfrac{2}{n\pi} & (n \text{ が奇数}) \end{cases}
\end{aligned} \tag{6.2.4}$$

演習問題 6.4. [易] 自然数 n および正の定数 L に対し、以下の積分を計算せよ。

(1) $\displaystyle\int_0^L \cos\left(\frac{n\pi x}{L}\right) dx$ (2) $\displaystyle\int_0^L \sin\left(\frac{\pi x}{L}\right) dx$

(3) $\displaystyle\int_{-\pi}^{\pi} \exp(-inx)\, dx$ (4) $\displaystyle\int_0^1 \sin\left(\frac{2n-1}{2}\pi x\right) dx$

✿

 K. 絶対値を含む積分の鉄則

絶対値を含む積分の鉄則は、「グラフを書く」と「分けて積分する」の二つ。たとえば、

$$\frac{1}{2} - \left|x - \frac{1}{2}\right| = \begin{cases} x & (0 \leq x \leq 1/2) \\ 1-x & (1/2 \leq x \leq 1) \end{cases} \tag{6.2.5}$$

であるから、

$$\int_0^1 \frac{1}{2} - \left|x - \frac{1}{2}\right|\, dx = \int_0^{1/2} x\, dx + \int_{1/2}^1 (1-x)\, dx \tag{6.2.6}$$

となる。ちなみに、被積分関数のグラフを描けば、積分の形をした小学校レベルの問題であることに気が付く。

6.3 部分積分

部分積分によって解ける積分は非常に多い。多項式と指数・三角関数の積、指
integration by parts
数関数と三角関数の積、および三角関数同士の積などが被積分関数の場合に利用
できる。なお、部分積分の公式は、積の微分の公式

$$(fg)' = f'g + fg' \tag{6.3.1}$$

を積分することで

$$\int f'g = fg - \int fg' \tag{6.3.2}$$

と得られる。部分積分の公式 (6.3.2) を使うとき、以下の点に注意してほしい。二
つの関数 $p(x)$ と $q(x)$ の積 $p(x)q(x)$ の積分に利用するとき、p と q のどちらを式
(6.3.2) 左辺の f' とし、どちらを式 (6.3.2) 左辺の g として公式に当てはめるか、が
ポイントである。どちらを f' としても g としてもよい場合もあるが、一般に微分
により次数を下げたい方を g としないと失敗する。

三角関数と三角関数の積の積分　三角関数と三角関数の積の積分は、(1) 部分積分、
(2) 積和の公式、または (3) オイラーの公式で計算できる。部分積分の場合、二つ
の三角関数のどちらを式 (6.3.2) 左辺の f' にしても g にしてもよい。

例題 6.5.　自然数 m および n に対して、$I = \displaystyle\int_{-\pi}^{\pi} \cos(mx)\cos(nx)\,dx$ を計算せよ。

解答 (1) 部分積分

(i) $m \neq n$ のとき、部分積分によって、I を求める。ここでは $f' = \cos(mx)$ および
$g = \cos(nx)$ とおいて計算する。この方針で、部分積分の公式を 2 回使う。

$$
\begin{aligned}
I &= \int_{-\pi}^{\pi} \cos(mx)\cos(nx)\,dx \\
&= \left[\frac{1}{m}\sin(mx)\cos(nx) \right]_{-\pi}^{\pi} + \int_{-\pi}^{\pi} \frac{n}{m}\sin(mx)\sin(nx)\,dx \\
&= \frac{n}{m}\left\{ \left[-\frac{1}{m}\cos(mx)\sin(nx) \right]_{-\pi}^{\pi} + \int_{-\pi}^{\pi} \frac{n}{m}\cos(mx)\cos(nx)\,dx \right\} = \frac{n^2}{m^2}I
\end{aligned}
\tag{6.3.3}
$$

$\dfrac{n^2}{m^2} \neq 1$ より、$I = 0$ となる。

(ii) $m = n$ のとき、二倍角の公式 (1.2.13) より $\cos^2(nx) = \dfrac{1 + \cos(2nx)}{2}$ なので、

$$I = \int_{-\pi}^{\pi} \cos^2(nx)\,dx = \int_{-\pi}^{\pi} \frac{1 + \cos(2nx)}{2}\,dx = \pi \tag{6.3.4}$$

と計算できる。

(i) および (ii) より、(答) $I = \pi\delta_{mn}$。ただし、δ_{mn} はクロネッカーのデルタ (4.6.10) である。

解答 (2) 積和の公式

(i) $m \neq n$ のとき、積和の公式 (1.2.15) を被積分関数に代入する。

$$I = \int_{-\pi}^{\pi} \left[\frac{1}{2}\cos\{(m+n)x\} + \frac{1}{2}\cos\{(m-n)x\} \right] dx$$
$$= \frac{1}{2}\left[\frac{1}{m+n}\sin\{(m+n)x\} + \frac{1}{m-n}\sin\{(m-n)x\} \right]_{-\pi}^{\pi} = 0 \qquad (6.3.5)$$

(ii) $m = n$ のときは解答 (1) と同じ。よって、(答) $I = \pi\delta_{mn}$。

解答 (3) オイラーの公式
オイラーの公式 (1.1.3) を使って積分を計算する。$m+n \neq 0$ に注意すると、

$$I = \int_{-\pi}^{\pi} \frac{e^{imx} + e^{-imx}}{2} \cdot \frac{e^{inx} + e^{-inx}}{2} dx$$
$$= \frac{1}{4}\int_{-\pi}^{\pi} \left\{ e^{i(m+n)x} + e^{i(m-n)x} + e^{-i(m-n)x} + e^{-i(m+n)x} \right\} dx$$
$$= \frac{1}{4}\int_{-\pi}^{\pi} 2\,\delta_{mn}\,dx = \pi\delta_{mn} \qquad (6.3.6)$$

となる。よって、(答) $I = \pi\delta_{mn}$。

多項式と三角・指数関数の積の積分
多項式と三角・指数関数の積の積分は、部分積分により計算する。このとき、三角・指数関数を式 (6.3.2) 左辺の f' とし、多項式を式 (6.3.2) 左辺の g としなければならない。

例題 6.6. 自然数 n に対し $\displaystyle\int_{-\pi}^{\pi} x\sin(nx)\,dx$ を計算せよ。

解答 部分積分の公式 (6.3.2) 左辺における f' を $\sin(nx)$ とし、g を x とする。

$$\int_{-\pi}^{\pi} x\sin(nx)\,dx = \left[-\frac{1}{n}x\cos(nx) \right]_{-\pi}^{\pi} + \int_{-\pi}^{\pi} \frac{1}{n}\cos(nx)\,dx$$
$$= -\frac{2\pi}{n}\cos(n\pi) = \begin{cases} -\dfrac{2\pi}{n} & (n\text{ は偶数}) \\[2mm] \dfrac{2\pi}{n} & (n\text{ は奇数}) \end{cases} \qquad (6.3.7)$$

92

例題 6.7. 自然数 n に対し $\displaystyle\int_0^1 \left(\frac{x}{2} - \frac{1}{4}\right) \sin(n\pi x)\, dx$ を計算せよ。

解答 部分積分の公式 (6.3.2) 左辺における f' を $\sin(n\pi x)$ とし、g を $\dfrac{x}{2} - \dfrac{1}{4}$ とする。

$$
\int_0^1 \left(\frac{x}{2} - \frac{1}{4}\right) \sin(n\pi x)\, dx
$$
$$
= \left[-\frac{1}{n\pi}\left(\frac{x}{2} - \frac{1}{4}\right)\cos(n\pi x)\right]_0^1 + \frac{1}{n\pi}\int_0^1 \frac{1}{2}\cancel{\cos(n\pi x)}\, dx
$$
$$
= -\frac{1}{n\pi}\frac{\cos(n\pi)+1}{4} = \begin{cases} -\dfrac{1}{2n\pi} & (n \text{ は偶数}) \\ 0 & (n \text{ は奇数}) \end{cases} \tag{6.3.8}
$$

例題 6.8. 自然数 n に対し $\displaystyle\int_0^\infty x^{n-1}e^{-x}\, dx$ を計算せよ。

解答 部分積分の公式 (6.3.2) 左辺における f' を e^{-x} とし、g を x^{n-1} とする。部分積分の公式 (6.3.2) を次々に利用する。

$$
\int_0^\infty x^{n-1}e^{-x}\, dx = \cancel{\left[x^{n-1}(-e^{-x})\right]_0^\infty} + (n-1)\int_0^\infty x^{n-2}e^{-x}\, dx
$$
$$
= (n-1)\cancel{\left[x^{n-2}(-e^{-x})\right]_0^\infty} + (n-1)(n-2)\int_0^\infty x^{n-3}e^{-x}\, dx
$$
$$
= \cdots = (n-1)(n-2)\cdots 2\cdot 1 = (n-1)! \tag{6.3.9}
$$

指数関数と三角関数の積の積分　指数関数と三角関数の積の積分は、部分積分またはオイラーの公式で計算できる。部分積分の場合、指数関数と三角関数のどちらを式 (6.3.2) 左辺の f' にしても g にしても構わない。

例題 6.9. $\displaystyle I = \int_0^\pi e^{-x}\sin x\, dx$ を計算せよ。

解答 部分積分の公式 (6.3.2) 左辺における f' を e^{-x} とし、g を $\sin x$ とする。この方針で、部分積分の公式 (6.3.2) を 2 回使う。

$$
I = \cancel{\left[-e^{-x}\sin x\right]_0^\pi} + \int_0^\pi e^{-x}\cos x\, dx
$$
$$
= \left[-e^{-x}\cos x\right]_0^\pi - \int_0^\pi e^{-x}\sin x\, dx = e^{-\pi} + 1 - I \tag{6.3.10}
$$

したがって、求めるべき積分は（答）$I = \dfrac{e^{-\pi}+1}{2}$ となる。

別解 いま $J = \displaystyle\int_0^\pi e^{-x} \cos x \, dx$ とすると、オイラーの公式 (1.1.1) より

$$J + iI = \int_0^\pi e^{-x} e^{ix} \, dx = \frac{1}{i-1} \Big[e^{(i-1)x} \Big]_0^\pi = \frac{i+1}{2}(e^{-\pi} + 1) \tag{6.3.11}$$

となる。この両辺の虚部を比較すると、$I = \dfrac{e^{-\pi} + 1}{2}$ を得る。ついでに、$J = \dfrac{e^{-\pi} + 1}{2}$ でもある。

演習問題 6.5. [易] 自然数 m、n および正の定数 L に対し、以下の積分を計算せよ。

(1) $\displaystyle\int_{-\pi}^{\pi} \sin(mx) \sin(nx) \, dx$
$\qquad\qquad$ (2) $\displaystyle\int_{-\pi}^{\pi} \cos(mx) \sin(nx) \, dx$

(3) $\displaystyle\int_0^L \sin\left(\frac{m\pi x}{L}\right) \sin\left(\frac{n\pi x}{L}\right) \, dx$
$\qquad$ (4) $\displaystyle\int_0^L \cos\left(\frac{m\pi x}{L}\right) \cos\left(\frac{n\pi x}{L}\right) \, dx$

(5) $\displaystyle\int_{-L}^L \sin\left(\frac{\pi x}{L}\right) \cos\left(\frac{n\pi x}{2L}\right) \, dx$
$\qquad$ (ただし、n は奇数)

演習問題 6.6. [易] 自然数 n、正の定数 a および b に対し、以下の積分を計算せよ。

(1) $\displaystyle\int_{-\pi}^{\pi} x^2 \cos(nx) \, dx$
$\qquad\qquad$ (2) $\displaystyle\int_0^\infty x^3 \exp\left(-\frac{x^2}{2}\right) \, dx$

(3) $\displaystyle\int_0^\infty x^3 e^{-ax} \, dx$
$\qquad\qquad$ (4) $\displaystyle\int_0^\infty \cos(ax) \, e^{-bx} \, dx$

演習問題 6.7. [標準] 自然数 n に対し、$\displaystyle\int_0^1 \sin^3(\pi x) \sin(n\pi x) \, dx$ を計算せよ。（ヒント）三倍角の公式 (1.2.9) より $\sin^3\theta = \dfrac{1}{4}(3\sin\theta - \sin 3\theta)$ である。$n = 1$ のとき、$n = 3$ のとき、およびそれ以外のときに場合分けする。

演習問題 6.8. [やや難] ウォリス積分
Wallis' integral

$$\int_0^{\pi/2} \cos^{2n} x \, dx = \frac{(2n-1)!!}{(2n)!!} \frac{\pi}{2} \qquad (n \text{ は自然数}) \tag{6.3.12}$$

を証明せよ。ただし、**二重階乗** double factorial は偶数に対しては $(2n)!! = 2n \cdot (2n-2) \cdots 4 \cdot 2$、奇数に対しては $(2n-1)!! = (2n-1) \cdot (2n-3) \cdots 3 \cdot 1$ である。

6.4 不連続関数の積分

不連続関数または微分が不連続な関数の積分は、不連続点を境に積分区間を分けることで可能となる。

例題 6.10. 自然数 n と

$$f(x) = \begin{cases} -1 & (-\pi \leq x < 0) \\ 0 & (x = 0) \\ 1 & (0 < x \leq \pi) \end{cases} \quad (6.4.1)$$

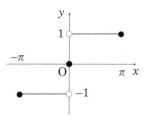

図 6.1 式 (6.4.1) の関数 $f(x)$。

に対し、$\int_{-\pi}^{\pi} f(x) \sin(nx)\,dx$ を計算せよ。

解答 $f(x)$ も $\sin(nx)$ も奇関数であるから、両者の積 $f(x)\sin(nx)$ は偶関数である。

$$\int_{-\pi}^{\pi} f(x)\sin(nx)\,dx = 2\int_0^{\pi} \sin(nx)\,dx = -\frac{2}{n}\Big[\cos(nx)\Big]_0^{\pi}$$

$$= \frac{2}{n}\{1 - \cos(n\pi)\} = \begin{cases} 0 & (n \text{ は偶数}) \\ \dfrac{4}{n} & (n \text{ は奇数}) \end{cases} \quad (6.4.2)$$

演習問題 6.9. [易] 自然数 n と式 (6.4.1) の $f(x)$ に対し、$\int_{-\pi}^{\pi} f(x)\cos(nx)\,dx$ を計算せよ。

演習問題 6.10. [やや易] 自然数 n に対し、以下の積分を計算せよ。

(1) $\displaystyle\int_{-1}^{1} (1 - |x|) \sin\left(\frac{n\pi x}{2}\right) dx$ 　　 (2) $\displaystyle\int_0^1 \left(\frac{1}{2} - \left|x - \frac{1}{2}\right|\right) \sin(n\pi x)\,dx$

(3) $\displaystyle\int_{-1}^{1} (1 - |x|) \cos\left\{\frac{(2n-1)\pi x}{2}\right\} dx$

6.5 正規分布の全積分

統計学によると、平均が μ で**分散**が σ^2 の**正規分布**（または**ガウス分布**）は
        normal distribution Gaussian distribution

$$N(x) = \frac{1}{\sqrt{2\pi\sigma^2}} \exp\left\{-\frac{(x-\mu)^2}{2\sigma^2}\right\} \tag{6.5.1}$$

と与えられる（図 6.2）。$\mu = 0$ かつ $\sigma = 1$ の正規分布を**標準正規分布**という。正規
                standard normal distribution
分布はサンプル数が多ければデータの標本分布を近似するものとして非常に重宝される。

正規分布は確率分布なので、確率変数 x について積分すると 1 となる。つまり、

$$\int_{-\infty}^{\infty} N(x)\, dx = 1 \tag{6.5.2}$$

である。この証明はいささか技巧的なので、本節で特別に計算する。

まず、変数変換 $z = \dfrac{x-\mu}{\sigma}$ によって、

$$\int_{-\infty}^{\infty} N(x)\, dx = \int_{-\infty}^{\infty} \frac{1}{\sqrt{2\pi}} \exp\left(-\frac{z^2}{2}\right)\, dz \tag{6.5.3}$$

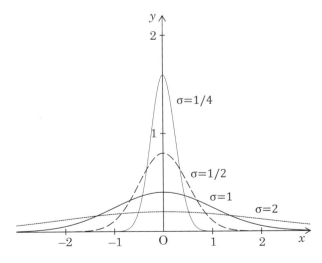

図 6.2 $\mu = 0$ の正規分布 (6.5.1)。

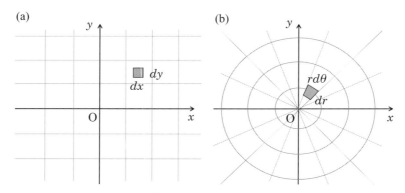

図 6.3 (a) 直交直線座標と (b) 平面極座標における面素。

とする。ちなみに、この変換を Z 変換 (z transformation) という。さらに、$w = z/\sqrt{2}$ とすると、

$$\int_{-\infty}^{\infty} N(x)\, dx = \int_{-\infty}^{\infty} \frac{1}{\sqrt{\pi}} e^{-w^2}\, dw \tag{6.5.4}$$

となる。これより以降、

$$I = \int_{-\infty}^{\infty} e^{-x^2}\, dx = \sqrt{\pi} \tag{6.5.5}$$

を証明する。式 (6.5.5) の計算は、求める量の自乗

$$I^2 = \left(\int_{-\infty}^{\infty} e^{-x^2}\, dx\right)\left(\int_{-\infty}^{\infty} e^{-y^2}\, dy\right) = \int_{-\infty}^{\infty}\int_{-\infty}^{\infty} \exp(-x^2 - y^2)\, dx\, dy \tag{6.5.6}$$

に**平面極座標** (polar coordinate) への変換 $(x, y) = r(\cos\theta, \sin\theta)$ を施すことで計算できる(第 1.3 節を参照)。直交直線座標から平面極座標への面素の変換は、図 6.3 より

$$dx\, dy = r\, dr\, d\theta \tag{6.5.7}$$

である。また、積分区間は $-\infty < x < \infty$ および $-\infty < y < \infty$ から、$0 \leq r < \infty$ および $0 \leq \theta < 2\pi$ の範囲に換わる。以上より、式 (6.5.6) は

$$\begin{aligned} I^2 &= \int_0^{\infty}\int_0^{2\pi} e^{-r^2} r\, dr\, d\theta \\ &= \int_0^{2\pi} d\theta \int_0^{\infty} e^{-r^2} r\, dr = 2\pi \left[\frac{1}{2} e^{-r^2}\right]_{\infty}^{0} = \pi \end{aligned} \tag{6.5.8}$$

となる。これより式 (6.5.5) が示された。

演習問題 6.11. [難] 標準正規分布に従うデータから無作為に二つのデータを選ぶとき、そのデータの差の自乗の期待値を求めよ。

L. 数値積分の台形公式

微分に比べ積分は初等関数の形で書けないことが多い。そのような場合、数値的に計算する**数値積分**は有力な手法
<u>numerical integration</u>
である。その中でもっとも簡便な方法は**台形公式**である。台形公式は積分区
<u>Trapezoidal rule</u>
間を N 等分するようなデータに対し、積分を近似する方法を与える。いま、$f(x)$ が区間 $a \leq x \leq b$ で定義されていて、データは $h = \dfrac{b-a}{N}$ 間隔で同区間

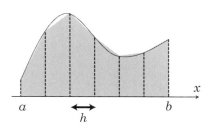

図 6.4 　数値積分 (6.5.9) を表したもの。数値積分では、積分を灰色の部分の面積として近似する。

内に $(N+1)$ 個だけ与えられているとする。データを $f_j = f(a+jh)$ とおく。このとき、積分 $\int_a^b f(x)\,dx$ は図 6.4 のように短冊切りされた N 個の台形（台形の上底と下底は台形の左右であることに注意）の和として近似できる。

$$\int_a^b f(x)\,dx \approx \sum_{j=1}^{N} \frac{f_{j-1}+f_j}{2} h = h\left(\frac{f_0+f_N}{2} + \sum_{j=1}^{N-1} f_j\right) \tag{6.5.9}$$

$f(x)$ が周期関数である場合、両端の値は等しい（つまり $f_0 = f_N$）。この場合、

$$\int_a^b f(x)\,dx \approx h\left(\sum_{j=1}^{N} f_j\right) \tag{6.5.10}$$

となる。

第7章 フーリエ展開

本章で学ぶフーリエ展開は、テイラー展開とは異なり、関数全体を大局的に近似しようという発想に基づく。ある自然現象において繰り返して同様の事象が起こっていれば、その現象は周期性をもつを仮定できる。すると、関数にどのような周期の事象が含まれているかを精査することができる。この方法を与えるのがフーリエ展開である。

7.1 フーリエ展開

第 1.5 節で学んだテイラー展開は、関数 $f(x)$ をある点のまわりで多項式に近似するものだった。関数 $f(x)$ を $x = x_0$ まわりにテイラー展開すると

$$f(x) = f(x_0) + f'(x_0)(x - x_0) + \frac{f''(x_0)}{2!}(x - x_0)^2 + \cdots \tag{7.1.1}$$

となる。右辺の項を増やすほど、ある点近傍における情報の精度は高くなる。余弦関数 $\cos x$ の $x = 0$ まわりでのテイラー展開の例（図 1.6b）

$$\cos x = 1 - \frac{x^2}{2} + \frac{x^4}{24} - \cdots \tag{7.1.2}$$

で右辺の項を増やしていけば、確かに $x = 0$ 付近の精度は高くなっていく。しかしながら、右辺をある有限の項で打ち切れば $x = 0$ を離れるほどに誤差は非常に大きくなる。たとえば、式 (7.1.2) の右辺第 2 項までの打ち切りは、$\cos x$ の山一個分しか表現できない。

フーリエ展開は関数を三角関数の足し合わせで表現するものである。周期性を
Fourier expansion
仮定した解析であるので、三角関数が主役になる。関数 $f(x)$ が $-\pi \le x \le \pi$ で定義され、$f(\pi) = f(-\pi)$ とする。定義域は実数全域としてもよいが、その場合は周期が 2π であるとする。このとき、$f(x)$ のフーリエ展開は

$$f(x) = \frac{a_0}{2} + a_1 \cos x + b_1 \sin x + a_2 \cos 2x + b_2 \sin 2x \cdots$$

$$= \frac{a_0}{2} + \sum_{n=1}^{\infty}(a_n \cos nx + b_n \sin nx) \tag{7.1.3}$$

で与えられる。ここで展開係数にあたる a_n および b_n は、**フーリエ係数**とよばれ、
Fourier coefficient

$$a_n = \frac{1}{\pi} \int_{-\pi}^{\pi} f(x) \cos(nx) \, dx \qquad (n \text{ は非負整数}) \tag{7.1.4}$$

$$b_n = \frac{1}{\pi} \int_{-\pi}^{\pi} f(x) \sin(nx) \, dx \qquad (n \text{ は自然数}) \tag{7.1.5}$$

と計算する。

式 (7.1.4) および (7.1.5) は式 (7.1.3) から導くことができる。以下では

$$\int_{-\pi}^{\pi} \cos(nx) \cos(mx) \, dx = \pi \delta_{mn} \qquad (m \text{ と } n \text{ は自然数}) \tag{7.1.6}$$

$$\int_{-\pi}^{\pi} \sin(nx) \sin(mx) \, dx = \pi \delta_{mn} \qquad (m \text{ と } n \text{ は自然数}) \tag{7.1.7}$$

$$\int_{-\pi}^{\pi} \cos(nx) \sin(mx) \, dx = 0 \qquad (m \text{ と } n \text{ は自然数}) \tag{7.1.8}$$

という三角関数の積の積分の結果(例題 6.5 ☞ p.90 を参考にせよ)を使う。ここ
で δ_{mn} はクロネッカーのデルタ (4.6.10) である。式 (7.1.3) の両辺に $\cos(mx)$ (m は
自然数) を乗じて、$-\pi \leq x \leq \pi$ で積分すると、

$$\begin{aligned}
&\int_{-\pi}^{\pi} f(x) \cos(mx) \, dx \\
&= \int_{-\pi}^{\pi} \left[\frac{a_0}{2} + \sum_{n=1}^{\infty} \{a_n \cos(nx) + b_n \sin(nx)\} \right] \cos(mx) \, dx \\
&= \int_{-\pi}^{\pi} \frac{a_0}{2} \cos(mx) \, dx \\
&\quad + \sum_{n=1}^{\infty} \left\{ \int_{-\pi}^{\pi} a_n \cos(nx) \cos(mx) \, dx + \int_{-\pi}^{\pi} b_n \sin(nx) \cos(mx) \, dx \right\} \\
&= \sum_{n=1}^{\infty} \pi a_n \delta_{mn} = \pi a_m \tag{7.1.9}
\end{aligned}$$

となる。ここで、クロネッカーのデルタ (4.6.10) の性質

$$\sum_{n=1}^{\infty} a_n \delta_{mn} = a_1 \delta_{m1} + a_2 \delta_{m2} + \cdots + a_m \delta_{mm} + \cdots = a_m \tag{7.1.10}$$

に注意せよ。また、式 (7.1.3) の両辺に $\sin(mx)$ (m は自然数) を乗じて、$-\pi \leq x \leq \pi$

100

で積分すると、

$$\int_{-\pi}^{\pi} f(x) \sin(mx)\, dx$$

$$= \int_{-\pi}^{\pi} \frac{a_0}{2} \sin(mx)\, dx$$

$$+ \sum_{n=1}^{\infty} \left\{ \int_{-\pi}^{\pi} a_n \cos(nx) \sin(mx)\, dx + \int_{-\pi}^{\pi} b_n \sin(nx) \sin(mx)\, dx \right\}$$

$$= \sum_{n=1}^{\infty} \pi b_n \delta_{mn} = \pi b_m \tag{7.1.11}$$

となる。式 (7.1.9) と式 (7.1.11) より、式 (7.1.4)-(7.1.5) が示された。ただし、式 (7.1.4) の $n = 0$ の場合は演習問題 7.1 で別途、証明することにしよう。

例題 7.1. $-\pi \leq x \leq \pi$ で定義されている関数 $f(x) = \sin^2 x$ をフーリエ展開せよ。

解答 式 (7.1.4)-(7.1.5) を使って、フーリエ係数を求める。二倍角の公式 (1.2.13) より $\sin^2 x = \dfrac{1 - \cos 2x}{2}$。これより係数を以下のように求めることができる。

$$a_n = \frac{1}{\pi} \int_{-\pi}^{\pi} \frac{1 - \cos 2x}{2} \cos(nx)\, dx = \begin{cases} 1 & (n = 0) \\ -\dfrac{1}{2} & (n = 2) \\ 0 & (n \neq 0, 2) \end{cases} \tag{7.1.12}$$

$$b_n = \frac{1}{\pi} \int_{-\pi}^{\pi} \frac{1 - \cos 2x}{2} \sin(nx)\, dx = 0 \tag{7.1.13}$$

よって、$\sin^2 x$ のフーリエ展開は

$$(答) \quad \sin^2 x = \frac{1}{2} - \frac{1}{2} \cos 2x \tag{7.1.14}$$

となる。ちなみに、これは二倍角の公式 (1.2.13) から得られた結果と同じである。

演習問題 7.1. [易] 区間 $-\pi \leq x \leq \pi$ で定義された関数 $f(x)$ のフーリエ展開 (7.1.3) のフーリエ係数 a_0 が

$$a_0 = \frac{1}{\pi} \int_{-\pi}^{\pi} f(x)\, dx \tag{7.1.15}$$

となることを証明せよ。（ヒント）式 (7.1.3) の両辺を $-\pi$ から π まで積分せよ。

演習問題 7.2. [易] 区間 $-\pi \leq x \leq \pi$ で定義されている関数 $f(x) = \cos^2 x$ をフーリエ展開せよ。

演習問題 7.3. [標準] 式 (6.4.1) で与えられる関数 $f(x)$ をフーリエ展開せよ。（ヒント）例題 6.10 ☞ p.94 および演習問題 6.9 ☞ p.94 を参照せよ。

7.2 パーセバルの等式とギブスの現象

関数はフーリエ展開 (7.1.3) によって三角関数の和として書けた。実は、以下で示すように、関数 f の**自乗積分** $\int \{f(x)\}^2\, dx$ は三角関数の自乗積分の和として書ける。
square integral
物理の言葉になおすと、フーリエ展開は物理量を波成分に分解することに相当する。しかも、エネルギーの総量は、各波成分の振幅の自乗和に等しい。また、統計の言葉になおすと、フーリエ展開はデータを周期成分に分解することに相当する。しかも、データの分散は、各周期成分の分散の和に等しい。

式 (7.1.3) の両辺を自乗して、全区間 $-\pi \le x \le \pi$ で積分する。

$$\int_{-\pi}^{\pi} \{f(x)\}^2\, dx = \int_{-\pi}^{\pi} \left[\frac{a_0}{2} + \sum_{m=1}^{\infty} \{a_m \cos(mx) + b_m \sin(mx)\} \right] \times$$
$$\left[\frac{a_0}{2} + \sum_{n=1}^{\infty} \{a_n \cos(nx) + b_n \sin(nx)\} \right] dx \qquad (7.2.1)$$

右辺を展開すると非常に多く項が出てくるが、三角関数の積の積分の性質 (7.1.6)-(7.1.8) を使うと、そのほとんどが 0 となる。式 (7.2.1) 右辺の積分を計算すると、

$$\int_{-\pi}^{\pi} \{f(x)\}^2\, dx$$
$$= \int_{-\pi}^{\pi} \frac{a_0^2}{4}\, dx + a_0 \sum_{n=1}^{\infty} \left\{ a_n \int_{-\pi}^{\pi} \cos(nx)\, dx + b_n \int_{-\pi}^{\pi} \sin(nx)\, dx \right\}$$
$$+ \sum_{m=1}^{\infty} \sum_{n=1}^{\infty} \left\{ a_m a_n \int_{-\pi}^{\pi} \cos(mx)\cos(nx)\, dx + b_m a_n \int_{-\pi}^{\pi} \sin(mx)\cos(nx)\, dx + \right.$$
$$\left. a_m b_n \int_{-\pi}^{\pi} \cos(mx)\sin(nx)\, dx + b_m b_n \int_{-\pi}^{\pi} \sin(mx)\sin(nx)\, dx \right\}$$
$$= \pi \frac{a_0^2}{2} + \sum_{m=1}^{\infty} \sum_{n=1}^{\infty} (a_m a_n \pi \delta_{mn} + b_m b_n \pi \delta_{mn}) = \pi \left\{ \frac{a_0^2}{2} + \sum_{n=1}^{\infty} (a_n^2 + b_n^2) \right\} \qquad (7.2.2)$$

となる。式 (7.2.1)-(7.2.2) から**パーセバルの等式**
Parseval's identity

$$\frac{1}{\pi} \int_{-\pi}^{\pi} \{f(x)\}^2\, dx = \frac{a_0^2}{2} + \sum_{n=1}^{\infty} (a_n^2 + b_n^2) \qquad (7.2.3)$$

を得る。左辺は関数の自乗平均（の 2 倍）であり、右辺は各三角関数の振幅の自乗和である。この等式の右辺に着目すると、各項がすべて非負なので式 (7.2.3) の右辺の項を増やすほど左辺をよく近似することがわかる。つまり、フーリエ展開は、

関数の自乗積分を一致させるような展開と言い換えることができる。このような背景があって、フーリエ展開は関数全体を大局的に近似するのである。第7.1節の冒頭で述べたとおり、ある点だけで関数を精度よく近似しようとするテイラー展開とは対照的である。

また、フーリエ展開は関数の微分可能性（連続性も含む）に対し、寛容である。つまり、周期性さえ確保されていれば、不連続な関数（データならば変動が非常に大きなもの）に対しても、フーリエ展開を施すことができる。不連続な関数に対するフーリエ展開を例に考えてみよう。

$$f(x) = \begin{cases} 0 & (x = -\pi) \\ x & (-\pi < x < \pi) \\ 0 & (x = \pi) \end{cases} \tag{7.2.4}$$

をフーリエ展開する。この関数は $x = \pm\pi$ に不連続点があるが、区間内の自乗積分は可能である。式 (7.1.4)-(7.1.5) に式 (7.2.4) を代入してフーリエ係数を求める。

$$a_n = \frac{1}{\pi} \int_{-\pi}^{\pi} x \cos(nx) \, dx = 0 \tag{7.2.5}$$

$$b_n = \frac{1}{\pi} \int_{-\pi}^{\pi} x \sin(nx) \, dx = \begin{cases} -\dfrac{2}{n} & (n \text{ は偶数}) \\ \dfrac{2}{n} & (n \text{ は奇数}) \end{cases} \tag{7.2.6}$$

積分の計算は演習問題 6.3(5) ☞ p.88 と例題 6.6 ☞ p.91 を参考にせよ。これより、式 (7.2.4) のフーリエ展開は以下となる。

$$x = \sum_{n=1}^{\infty} \frac{2(-1)^{n-1}}{n} \sin nx = 2\sin x - \sin 2x + \frac{2\sin 3x}{3} - \frac{\sin 4x}{2} + \cdots \tag{7.2.7}$$

式 (7.2.7) の右辺第 1 項のみを図 7.1 の点線で、式 (7.2.7) の右辺第 20 項までの和を図 7.1 の細実線で示した。右辺第 20 項までの和をとっても、不連続がある $x = \pm\pi$ 付近ではなかなか左辺（図 7.1 の実線）には収束せず、むしろ $x = \pm\pi$ 近傍のきわめて狭い区間で「突っ立ち」が見られる。このように、式 (7.2.7) の右辺は左辺と等号で結ばれるが、右辺の和を有限で打ち切ると不連続点付近の誤差は大きい。また、フーリエ展開を有限打ち切りにすると、元の関数との誤差が正負交互にあらわれ、その誤差は不連続点に近づくにつれて増大する。これを**ギブスの現象**とよ
Gibbs phenomenon
ぶ。ギブスの現象は、項を増すごとに自乗積分量を一致させようとするフーリエ展開の性質に起因する。つまり、自乗積分量さえ合えばある点で関数の値に収束することを著しく遅らせても構わないのである。数学的には関数がすべての点で微分可能であれば、このような問題が起きないことが証明されている。

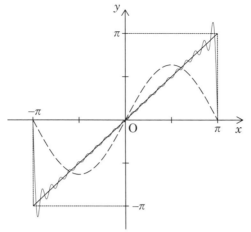

図 7.1 式 (7.2.7) を図示したもの。左辺は実線、右辺第 1 項のみは破線、右辺第 1 項から第 20 項までの和は細線で示した。

さらに、この例でパーセバルの等式を考えると、非常に面白い等式に辿り着く。式 (7.2.7) 左辺の自乗積分の $\frac{1}{\pi}$ は

$$\int_{-\pi}^{\pi} x^2 \, dx = \frac{2\pi^3}{3} \tag{7.2.8}$$

である（演習問題 6.3(2) ☞ p.88）。一方、式 (7.2.3) より、式 (7.2.7) 右辺の自乗積分は係数の自乗和なので、その第 n 項は $\frac{4}{n^2}$ である。したがって、

$$\frac{2\pi^2}{3} = \sum_{n=1}^{\infty} \frac{4}{n^2} \tag{7.2.9}$$

となる。これより逆自乗和の公式を得る。

$$\sum_{n=1}^{\infty} \frac{1}{n^2} = \frac{\pi^2}{6} \tag{7.2.10}$$

演習問題 7.4. [やや難] 以下の問いに答えよ。
(1) 区間 $-\pi \leq x \leq \pi$ で定義されている関数 $f(x) = x^2$ をフーリエ展開せよ。（ヒント）演習問題 6.3(3) ☞ p.88 および演習問題 6.6(1) ☞ p.93 を参考にせよ。
(2) $\sum_{n=1}^{\infty} \frac{1}{n^4} = \frac{\pi^4}{90}$ を証明せよ。

7.3 複素フーリエ展開

オイラーの公式 (1.1.1) を使えば、フーリエ展開 (7.1.3) を複素数で表現しなおすことができる。自然数 n に対し、

$$a_n \cos nx + b_n \sin nx = a_n \frac{e^{inx} + e^{-inx}}{2} + b_n \frac{e^{inx} - e^{-inx}}{2i} \tag{7.3.1}$$

である。

$$c_0 = \frac{a_0}{2}, \quad c_n = \frac{a_n - ib_n}{2}, \quad c_{-n} = \frac{a_n + ib_n}{2} \tag{7.3.2}$$

とおけば、区間 $-\pi \leq x \leq \pi$ で定義された周期関数 $f(x)$ の**複素フーリエ展開**は、
complex Fourier expansion

$$f(x) = \sum_{n=-\infty}^{\infty} c_n e^{inx} \tag{7.3.3}$$

となる。ここから、複素フーリエ展開の係数を計算する。式 (7.3.3) の両辺に e^{-imx} (m は整数) を乗じて全区間で積分すると、

$$\int_{-\pi}^{\pi} f(x) e^{-imx}\, dx = \sum_{n=-\infty}^{\infty} c_n \int_{-\pi}^{\pi} e^{i(n-m)x}\, dx = \sum_{n=-\infty}^{\infty} c_n (2\pi \delta_{mn}) = 2\pi c_m \tag{7.3.4}$$

となる（演習問題 6.4(3) ☞ p.89 を参考にせよ）。これより**複素フーリエ係数**は
complex Fourier coefficient

$$c_n = \frac{1}{2\pi} \int_{-\pi}^{\pi} f(x) e^{-inx}\, dx \qquad (n \text{ は整数}) \tag{7.3.5}$$

と計算される。また、複素フーリエ展開に対するパーセバルの等式は、式 (7.3.3) の自乗を区間で積分して得られる。$|f(x)|^2 = f(x)\overline{f(x)}$ に注意すると、

$$
\begin{aligned}
\int_{-\pi}^{\pi} |f(x)|^2\, dx &= \int_{-\pi}^{\pi} \left(\sum_{n=-\infty}^{\infty} c_n e^{inx} \right) \left(\sum_{m=-\infty}^{\infty} \overline{c_m} e^{-imx} \right) dx \\
&= \sum_{m=-\infty}^{\infty} \sum_{n=-\infty}^{\infty} c_n \overline{c_m} \int_{-\pi}^{\pi} e^{inx} e^{-imx}\, dx \\
&= \sum_{m=-\infty}^{\infty} \sum_{n=-\infty}^{\infty} 2\pi c_n \overline{c_m} \delta_{mn} = \sum_{n=-\infty}^{\infty} 2\pi |c_n|^2
\end{aligned} \tag{7.3.6}
$$

と計算できる。これより、複素フーリエ展開におけるパーセバルの等式は、実数のフーリエ展開のパーセバルの等式（第 7.2 節）よりもわかりやすい形で

$$\frac{1}{2\pi} \int_{-\pi}^{\pi} |f(x)|^2\, dx = \sum_{n=-\infty}^{\infty} |c_n|^2 \tag{7.3.7}$$

と書ける。

演習問題 7.5. [標準] 式 (6.4.1) で与えられた関数 $f(x)$ を複素フーリエ展開せよ。

 M. 黒体輻射と逆 4 乗和

自然科学においてエネルギーのやり取りは重要な考察事項の一つである。エネルギー伝達の方法には放射、対流、および伝導の三つがある。そのうち放射は真空中においても電磁波の伝播によってエネルギーの伝達を可能にする。黒体（あらゆる電磁波をすべて吸収し熱放射する理想的な物体）が放射する電磁波の強度 B は、電磁波の振動数 ν と物体の温度 T の関数として

$$B(\nu, T) = \frac{2h\nu^3}{c^2} \left\{ \exp\left(\frac{h\nu}{k_B T}\right) - 1 \right\}^{-1} \tag{7.3.8}$$

と与えられる（プランクの法則）。ただし、h はプランク定数、k_B はボルツマン定数、および c は真空中の光速である。したがって、この黒体が発する電磁波の総量は

$$I = \pi \int_0^\infty B(\nu, T)\, d\nu = \frac{2\pi h}{c^2} \int_0^\infty \nu^3 \left\{ \exp\left(\frac{h\nu}{k_B T}\right) - 1 \right\}^{-1} d\nu \tag{7.3.9}$$

となる。変数変換 $x = \dfrac{h\nu}{k_B T}$ によって、式 (7.3.9) は

$$\pi \int_0^\infty B(\nu, T)\, d\nu = \frac{2\pi k_B^4 T^4}{h^3 c^2} \int_0^\infty \frac{x^3}{e^x - 1}\, dx \tag{7.3.10}$$

となる。右辺の積分は項別積分によって、

$$\int_0^\infty \frac{x^3}{e^x - 1}\, dx = \int_0^\infty x^3 \sum_{k=1}^\infty e^{-kx}\, dx = \sum_{k=1}^\infty \left(\int_0^\infty x^3 e^{-kx}\, dx \right) = \sum_{k=1}^\infty \frac{6}{n^4} \tag{7.3.11}$$

となる。積分の計算は演習問題 6.6(3) ☞ p.93 を参考にせよ。また、式 (7.3.11) 右辺の逆 4 乗和は演習問題 7.4 ☞ p.103 により求められる。これより黒体が放射する電磁波の総量は $I = \dfrac{2\pi^5 k_B^4}{15 h^3 c^2} T^4$ となり、絶対温度の 4 乗に比例することがわかる（ステファン・ボルツマンの法則）。

7.4 関数のノルムと計量

ここでは、フーリエ展開をより深く理解するために、関数をさもベクトルであるかのように扱う「技」を解説する。その「技」を会得するために、「関数 $f(x)$ はある x で然るべき値をもつ曲線」というイメージを捨てて、「関数は区間全体をかたどった形」というイメージをもとう。

関数にはさまざまな「形」がある。区間を定めてみても無限の「形」があるように思える。まずは線型代数での n 次元空間のベクトルから連想してみよう。ここでは第 4.3 節における 2 次元での議論を拡張する。

n 次元空間のすべてのベクトルは n 個の基底 $\{e_1, e_2, \cdots, e_n\}$ の線型結合

$$v = c_1 e_1 + c_2 e_2 + \cdots + c_n e_n = \sum_{k=1}^{n} c_k e_k \tag{7.4.1}$$

で表現できる。基底 $\{e_1, e_2, \cdots, e_n\}$ を**正規直交基底**にとると、$(e_i, e_j) = \delta_{ij}$ が成り立つ。よって、式 (7.4.1) の係数は

$$c_k = (v, e_k) \qquad (k = 1, 2, \cdots, n) \tag{7.4.2}$$

と内積で書ける。また、ベクトル v のノルムは

$$\|v\| = \sqrt{|c_1|^2 + |c_2|^2 + \cdots + |c_n|^2} = \sqrt{\sum_{k=1}^{n} |c_k|^2} \tag{7.4.3}$$

と定義される。

上記の議論と対照しながら、複素フーリエ展開 (7.3.3) を振り返る。展開側の関数を基底に、フーリエ係数を成分に読み替えると、ベクトルの線型結合 (7.4.1) と表現が似ている。以降、関数をベクトルのように扱うが、混同を避けるため基底であっても太字で表記しない。

いま、複素フーリエ展開 (7.3.3) における基底を

$$e_n = \frac{1}{\sqrt{2\pi}} e^{inx} \qquad (n \text{ は整数}) \tag{7.4.4}$$

とおく。また、フーリエ係数を

$$\tilde{c}_n = \sqrt{2\pi} c_n \qquad (n \text{ は整数}) \tag{7.4.5}$$

と書きなおす。ここで、係数 $\frac{1}{\sqrt{2\pi}}$ や $\sqrt{2\pi}$ は後の便のためにこのようにしておく。すると、フーリエ展開 (7.3.3) は、ベクトルの線型結合 (7.4.1) のように、

$$f(x) = \sum_{n=-\infty}^{\infty} \tilde{c}_n e_n \tag{7.4.6}$$

と書ける。式 (7.4.1) と異なるのは基底の数が無限個である点だが、本書ではそのことに深入りしない。線型代数とのアナロジーを追求すると、式 (7.4.6) において、関数のノルムの自乗が右辺の係数の自乗和に等しく、係数 c_n は関数と基底の内積によって書けるはずである。関数のノルムは何通りもの定義が可能であるが、ここでは **L^2-ノルム**（エルツー・ノルム）を採用する。区間 $-\pi \le x \le \pi$ における関
L^2 norm
数 $f(x)$ の L^2-ノルムは

$$\|f\| = \sqrt{\int_{-\pi}^{\pi} |f(x)|^2 \, dx} \tag{7.4.7}$$

と定義される。このノルムに矛盾しないように内積を定義する。区間 $-\pi \le x \le \pi$ における関数 $f(x)$ と $g(x)$ の**内積**は

$$(f, g) = \int_{-\pi}^{\pi} f(x) \, \overline{g(x)} \, dx \tag{7.4.8}$$

である。これより**パーセバルの等式** (7.3.7) は、

$$\|f\|^2 = \sum_{n=-\infty}^{\infty} |\tilde{c}_n|^2 \tag{7.4.9}$$

となる。式 (7.4.3) と比較すると、パーセバルの等式は関数に対するピタゴラスの定理といえる。さらに、フーリエ係数は、内積を使って

$$\tilde{c}_n = (f, e_n) \qquad (n \text{ は整数}) \tag{7.4.10}$$

と書くことができる。これは各基底に対する成分の書き方 (7.4.2) と同じである。実は、式 (7.4.4) で定義した基底は正規直交基底であった。つまり、整数 m と n に対し、

$$(e_m, e_n) = \delta_{mn} \tag{7.4.11}$$

となる。

実関数でも上記と同様のことが成り立つ。そのため、式 (7.1.6)-(7.1.8) を三角関数の直交性とよぶ。

演習問題 7.6. [標準] 実関数 f と g について、中線定理 $\|f + g\|^2 + \|f - g\|^2 = 2(\|f\|^2 + \|g\|^2)$ が成り立つことを示せ。ノルム $\| \bullet \|$ は式 (7.4.7) で定義する。

演習問題 7.7. [やや難] 複素数値関数 f と g に対し、**三角不等式** $\|f+g\| \le \|f\| + \|g\|$
Triangle inequality
が成り立つことを示せ。ノルム $\| \bullet \|$ は式 (7.4.7) で定義する。（ヒント）$\|f+ag\|^2 \ge 0$ から a に関する判別式を立てる。

N. データのフーリエ展開

自然科学ではしばしばデータの周期性を議論する必要がある。本章では与えられた関数をフーリエ展開したが、ここでは与えられたデータに周期性を仮定して、どのようにフーリエ展開するかを考える。関数は区間 $-\pi \leq x \leq \pi$ で定義され、2π の周期をもつとする。ここでは簡単のため複素フーリエ展開を用いて議論する。

まず、フーリエ係数 c_n が与えられた場合に関数（データ）を復元する方法を考える。データは有限個しかないので、c_n は $-N+1 \leq n \leq N$ の範囲の n の個数（$2N$ 個）だけ与えられるとする。すると、式(7.3.3)は有限個の計算

$$f(x) = \sum_{n=-N+1}^{N} c_n e^{inx} \tag{7.4.12}$$

となる。このようなデータの計算を**離散フーリエ逆変換**（inverse discrete Fourier transform）という。当然、$f(x)$ は定義域のすべての点で「計算」はできるが、データの自由度を増やすことはできないので復元するデータも $2N$ 個とする。つまり、区間 $-\pi \leq x \leq \pi$ を $2N$ 等分する点 $x = \dfrac{j\pi}{N}$（ただし、$-N+1 \leq j \leq N$）だけで関数を計算することとなる。求めるデータを $f_j = f\left(\dfrac{j\pi}{N}\right)$ とすると、式(7.4.12)は

$$\boldsymbol{f} = \mathsf{A}\boldsymbol{c} \tag{7.4.13}$$

と表現できる。ただし、

$$\boldsymbol{f} = \begin{pmatrix} f_0 \\ f_1 \\ \vdots \\ f_N \\ f_{-N+1} \\ \vdots \\ f_{-1} \end{pmatrix}, \quad \boldsymbol{c} = \begin{pmatrix} c_0 \\ c_1 \\ \vdots \\ c_N \\ c_{-N+1} \\ \vdots \\ c_{-1} \end{pmatrix} \tag{7.4.14}$$

$$\mathsf{A}(\alpha) = \begin{pmatrix} \alpha^0 & \alpha^0 & \alpha^0 & \cdots & \alpha^0 \\ \alpha^0 & \alpha^1 & \alpha^2 & \cdots & \alpha^{2N-1} \\ \cdots & \cdots & \cdots & \cdots & \cdots \\ \alpha^0 & \alpha^{2N-1} & \alpha^{2(2N-1)} & \cdots & \alpha^{(2N-1)^2} \end{pmatrix} \tag{7.4.15}$$

である。ここで、$\alpha = \exp\left(\dfrac{i\pi}{N}\right)$ とする。$\alpha^{2N} = 1$ に注意せよ。

では、逆にデータ $f_j = f\left(\dfrac{j\pi}{N}\right)$ が与えられたとき、フーリエ係数を計算するにはどうするか？式 (7.3.5) は積分

$$c_n = \frac{1}{2\pi}\int_{-\pi}^{\pi} f(x)\,e^{-inx}\,dx \tag{7.4.16}$$

で与えられている。そこで、データからフーリエ係数を計算する場合、式 (7.4.16) 右辺の積分を台形公式（コラム L 参照）によって計算する。

$$c_n = \frac{1}{2N}\sum_{j=-N+1}^{N} f_j \exp\left(-\frac{ijn\pi}{N}\right) \tag{7.4.17}$$

このように c_n を求める方法を**離散フーリエ変換**という。式 (7.4.17) を行列 (7.4.15)
discrete Fourier transform
で記述すると、

$$\boldsymbol{c} = \frac{1}{2N}\mathsf{A}(\alpha^{-1})\boldsymbol{f} \tag{7.4.18}$$

となる。なお、式 (7.4.12) および式 (7.4.17) より、分点数 $2N$ の離散フーリエ変換および逆変換の計算には $O((2N)^2)$ の四則演算が必要なことがわかる。分点数を増やすほどに計算量がその自乗で増大する。このため計算量を縮減する工夫がなされる。たとえば、三角関数の周期性を利用した**高速フーリエ変換**が提案されている。
Fast Fourier Transform (FFT)

第8章 常微分方程式と固有関数

本章では常微分方程式の境界値問題により、固有関数の考え方を学ぶ。物理的には固定端条件または自由端条件を表す境界条件が課せられると、関数は正弦関数または余弦関数に制約される。ここでは $-L \leq x \leq L$ や $0 \leq x \leq L$ のような有限区間を考える。以降、本章では L を正の定数とし、関数はすべて実関数とする。

8.1 固有関数としての三角関数

第7章では**フーリエ展開**により任意の周期関数が三角関数の和で書けることを示した。つまり、区間が $-\pi \leq x \leq \pi$ で周期条件 $f(-\pi) = f(\pi)$ を満たせば、フーリエ展開の基底として

$$1, \cos x, \sin x, \cos 2x, \sin 2x, \cdots \tag{8.1.1}$$

を選ぶことができた。

いま、区間を $-L \leq x \leq L$ とし、周期条件を $f(L) = f(-L)$ に変える。すると、L が π の整数倍の場合を除いて、$f(x) = 1$ 以外、式 (8.1.1) の関数は周期境界条件を満たせないので、フーリエ展開の基底として不適格になる。このような一般の有限区間の場合は、区間が $-\pi \leq x \leq \pi$ となるように、x の縮尺を変えるとよい（図 8.1）。つまり、区間を $-L \leq x \leq L$ で定義された関数 $f(x)$ のフーリエ展開は

$$f(x) = \frac{a_0}{2} + \sum_{n=1}^{\infty} \left\{ a_n \cos\left(\frac{n\pi x}{L}\right) + b_n \sin\left(\frac{n\pi x}{L}\right) \right\} \tag{8.1.2}$$

となる。なお、式 (8.1.2) のフーリエ係数は

$$a_n = \frac{1}{L} \int_{-L}^{L} f(x) \cos\left(\frac{n\pi x}{L}\right) \, dx \qquad (n \text{ は非負整数}) \tag{8.1.3}$$

$$b_n = \frac{1}{L} \int_{-L}^{L} f(x) \sin\left(\frac{n\pi x}{L}\right) \, dx \qquad (n \text{ は自然数}) \tag{8.1.4}$$

と計算する。

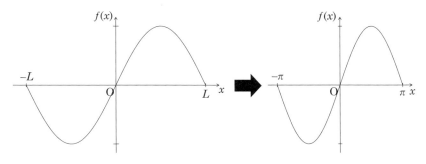

図 8.1　縮尺の変更のイメージ。

第 2 章における常微分方程式の議論を思い出すと、三角関数を基本解にもつような 2 階の常微分方程式は、

$$\frac{d^2 f}{dx^2} = \lambda f \tag{8.1.5}$$

という形のものに限られた。

第 2 章では常微分方程式に初期条件を課したが、これを境界条件に代えてもよい。つまり、常微分方程式 (8.1.5) に**境界条件**(boundary condition)を課すと、解を具体的に求められる。そこで、区間 $-L \leq x \leq L$ において、関数 $f(x)$ が定義されているとき、常微分方程式 (8.1.5) を周期境界条件

$$f(-L) = f(L) \tag{8.1.6}$$

$$\frac{df}{dx}(-L) = \frac{df}{dx}(L) \tag{8.1.7}$$

のもとで解く。以下では、常微分方程式の**境界値問題**(boundary-value problem)(8.1.5)-(8.1.7) が、**非自明解**をもつような λ は何か？という問題を考える。これは第 4 章で学習した固有値問題と同じである。ここでは固有ベクトルの代わりに関数が得られる。この関数を**固有関数**(eigenfunction)という。固有関数の形は方程式と境界条件に応じて変わる。また、得られる値 λ は**固有値**という。

方程式 (8.1.5) は、λ が 0 が否かで異なる解法となる。

(i) $\lambda \neq 0$ の場合を考える。式 (8.1.5) に対する特性方程式 $\xi^2 = \lambda$ の解は $\xi = \pm\sqrt{\lambda}$ である。よって、式 (8.1.5) の一般解は

$$f(x) = c_1 \exp(\sqrt{\lambda}x) + c_2 \exp(-\sqrt{\lambda}x) \qquad (c_1 \text{ と } c_2 \text{ は未定定数}) \tag{8.1.8}$$

である。式 (8.1.8) に境界条件 (8.1.6)-(8.1.7) を代入すると、$\lambda \neq 0$ より

$$(e^{\sqrt{\lambda}L} - e^{-\sqrt{\lambda}L})(c_1 - c_2) = 0 \tag{8.1.9}$$

$$(e^{\sqrt{\lambda}L} - e^{-\sqrt{\lambda}L})(c_1 + c_2) = 0 \tag{8.1.10}$$

となる。

(1) $e^{\sqrt{\lambda}L} - e^{-\sqrt{\lambda}L} = 0$ のとき、$e^{2\sqrt{\lambda}L} = 1$ である。これを λ について解くと、$\lambda \neq 0$ に注意して、

$$2\sqrt{\lambda}L = 2n\pi i \quad (n は 0 以外の整数) \tag{8.1.11}$$

となる。この両辺を自乗する。

$$\lambda = -\frac{n^2\pi^2}{L^2} \quad (n は自然数) \tag{8.1.12}$$

このとき、整数 n と $-n$ とでは、同じ固有値になるので、重複を避けるため、n は自然数に限定する（n を負の整数に限定しても間違いではない）。さて、この λ をとると、c_1 および c_2 がいかなる値でも、連立方程式 (8.1.9)-(8.1.10) を満たす。よって、常微分方程式の一般解 (8.1.8) における c_1 および c_2 は不定となる。なお、式 (8.1.8) は $\cos\left(\dfrac{n\pi x}{L}\right)$ と $\sin\left(\dfrac{n\pi x}{L}\right)$ の線型結合と言い換えることもできる。

(2) (1) 以外のとき、$c_1 = c_2 = 0$ となる。したがって、微分方程式 (8.1.5) の解は自明な解 $f(x) = 0$ 以外にはない。

(ii) $\lambda = 0$ のとき、式 (8.1.5) は $\dfrac{d^2 f}{dx^2} = 0$ となる。これを 2 回積分することで、この一般解は、$f(x) = c_1 x + c_2$ となる。周期条件 (8.1.6)-(8.1.7) を満たすためには、$c_1 = 0$ でなければならない。よって、このときの解は定数である。

以上をまとめると、常微分方程式 (8.1.5) に境界条件 (8.1.6)-(8.1.7) を課した固有値問題における固有値と固有関数の組は以下の通り。

- 固有値 $\lambda_0 = 0$ に対し、固有関数 $f_0(x) = 1$

- 固有値 $\lambda_1 = -\dfrac{\pi^2}{L^2}$ に対し、$\begin{cases} 固有関数 f_{1,1}(x) = \cos\left(\dfrac{\pi x}{L}\right) \\ 固有関数 f_{1,2}(x) = \sin\left(\dfrac{\pi x}{L}\right) \end{cases}$

- 固有値 $\lambda_2 = -\dfrac{4\pi^2}{L^2}$ に対し、$\begin{cases} 固有関数 f_{2,1}(x) = \cos\left(\dfrac{2\pi x}{L}\right) \\ 固有関数 f_{2,2}(x) = \sin\left(\dfrac{2\pi x}{L}\right) \end{cases}$

- $\cdots$

ただし、固有関数には固有ベクトル同様、定数倍の任意性がある。よって、固有関数に 0 以外の定数倍をしたものを固有関数に代えても構わない。また、上記の例

で、$\lambda_0 = 0$ 以外では、一つの固有値に二つの固有関数が対応する。これを**縮退**と
いう。 degeneracy

区間 $-L \leq x \leq L$ で定義された関数 $f(x)$ は周期境界条件を満たせば、フーリエ
展開 (8.1.2) できる。これはなんと常微分方程式 (8.1.5) の解の集合を表しているこ
とになる。三角関数の基底 (8.1.1) は常微分方程式の境界値問題における固有関数
なので、フーリエ展開は**固有関数展開**の一種と考えることもできる。
eigenfunction expansion

演習問題 8.1. [やや易] 区間 $-1 \leq x \leq 1$ で定義された以下の関数 $f(x)$ をフーリエ
展開せよ。

$$f(x) = \begin{cases} 1 & (x = -1) \\ 0 & (-1 < x \leq 0) \\ 1 & (0 < x \leq 1) \end{cases} \tag{8.1.13}$$

演習問題 8.2. [やや易] 区間 $-L \leq x \leq L$ で定義された関数 $f(x)$ のフーリエ展開
(8.1.2) からフーリエ係数 (8.1.3)-(8.1.4) を導け。（ヒント）第 7.1 節の議論と演習問
題 6.5(3)(4) ☞p.93 を参考にせよ。

演習問題 8.3. [標準] 区間 $-1 \leq x \leq 1$ で定義された関数 $f(x)$ に関する以下の常微
分方程式の境界値問題を満たす固有値およびそれに対応する固有関数をすべて求
めよ。

$$\frac{d^2 f}{dx^2} = \lambda f \tag{8.1.14}$$

$$f(1) = f(-1) \tag{8.1.15}$$

$$\frac{df}{dx}(1) = \frac{df}{dx}(-1) \tag{8.1.16}$$

 O. ξ の書き方講座

ギリシャ文字 ξ の筆記に苦労している人
は多いのではないだろうか？ギリシャ文
字 ξ はローマ字の x に相当するため、関
数 $f(x)$ のフーリエ変換に対する独立変数
として ξ が選ばれる（第 13 章）。この ξ
の書き方のコツは ε の上下に「ヒゲ」を
つけることである。図 8.2 の点線をなぞっ

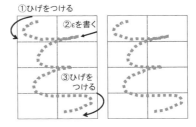

図 8.2 ξ の書き方を練習しよう。

て、一度練習してみるとよい。ちなみに、ξ は日本では「グザイ」とよばれている
が、欧米では「クスィー」と発音される。

8.2 ディリクレ境界条件と正弦展開

区間 $0 \leq x \leq L$ で定義された関数 $f(x)$ に関する常微分方程式

$$\frac{d^2 f}{dx^2} = \lambda f \tag{8.2.1}$$

に前節とは異なる境界条件を与えたときの、固有関数を考える。本節では、境界条件として両端を固定した

$$f(0) = f(L) = 0 \tag{8.2.2}$$

を与える。このように関数 f の端点での値を指定する境界条件は**ディリクレ境界条件**と
Dirichlet boundary condition
よばれる。とくに端点の値を 0 とするのは、斉次ディリクレ境界条件という。物理的には固定端条件を意味する。

式 (8.2.1) の一般解は、$\lambda \neq 0$ に対し

$$f(x) = c_1 \exp(\sqrt{\lambda}x) + c_2 \exp(-\sqrt{\lambda}x) \tag{8.2.3}$$

である。これに境界条件 (8.2.2) を代入すると、

$$c_1 + c_2 = 0 \tag{8.2.4}$$

$$c_1 \exp(\sqrt{\lambda}L) + c_2 \exp(-\sqrt{\lambda}L) = 0 \tag{8.2.5}$$

となる。連立方程式 (8.2.4)-(8.2.5) は行列を使って、

$$\begin{pmatrix} 1 & 1 \\ e^{\sqrt{\lambda}L} & e^{-\sqrt{\lambda}L} \end{pmatrix} \begin{pmatrix} c_1 \\ c_2 \end{pmatrix} = \begin{pmatrix} 0 \\ 0 \end{pmatrix} \tag{8.2.6}$$

と表現できる。この連立方程式が $(c_1, c_2) = (0, 0)$ 以外の非自明解をもつためには、

$$\det \begin{pmatrix} 1 & 1 \\ e^{\sqrt{\lambda}L} & e^{-\sqrt{\lambda}L} \end{pmatrix} = 0 \tag{8.2.7}$$

でなければならない（第 4.2 節参照）。前節と同様の議論により、式 (8.2.7) は、

$$\exp(2\sqrt{\lambda}L) = 1 \tag{8.2.8}$$

という条件になり、λ の値は

$$\lambda = -\frac{n^2 \pi^2}{L^2} \quad (n \text{ は自然数}) \tag{8.2.9}$$

と制約される。また、式 (8.2.4) より $c_2 = -c_1$ となる。これと式 (8.2.9) を式 (8.2.3) に代入すると、非自明な解は

$$f(x) = c_1 \exp\left(\frac{in\pi x}{L}\right) - c_1 \exp\left(-\frac{in\pi x}{L}\right) \tag{8.2.10}$$

となる。オイラーの公式 (1.1.1) から、固有値 $\lambda_n = -\dfrac{n^2\pi^2}{L^2}$ (n は自然数) に対する固有関数を

$$f_n(x) = \sin\left(\frac{n\pi x}{L}\right) \qquad (8.2.11)$$

と求めることができる（図 8.3）。

また、$\lambda = 0$ のとき、式 (8.2.1) は自明解 $f(x) = 0$ しかもたない。よって、この場合は除いてよい。

区間 $0 \leq x \leq L$ で定義された実数を値にもつ関数 $f(x)$ および $g(x)$ に対し、内積を

$$(f, g) = \int_0^L f(x)\, g(x)\, dx \qquad (8.2.12)$$

と定義する。この内積に対し、固有関数 (8.2.11) は互いに直交する。つまり、

$$(f_m, f_n) = \int_0^L f_m(x)\, f_n(x)\, dx = \frac{L}{2}\, \delta_{mn} \qquad (8.2.13)$$

である。

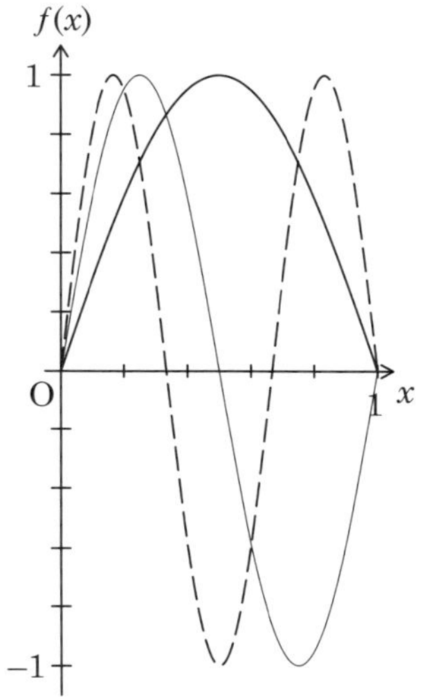

また、ディリクレ境界条件 (8.2.2) を満たす任意の関数 g は、固有関数 (8.2.11) の線型結合により

図 8.3　式 (8.2.11) で表される固有関数（ただし、$L = 1$ とした）。太線が $n = 1$、細線が $n = 2$、および点線が $n = 3$ である。

$$g(x) = \sum_{n=1}^\infty b_n \sin\left(\frac{n\pi x}{L}\right) \qquad (8.2.14)$$

と表すことができる。式 (8.2.14) は正弦関数のみの展開となっている。これをとくに**フーリエ正弦展開**とよぶ。なお、フーリエ正弦展開における係数は以下の通り。

Fourier sine expansion

$$b_n = \frac{2}{L}\int_0^L g(x) \sin\left(\frac{n\pi x}{L}\right)\, dx \qquad (8.2.15)$$

演習問題 8.4. [やや易] 区間 $0 \leq x \leq L$ で定義された関数 $g(x)$ のフーリエ正弦展開 (8.2.14) における係数は、式 (8.2.15) で与えられることを示せ。（ヒント）演習問題 6.5(3) ☞ p.93 を参考にせよ。

演習問題 8.5. [標準] 区間 $0 \leq x \leq 1$ で定義された関数 $f(x) = \dfrac{1}{2} - \left| x - \dfrac{1}{2} \right|$ をフーリエ正弦展開せよ。（ヒント）演習問題 6.10(2) ☞ p.94 を参考にせよ。

8.3 ノイマン境界条件と余弦展開

区間 $0 \leq x \leq L$ で定義された関数 $f(x)$ に関する常微分方程式

$$\frac{d^2 f}{dx^2} = \lambda f \tag{8.3.1}$$

に、境界条件として両端で微分を固定した

$$\frac{df}{dx}(0) = \frac{df}{dx}(L) = 0 \tag{8.3.2}$$

を与える。このように関数 f の微分の端点での値を指定する境界条件を**ノイマン境界条件**と
Neumann boundary condition
よぶ。とくに端点の値を 0 とするのは、斉次ノイマン境界条件という。物理的に
は自由端条件を意味する。

式 (8.3.1) の一般解は、$\lambda \neq 0$ に対し

$$f(x) = c_1 \exp(\sqrt{\lambda}x) + c_2 \exp(-\sqrt{\lambda}x) \tag{8.3.3}$$

である。これに境界条件 (8.3.2) を代入すると、$\lambda \neq 0$ より

$$c_1 - c_2 = 0 \tag{8.3.4}$$

$$c_1 \exp(\sqrt{\lambda}L) - c_2 \exp(-\sqrt{\lambda}L) = 0 \tag{8.3.5}$$

となる。連立方程式 (8.3.4)-(8.3.5) が $(c_1, c_2) = (0, 0)$ 以外の非自明解をもつため
には、

$$\det \begin{pmatrix} 1 & -1 \\ e^{\sqrt{\lambda}L} & -e^{-\sqrt{\lambda}L} \end{pmatrix} = 0 \tag{8.3.6}$$

でなければならない（第 4.2 節参照）。これより $\exp(2\sqrt{\lambda}L) = 1$、つまり、

$$\lambda = -\frac{n^2 \pi^2}{L^2} \quad (n \text{ は自然数}) \tag{8.3.7}$$

が必要である。また、式 (8.3.4) より $c_1 - c_2 = 0$ であるから、式 (8.3.3) に $\lambda = -\dfrac{n^2 \pi^2}{L^2}$
を代入すると、非自明な解は

$$f(x) = c_1 \exp\left(\frac{in\pi x}{L}\right) + c_1 \exp\left(-\frac{in\pi x}{L}\right) \tag{8.3.8}$$

となる。したがって、オイラーの公式 (1.1.1) から、固有値 $\lambda_n = -\dfrac{n^2 \pi^2}{L^2}$ (n は自然
数) に対する固有関数を

$$f_n(x) = \cos\left(\frac{n\pi x}{L}\right) \tag{8.3.9}$$

と求めることができる。

また、$\lambda = 0$ のとき、$f_0(x) = 1$ は境界条件 (8.3.2) を満たす。したがって、固有
値 $\lambda_0 = 0$ に対する固有関数は $f_0(x) = 1$ となる。

これらをまとめると、固有値

$$\lambda_n = -\frac{n^2\pi^2}{L^2} \quad (8.3.10)$$

に対し、固有関数は

$$f_n(x) = \cos\left(\frac{n\pi x}{L}\right) \quad (8.3.11)$$

となる。ただし、n は非負整数である。内積 (8.2.12) に対し、固有関数 (8.3.11) は互いに直交する。つまり、自然数 m と n に対し、

$$(f_m, f_n) = \int_0^L f_m(x)\, f_n(x)\, dx = \frac{L}{2}\delta_{mn} \quad (8.3.12)$$

である。また、

$$(f_0, f_n) = \int_0^L f_n(x)\, dx = L\delta_{0n} \quad (8.3.13)$$

である。

さらに、ノイマン境界条件 (8.3.2) を満たす任意の関数 g は、固有関数 (8.3.11) の線型結合により

$$g(x) = \frac{a_0}{2} + \sum_{n=1}^{\infty} a_n \cos\left(\frac{n\pi x}{L}\right) \quad (8.3.14)$$

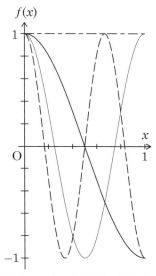

図 8.4 式 (8.3.11) で表される固有関数（ただし、$L=1$ とした）。一点鎖線が $n=0$、太線が $n=1$、細線が $n=2$、および点線が $n=3$ である。

と表すことができる。式 (8.3.14) は余弦関数のみの展開であり、**フーリエ余弦展開** Fourier cosine expansion とよぶ。フーリエ余弦展開における係数は以下の通り。

$$a_n = \frac{2}{L}\int_0^L g(x)\cos\left(\frac{n\pi x}{L}\right)\, dx \quad (n \text{ は非負整数}) \quad (8.3.15)$$

演習問題 8.6. [標準] 区間 $0 \leq x \leq L$ で定義された関数 $g(x)$ に対するフーリエ余弦展開 (8.3.14) の係数は式 (8.3.15) となることを示せ。a_0 と $a_n(n \neq 0)$ を分けて計算すること。（ヒント）演習問題 6.5(4) ☞ p.93 を参考にせよ。

8.4 その他の境界条件

ディリクレ境界条件とノイマン境界条件以外の境界条件を課すことも可能である。以下では、そのような例を示す。

例題 8.1. 区間 $0 \leq x \leq 1$ で定義された関数 $f(x)$ に関する常微分方程式

$$\frac{d^2 f}{dx^2} = \lambda f \tag{8.4.1}$$

に境界条件

$$\frac{df}{dx}(0) = 0 \quad \text{および} \quad f(1) = 0 \tag{8.4.2}$$

を課す。このとき固有値およびそれに対応する固有関数をすべて求めよ。

解答 $\lambda = 0$ のとき、$f(x) = c_1 x + c_2$ である。境界条件 (8.4.2) から、自明解になる。よって、この場合は不適なので $\lambda \neq 0$。これより式 (8.4.1) の一般解は

$$f(x) = c_1 e^{\sqrt{\lambda} x} + c_2 e^{-\sqrt{\lambda} x} \tag{8.4.3}$$

である。境界条件 (8.4.2) を式 (8.4.3) に代入すると、

$$\frac{df}{dx}(0) = \sqrt{\lambda}(c_1 - c_2) = 0 \tag{8.4.4}$$

$$f(1) = c_1 e^{\sqrt{\lambda}} + c_2 e^{-\sqrt{\lambda}} = 0 \tag{8.4.5}$$

となる。連立方程式 (8.4.4)-(8.4.5) は

$$\begin{pmatrix} \sqrt{\lambda} & -\sqrt{\lambda} \\ e^{\sqrt{\lambda}} & e^{-\sqrt{\lambda}} \end{pmatrix} \begin{pmatrix} c_1 \\ c_2 \end{pmatrix} = \begin{pmatrix} 0 \\ 0 \end{pmatrix} \tag{8.4.6}$$

と行列を使って表現できる。上式が非自明解をもつためには、

$$\det \begin{pmatrix} \sqrt{\lambda} & -\sqrt{\lambda} \\ e^{\sqrt{\lambda}} & e^{-\sqrt{\lambda}} \end{pmatrix} = \sqrt{\lambda}(e^{\sqrt{\lambda}} + e^{-\sqrt{\lambda}}) = 0 \tag{8.4.7}$$

が必要である（第4.2節参照）。$\lambda \neq 0$ より、$e^{\sqrt{\lambda}} + e^{-\sqrt{\lambda}} = 0$。よって、

$$e^{2\sqrt{\lambda}} = -1 \tag{8.4.8}$$

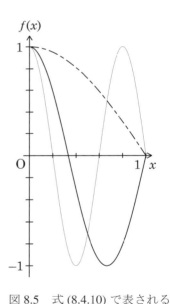

図 8.5 式 (8.4.10) で表される固有関数。一点鎖線が $n = 1$、太線が $n = 2$、細線が $n = 3$ である。

第 8 章 常微分方程式と固有関数　　119

である。これより、整数 n に対し $2\sqrt{\lambda} = (2n-1)\pi i$ となる。両辺を自乗して、λ について解くと、固有値

$$（答）\quad \lambda_n = -\frac{(2n-1)^2\pi^2}{4}\quad （n \text{ は自然数}）\tag{8.4.9}$$

を得る。$c_1 - c_2 = 0$ よりそれぞれの固有値に対応する固有関数は以下の通り（図 8.5）。

$$（答）\quad f_n(x) = \cos\left\{\frac{(2n-1)\pi}{2}x\right\}\quad （n \text{ は自然数}）\tag{8.4.10}$$

演習問題 8.7. [やや難] 区間 $0 \le x \le L$ で定義された関数 $f(x)$ に関する常微分方程式の境界値問題

$$\frac{d^2f}{dx^2} = \lambda f\tag{8.4.11}$$

$$f(0) = 0\quad \text{および}\quad \frac{df}{dx}(L) = 0\tag{8.4.12}$$

に対して、固有値およびそれに対応する固有関数をすべて求めよ。

演習問題 8.8. [難] 区間 $0 \le x \le 1$ で定義された関数 $f(x)$ に関する常微分方程式

$$\frac{d^2f}{dx^2} = \lambda f\tag{8.4.13}$$

に対し、境界条件

$$f(0) = 0\tag{8.4.14}$$

$$f(1) + \frac{df}{dx}(1) = 0\tag{8.4.15}$$

を課す。以下の問いに答えよ。

(1) この固有値問題を解いて、固有値とそれに対応する固有関数をすべて求めよ。ただし、$\tan x = -x$ の解のうち正のものを小さい順に $x_1, x_2, \cdots$ とおいてよい。

(2) 固有値を昇順に $\lambda_1, \lambda_2, \cdots$ と並べる。固有値 λ_1 と λ_2 に対応する固有関数を図示せよ。

(3) 固有値 λ_n に対応する固有関数は区間 $0 < x < 1$ に $(n-1)$ 個のゼロ点をもつことを証明せよ。ただし、関数 $f(x)$ のゼロ点とは $f(x) = 0$ を満たす x のことである。

120

8.5 作用素の自己随伴性

　常微分方程式の境界値問題は、線型代数における固有値問題と、その本質を一にしている。2階の常微分方程式(8.1.5)に斉次ディリクレ境界条件(8.2.2)や斉次ノイマン境界条件(8.3.2)を課して得られる固有値は実数であった。また、相異なる固有値に対応する固有関数は互いに直交していた。線型代数の固有値問題では、「行列がエルミートであるときに、固有ベクトルが互いに直交した」ことを思い出そう（第4.6節）。ここでは、常微分方程式の線型作用素と境界条件の組が行列でいうところのエルミートであると、相異なる固有関数は直交する、という視点で解説する。

　まず、行列がエルミートであることを、作用素と境界条件に対し当てはめる。しかし、作用素と境界条件は行列と同じように「転置」はできないので、エルミート行列の定義（第4.1節）をそのまま当てはめることはできない。そこで、エルミート行列の性質（第4.6節）

$$(\mathbf{A}\boldsymbol{u}, \boldsymbol{v}) = (\boldsymbol{u}, \mathbf{A}\boldsymbol{v}) \tag{8.5.1}$$

を流用する。この性質に当てはめるために、関数の内積を用意する（第7.4節）。区間 $0 \le x \le L$ で定義された実数を値にもつ関数 f および g に対し、f と g の**内積**を

$$(f, g) = \int_0^L f(x)\, g(x)\, dx \tag{8.5.2}$$

と定義する。

　この内積に対し、作用素 $\mathcal{L}$ と境界条件の組が**自己随伴**であるとは、区間 $0 \le x \le$
self adjoint
L で定義され、与えられた境界条件を満たす関数 f と g に対し、

$$(\mathcal{L}f, g) = (f, \mathcal{L}g) \tag{8.5.3}$$

が成り立つことと定義する。なお、作用素に対しては、エルミートという用語を通常、用いない。

例題 8.2.　作用素 $\dfrac{d^2}{dx^2}$ と $x = 0$ および $x = 1$ における斉次ディリクレ境界条件の組は自己随伴か？

解答　関数 f および関数 g はともに斉次ディリクレ境界条件

$$f(0) = f(1) = 0 \tag{8.5.4}$$

$$g(0) = g(1) = 0 \tag{8.5.5}$$

を満たすものとする。部分積分 (6.3.2) を 2 回使うことで、

$$\left(\frac{d^2 f}{dx^2}, g\right) = \int_0^1 \frac{d^2 f}{dx^2} g(x)\, dx = \left[\frac{df}{dx} g(x)\right]_0^1 - \int_0^1 \frac{df}{dx} \frac{dg}{dx}\, dx$$

$$= \left[\frac{df}{dx} g(x) - f(x) \frac{dg}{dx}\right]_0^1 + \int_0^1 f \frac{d^2 g}{dx^2}\, dx \tag{8.5.6}$$

となる。式 (8.5.6) の右辺第 1 項は、ディリクレ境界条件 (8.5.4)-(8.5.5) によって 0 となる。したがって、

$$\left(\frac{d^2 f}{dx^2}, g\right) = \left(f, \frac{d^2 g}{dx^2}\right) \tag{8.5.7}$$

である。このことから作用素 $\dfrac{d^2}{dx^2}$ と斉次ディリクレ境界条件 (8.5.4)-(8.5.5) の組は自己随伴であることが示された。（終）

　自己随伴な作用素 $\mathcal{L}$ と境界条件の組により得られる固有値 $\{\lambda_1, \lambda_2, \cdots\}$ とそれに対応する固有関数

$$\{\phi_1(x), \phi_2(x), \cdots\} \tag{8.5.8}$$

があるとする。エルミート行列の相異なる固有値に対する固有ベクトルは互いに直交するということのアナロジーから、相異なる固有値に対する固有関数は、内積 (8.5.2) の意味で直交する。つまり、固有関数 (8.5.8) を正規化しておけば、自然数 m および n に対し

$$(\phi_m, \phi_n) = \int_0^L \phi_m(x)\, \phi_n(x)\, dx = \delta_{mn} \tag{8.5.9}$$

が成り立つ。

　たとえば、区間 $0 \leq x \leq 1$ において、作用素 $\dfrac{d^2}{dx^2}$ とディリクレ境界条件の組は自己随伴である。その固有関数は正規化すると、

$$\left\{\sqrt{2}\sin(\pi x), \sqrt{2}\sin(2\pi x), \cdots\right\} \tag{8.5.10}$$

である。自然数 m および n に対し、

$$\int_0^1 \sqrt{2}\sin(m\pi x) \cdot \sqrt{2}\sin(n\pi x)\, dx = \delta_{mn} \tag{8.5.11}$$

が成り立つ（第 8.2 節を参照せよ）。つまり、固有関数は互いに直交する。

演習問題 8.9. [やや易] 作用素 $\dfrac{d^2}{dx^2}$ と $x = 0$ および $x = L$ における斉次ノイマン境界条件の組は自己随伴か？

8.6 スツルム＝リュービル型微分方程式

前節の議論を拡張し、どのような作用素と境界条件の組が自己随伴であるか、を考える。そのような作用素と境界条件の組から得られる固有値は実数であり、相異なる固有値に対応する固有関数は互いに直交する。ここでは、有名なスツルム＝リュービル作用素を紹介する。なお、これまで定数係数の常微分方程式に限定して議論してきたが、本節では係数が x の関数となる常微分方程式を扱う。

区間 $0 \le x \le L$ で定義された関数 $u(x)$ に関する常微分方程式

$$\frac{d}{dx}\left(p(x)\frac{du}{dx}\right) - q(x)\,u(x) + \lambda u = 0 \tag{8.6.1}$$

に境界条件

$$a_1\,u(0) + b_1\,u'(0) = 0 \qquad\qquad (a_1^2 + b_1^2 \ne 0) \tag{8.6.2}$$

$$a_2\,u(L) + b_2\,u'(L) = 0 \qquad\qquad (a_2^2 + b_2^2 \ne 0) \tag{8.6.3}$$

を課した問題（**スツルム＝リュービル問題**）を考える。
    Sturm Liouville problem

ここで、スツルム＝リュービル作用素を

$$\mathcal{L} = \frac{d}{dx}\left(p(x)\frac{d}{dx}\right) - q(x) \tag{8.6.4}$$

とする。ここで内積は式 (8.5.2) と定義する。すると、部分積分 (6.3.2) より

$$
\begin{aligned}
(\mathcal{L}u, v) - (u, \mathcal{L}v) &= \int_0^L \left\{ \frac{d}{dx}\left(p(x)\frac{du}{dx}\right) - q(x)\,u(x) \right\} v(x)\,dx \\
&\quad - \int_0^L \left\{ \frac{d}{dx}\left(p(x)\frac{dv}{dx}\right) - q(x)\,v(x) \right\} u(x)\,dx \\
&= \left[p(x)\frac{du}{dx}v(x) - p(x)\,u(x)\frac{dv}{dx} \right]_0^L \\
&\quad - \int_0^L \cancel{p(x)\frac{du}{dx}\frac{dv}{dx}}\,dx + \int_0^L \cancel{p(x)\frac{du}{dx}\frac{dv}{dx}}\,dx
\end{aligned} \tag{8.6.5}
$$

となる。関数 u および v はそれぞれ境界条件 (8.6.2) を満たす。

$$a_1 u(0) + b_1 u'(0) = 0 \tag{8.6.6}$$

$$a_1 v(0) + b_1 v'(0) = 0 \tag{8.6.7}$$

(a_1, b_1) の連立方程式 (8.6.6)-(8.6.7) が非自明解をもつための条件は

$$\det\begin{pmatrix} u(0) & u'(0) \\ v(0) & v'(0) \end{pmatrix} = u(0)\,v'(0) - u'(0)\,v(0) = 0 \tag{8.6.8}$$

である (第4.2節参照)。$x = L$ の境界条件についても同様の計算により、

$$u(L)\, v'(L) - u'(L)\, v(L) = 0 \tag{8.6.9}$$

を得る。式 (8.6.8)-(8.6.9) を式 (8.6.5) に代入すると、

$$(\mathcal{L}u, v) = (u, \mathcal{L}v) \tag{8.6.10}$$

となる。これより、スツルム＝リュービル作用素 (8.6.4) と境界条件 (8.6.2)-(8.6.3) の組は自己随伴である。

 P. ルジャンドル微分方程式

スツルム＝リュービル型微分方程式の特殊な例を示す。式 (8.6.1) で $p(x) = 1 - x^2$ および $q(x) = 1$ とおき、関数 $u(x)$ が区間 $-1 \leq x \leq 1$ で定義されているとする。

$$\frac{d^2 u}{dx^2} - 2x \frac{du}{dx} + \lambda u = 0 \tag{8.6.11}$$

これを**ルジャンドル微分方程式**という。
Legendre differential equation

式 (8.6.11) の固有値は

$$\lambda_n = n(n+1) \quad (n \text{ は非負整数}) \tag{8.6.12}$$

である。これに対する固有関数

$$P_0(x) = 1 \tag{8.6.13}$$
$$P_1(x) = x \tag{8.6.14}$$
$$P_2(x) = \frac{3}{2}x^2 - \frac{1}{2} \tag{8.6.15}$$
$$P_3(x) = \frac{5}{2}x^3 - \frac{3}{2}x \tag{8.6.16}$$

などは**ルジャンドル多項式**とよばれる。
Legendre polynomial

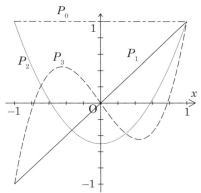

図 8.6 ルジャンドル多項式 (8.6.13)-(8.6.16)。一点鎖線は $P_0(x)$、太線は $P_1(x)$、細線は $P_2(x)$、および点線は $P_3(x)$ である。

相異なるルジャンドル多項式は直交する。つまり、$n \neq m$ に対し

$$\int_{-1}^{1} P_m(x)\, P_n(x)\, dx = 0 \tag{8.6.17}$$

が成り立つ。このように固有関数が直交するのは、$p(x)$ が両端で 0 なら境界条件によらず、$(\mathcal{L}u, v) = (u, \mathcal{L}v)$ が成り立つことと関係する。

第9章 偏微分方程式と変数分離法

いよいよ偏微分方程式の解法を解説する。偏微分方程式は、時間と空間のように2変数以上の関数の挙動を表すものである。温度、圧力、密度、あるいは電磁場といった変数は、ある時間において場所ごとに異なる値（つまり空間分布）をもっていて、それが時間の経過によって変化する。これらの変化はさまざまな自然科学の法則に従っていて、その法則の多くは偏微分方程式によって記述される。本章では、偏微分の復習、線型偏微分方程式の説明に続けて、熱拡散方程式を題材に、偏微分方程式の基本的な解法である変数分離法を学ぶ。

9.1 2変数関数と偏微分

偏微分方程式は2変数関数について立てられる方程式である。本章、第10章、
partial differential equation (PDE)
および第13章で扱う熱拡散方程式と、第11章および第14章で扱う波動方程式は、ともに空間的にある分布をもつ変量の時間的な変化を記述する。そこで、これらの章で扱う2変数関数の独立変数は位置 x と時間 t とする。また、第12章および第15章で扱うラプラス方程式は2次元平面内における変量の定常状態を記述する。そこでこれらの章で扱う2変数関数の独立変数は平面座標 x と y とする。

冒頭で述べたように、偏微分方程式は2変数関数の挙動を表すものである。つまり、偏微分方程式を解くことは、ある変量の時間的な変動や空間的な分布をまとめて知ることを意味する。よって、その方程式には2変数関数の時間的・空間的な変化である微分を含む。そこで、位置 x と時間 t の関数 $u(x,t)$ について、2変数関数の変化を考察する。関数 $u(x,t)$ のある点 (x_0, t_0) での傾きを考える。ここで傾きとはいえ、1変数関数のように一通りに定義できない。つまり、位置を x_0 に固定して時間のみを変化させるときの関数の変化量と、時間を t_0 に固定して位置のみを変化させるときの関数の変化量とは、一般に異なる。例として、東京と福岡を一直線に結んで座標 x をとり、その間の気温の値を関数 $u(x,t)$ で表現することにしよう。ある日の東京と福岡の気温の差は、気温の位置による違いであり、x のみを変化させることに相当する。このような量の極限を x に対する**偏微分**といい、
partial derivative

$$\frac{\partial u}{\partial x} = \lim_{\varepsilon \to 0} \frac{u(x+\varepsilon, t) - u(x,t)}{\varepsilon} \tag{9.1.1}$$

第 9 章　偏微分方程式と変数分離法　　**125**

と定義する。一方、大阪が座標 x 上にあったとして、大阪に立ち止まって気温の変化を観測したとする。これは、気温の時間による違いであり、t のみを変化させることに相当する。このような量の極限を t に対する偏微分といい、

$$\frac{\partial u}{\partial t} = \lim_{\varepsilon \to 0} \frac{u(x, t + \varepsilon) - u(x, t)}{\varepsilon} \tag{9.1.2}$$

と定義する。微分を 2 回以上施すことも可能で、その場合も独立変数を意識しなければならない。関数 $u(x, t)$ の 2 回偏微分には、x に対する 2 回偏微分 $\dfrac{\partial^2 u}{\partial x^2}$、$t$ に対する 2 回偏微分 $\dfrac{\partial^2 u}{\partial t^2}$、および $\dfrac{\partial u}{\partial x}$ の t に対する偏微分 $\dfrac{\partial^2 u}{\partial x \partial t}$ の 3 種がある。

　偏微分の定義は式 (9.1.1)-(9.1.2) に示した通りだが、実際の計算法は実に簡単である。たとえば、関数 $u(x, t)$ が具体的に与えられて、一方の独立変数 t に対して偏微分したいとき、他方の独立変数 x は定数とみなして微分すればよい。同様に、x に対する偏微分なら、t は定数とみなせばよい。以下の例題で、積の微分や合成関数の微分の復習とともに習熟されたい。

例題 9.1. $t > 0$ で定義されている以下の関数 $u(x, t)$ に対し、$\dfrac{\partial^2 u}{\partial x^2}$ を計算せよ。

$$u(x, t) = \frac{1}{2\sqrt{\pi t}} \exp\left(-\frac{x^2}{4t}\right) \tag{9.1.3}$$

解答 まず、関数 $u(x, t)$ の x に対する偏微分 $\dfrac{\partial u}{\partial x}$ を計算する。t は定数とみなしてよいので、実質的に指数関数の微分となる。$(e^{f(x)})' = f'(x)e^{f(x)}$ に注意すると、

$$\begin{aligned}
\frac{\partial u}{\partial x} &= \frac{1}{2\sqrt{\pi t}} \frac{\partial}{\partial x}\left(-\frac{x^2}{4t}\right) \cdot \exp\left(-\frac{x^2}{4t}\right) \\
&= -\frac{x}{2t} \frac{1}{2\sqrt{\pi t}} \exp\left(-\frac{x^2}{4t}\right) = -\frac{x}{2t} u
\end{aligned} \tag{9.1.4}$$

である。よって、式 (9.1.4) および積の微分の公式 (6.3.1) より、求める x に対する 2 回偏微分は

$$\frac{\partial^2 u}{\partial x^2} = \frac{\partial}{\partial x}\left(-\frac{x}{2t}u\right) = u\frac{\partial}{\partial x}\left(-\frac{x}{2t}\right) - \frac{x}{2t}\frac{\partial u}{\partial x} = \left(\frac{x^2}{4t^2} - \frac{1}{2t}\right)u \tag{9.1.5}$$

となる。

演習問題 9.1. [易] 関数 $u(x, t)$ が式 (9.1.3) で与えられるとき、$\dfrac{\partial u}{\partial t}$ を計算せよ。

9.2 偏微分方程式の分類と問題・解法の概要

本節では、偏微分方程式を分類する。本書では線型方程式のみを扱い、関数（またはその微分）の積を方程式に含む非線型方程式は扱わない。偏微分の最高次の微分の回数に応じて、偏微分方程式の**階数**が定まる。典型的には1階の偏微分方程式と2階の偏微分方程式がある。たとえば、関数 $u(x, t)$ に対し

$$\frac{\partial u}{\partial t} = \frac{\partial u}{\partial x} \tag{9.2.1}$$

のように最高次の微分が1回のとき、この偏微分方程式は1階の偏微分方程式であるという。1階の線型偏微分方程式の解法は第14.1-14.2節で扱う。また、別の例として、関数 $u(x, t)$ に対し

$$\frac{\partial u}{\partial t} = \frac{\partial^2 u}{\partial x^2} \tag{9.2.2}$$

のように最高次の微分が2回のとき、この偏微分方程式は2階の偏微分方程式であるという。

2階の線型偏微分方程式には3種類の数学的分類がある。関数 $u(x, t)$ に対し、2階の線型偏微分方程式の一般形は

$$a \frac{\partial^2 u}{\partial x^2} + 2b \frac{\partial^2 u}{\partial x \partial t} + c \frac{\partial^2 u}{\partial t^2} + d \frac{\partial u}{\partial x} + e \frac{\partial u}{\partial t} + f u = 0 \tag{9.2.3}$$

と書ける。式 (9.2.3) は、$b^2 - ac$ の満たす条件によって、下記の通り、異なる名称となる。

- $b^2 - ac < 0$ のとき、**楕円型偏微分方程式**という。
  elliptic PDE
- $b^2 - ac = 0$ のとき、**放物型偏微分方程式**という。
  parabolic PDE
- $b^2 - ac > 0$ のとき、**双曲型偏微分方程式**という。
  hyperbolic PDE

呼称の由来は第4.7節の二次曲線である。また、これら各種の偏微分方程式は、それぞれ物理現象と結びついている。たとえば、式 (9.2.2) の形で表される放物型偏微分方程式は、物質の拡散や熱伝導を表現する偏微分方程式である（コラムQ参照）。とくに、式 (9.2.2) は**熱拡散方程式**とよばれる。放物型偏微分方程式は本章、
thermal diffusion equation
第10章、および第13章で扱う。また、双曲型偏微分方程式の典型例は、波動方程式

$$\frac{\partial^2 u}{\partial t^2} = \frac{\partial^2 u}{\partial x^2} \tag{9.2.4}$$

である。これは波の伝播や弦の振動を表す偏微分方程式である（第11章）。双曲型偏微分方程式は1階の線型偏微分方程式と同じ方法で解くこともできる（第14章）。楕円型偏微分方程式の典型例であるラプラス方程式は、通例、関数 $u(x, y)$ に関して

$$\frac{\partial^2 u}{\partial x^2} + \frac{\partial^2 u}{\partial y^2} = 0 \tag{9.2.5}$$

である（第12章および第15章）。これは物理現象の定常的な解を表す。

空間分布の時間変化を記述する方程式だけでは解に複数個の未定定数が残る。常微分方程式のときと同様に、**初期条件**が必要である。常微分方程式の初期条件は関数の値だけでよかったが、偏微分方程式の初期条件は

$$u(x, 0) = u_0(x) \tag{9.2.6}$$

のように、ある時間における関数そのものを与える。

また、関数が有限区間や半無限区間で定義されていれば、境界条件も必要である。たとえば、第8.2節で扱ったディリクレ境界条件や、第8.3節で扱ったノイマン境界条件を境界条件とする。これより、有限区間で偏微分方程式を解く場合、初期条件 (9.2.6) と境界条件の両方が必要となる。このような問題を偏微分方程式の初期値境界値問題という。なお、楕円型偏微分方程式では初期条件を設けず、境界条件のみを課す。これを偏微分方程式の境界値問題という。

一方、関数が全実数で定義されていて、無限区間での関数の時間変化を考える場合は境界条件は不要である。よって、無限区間で偏微分方程式を解く場合、初期条件 (9.2.6) のみが必要となる。このような問題を偏微分方程式の初期値問題という。

偏微分方程式の解法は、大きく分けて四種類ある。有限区間の偏微分方程式の初期値境界値問題や、偏微分方程式の境界値問題に対しては変数分離法が有効である。一方、無限区間の偏微分方程式の初期値問題に対しては、フーリエ変換が有効である。これら二つの重要な方法に加え、1階の偏微分方程式や双曲型偏微分方程式のように特性曲線とよばれる線に沿って情報が伝播する場合には、変数変換が使える。これらいずれの方法も基本解またはグリーン関数を使って、統一的に理解することができる。また、常微分方程式の説明でコラムFに示したように偏微分方程式にも数値解法がある。これは極めて強力であり、数学解析的に解くことのできない多くの自然科学の問題に対しても使うことができる。しかし、紙面の都合上、本書では解説しない。

演習問題 9.2. [易] 関数 $u(x, t)$ に関する2階の線型偏微分方程式

$$\frac{\partial^2 u}{\partial x \partial t} = 0 \tag{9.2.7}$$

は放物型か、双曲型か、あるいは楕円型か？

Q. フーリエの法則

熱伝導方程式を導出してみよう。区間 $a \leq x \leq b$ に導体があるとし、導体の比熱を $C(x)$、密度を $\rho(x)$、温度を $T(x,t)$ とする。このとき、導体の総熱量は

$$Q(t) = \int_a^b \rho(x)C(x)T(x,t)\,dx \tag{9.2.8}$$

となる。各点での熱流は温度勾配 $\dfrac{\partial T}{\partial x}$ に比例する（フーリエの法則）。このとき、比例係数 $K(x)$ を熱伝導度という。すなわち、$x = a$ における熱流出は

$$K(a)\frac{\partial T}{\partial x}(a,t) \tag{9.2.9}$$

であり、$x = b$ における熱流入は

$$K(b)\frac{\partial T}{\partial x}(b,t) \tag{9.2.10}$$

である。熱の出入りは総熱量の時間変化に等しいので、

$$\frac{dQ}{dt} = K(b)\frac{\partial T}{\partial x}(b,t) - K(a)\frac{\partial T}{\partial x}(a,t) = \int_a^b \frac{\partial}{\partial x}\left(K(x)\frac{\partial T}{\partial x}(x,t)\right)dx \tag{9.2.11}$$

が成り立つ。式 (9.2.8) および式 (9.2.11) より、

$$\rho(x)C(x)\frac{\partial T}{\partial t}(x,t) = \frac{\partial}{\partial x}\left(K(x)\frac{\partial T}{\partial x}(x,t)\right) \tag{9.2.12}$$

が導かれる。これが熱伝導方程式である。

9.3 熱拡散方程式の初期値境界値問題

本節では、熱拡散方程式の**初期値境界値問題**を考える。$0 \leq x \leq 1$ かつ $t \geq 0$ で
initial-boundary value problem
定義された関数 $u(x,t)$ に関する偏微分方程式の初期値境界値問題

$$\frac{\partial u}{\partial t} = \frac{\partial^2 u}{\partial x^2} \qquad (0 < x < 1,\, t > 0) \qquad (9.3.1)$$

$$u(x,0) = u_0(x) \qquad (0 \leq x \leq 1) \qquad (9.3.2)$$

$$u(0,t) = 0 \qquad (t \geq 0) \qquad (9.3.3)$$

$$u(1,t) = 0 \qquad (t \geq 0) \qquad (9.3.4)$$

の解法を紹介する。課されている境界条件 (9.3.3)-(9.3.4) は**ディリクレ境界条件**である（第 8.2 節）。この偏微分方程式の初期値境界値問題は、下記の手順にしたがって変数分離法によって解く。

(1) 変数分離によって、偏微分方程式を二つの常微分方程式にする。
(2) 常微分方程式の境界値問題を解き、その解を固有関数として定める。
(3) 境界条件を満たす解を固有関数の線型結合として表現する。
(4) 初期条件を満たすように係数を定める。

（1）変数分離によって、偏微分方程式を二つの常微分方程式にする。

いま、方程式 (9.3.1) の解が

$$u(x,t) = X(x)\,T(t) \qquad (9.3.5)$$

と**変数分離**型で書けたとする。これを式 (9.3.1) に代入する。

$$X(x)\,T'(t) = X''(x)\,T(t) \qquad (9.3.6)$$

式 (9.3.6) の両辺を $X(x)\,T(t)(\neq 0)$ で除する。

$$\frac{T'}{T} = \frac{X''}{X} = \lambda \qquad (9.3.7)$$

左辺 $\dfrac{T'}{T}$ は t のみの関数であり、中辺 $\dfrac{X''}{X}$ は x のみの関数である。したがって、λ は定数でなければならない。この λ を**分離定数**とよぶ。また、境界条件 (9.3.3)-(9.3.4)
separation constant
は、$t \geq 0$ に対し $X(0)\,T(t) = X(1)\,T(t) = 0$ となる。$T(t) \neq 0$ より

$$X(0) = X(1) = 0 \qquad (9.3.8)$$

となる。式 (9.3.7) を 2 本の式に分けて書く。

$$X'' = \lambda X \qquad (9.3.9)$$

$$T' = \lambda T \qquad (9.3.10)$$

この結果、変数分離によって、偏微分方程式 (9.3.1) は二つの常微分方程式 (9.3.9)-(9.3.10) となった。

（2）常微分方程式の境界値問題を解き、その解を固有関数として定める。
次に、空間方向の関数形を定めるために、x 方向の常微分方程式 (9.3.9) をディリクレ境界条件 (9.3.8) のもとに解く。第 8.2 節の解説と本質的に同じだが、あえてその内容を繰り返す。式 (9.3.9) の一般解は $\lambda \neq 0$ のとき、

$$X(x) = A \exp(\sqrt{\lambda}x) + B \exp(-\sqrt{\lambda}x) \qquad (9.3.11)$$

である。一般解 (9.3.11) が境界条件 (9.3.8) を満たすためには、

$$X(0) = A + B = 0 \qquad (9.3.12)$$

$$X(1) = \exp(\sqrt{\lambda})A + \exp(-\sqrt{\lambda})B = 0 \qquad (9.3.13)$$

でなければならない。連立方程式 (9.3.12)-(9.3.13) の解 (A, B) が非自明解をもつためには

$$\exp(2\sqrt{\lambda}) = 1 \qquad (9.3.14)$$

が必要である。式 (9.3.14) を満たすためには、n を整数として $\sqrt{\lambda} = in\pi$ でなければならない。これより、固有値 λ は

$$\lambda = -n^2\pi^2 \qquad (n は自然数) \qquad (9.3.15)$$

である。なお、$\lambda = 0$ のときは境界条件 (9.3.8) を満たす解は自明解となるので、これを含まない。固有値 (9.3.15) に対する固有関数は連立方程式 (9.3.12)-(9.3.13) の非自明解が $A = -B$ を満たす (A, B) の組であることに注意すると、

$$X(x) = A \exp(in\pi x) + B \exp(-in\pi x) = 2iA \sin(n\pi x) \qquad (9.3.16)$$

となる。したがって、固有値 $\lambda_n = -n^2\pi^2$ に対応する固有関数は

$$X_n(x) = \sin(n\pi x) \qquad (n は自然数) \qquad (9.3.17)$$

と求めることができる。この固有関数 $X_n(x)$ は熱拡散方程式の空間方向の分布を定める基本パーツであり、この関数が時間の経過とともにどのように変化するかを調べることが、この解法の肝である。

第 9 章 偏微分方程式と変数分離法　　131

（3）境界条件を満たす解を固有関数の線型結合として表現する。

さらに、時間方向の常微分方程式 (9.3.10) について調べる。この一般解は $\lambda \neq 0$ より

$$T(t) = C \exp(\lambda t) \tag{9.3.18}$$

である。（2）において固有値に対応する固有関数があったように、時間方向の関数も固有値に対応している。固有値 λ_n に対応する時間方向の関数は

$$T_n(t) = \exp(-n^2\pi^2 t) \qquad (n \text{ は自然数}) \tag{9.3.19}$$

となる。ただし、上記の 0 以外の定数倍を T_n としてもよい。これより式 (9.3.1) の解の一つは、空間方向の関数 $X_n(x)$ と時間方向の関数 $T_n(t)$ の積として、

$$X_n(x)\, T_n(t) = \sin(n\pi x) \exp(-n^2\pi^2 t) \qquad (n \text{ は自然数}) \tag{9.3.20}$$

と表すことができる。これを変数分離解という。変数分離解 (9.3.20) をみると、関数形に応じて時間的な変化に大きな違いがあることがわかる。空間方向の関数形が空間方向に細かい構造をもっている（つまり n が大きい）と、大きな減衰率で急速に 0 に近づく。このように空間方向の関数形に応じて、時間方向の減衰の程度が異なることが、変数分離しなければならない理由である。

　さて、方程式 (9.3.1) は線型方程式なので、変数分離解 (9.3.20) の線型結合も解となる。このように変数分離解の線型結合で解を構成する方法を**線型重ね合わせ**という。よって、境界条件 (9.3.3)-(9.3.4) を満たす方程式 (9.3.1) の一般解は
linear superposition

$$u(x,t) = \sum_{n=1}^{\infty} A_n X_n(x) T_n(t) = \sum_{n=1}^{\infty} A_n \sin(n\pi x) \exp(-n^2\pi^2 t) \tag{9.3.21}$$

と書ける。ただし、A_n (n は自然数) は任意の定数である。

（4）初期条件を満たすように係数を定める。

最後に係数 A_n (n は自然数) を初期条件 (9.3.2) により定める。式 (9.3.21) に $t = 0$ を代入する。

$$u_0(x) = u(x,0) = \sum_{n=1}^{\infty} A_n \sin(n\pi x) \tag{9.3.22}$$

これに $\sin(m\pi x)$ を乗じて 0 から 1 まで積分する。正弦関数の直交性

$$\int_0^1 \sin(m\pi x) \sin(n\pi x)\, dx = \frac{1}{2}\delta_{mn} \qquad (m \text{ と } n \text{ は自然数}) \tag{9.3.23}$$

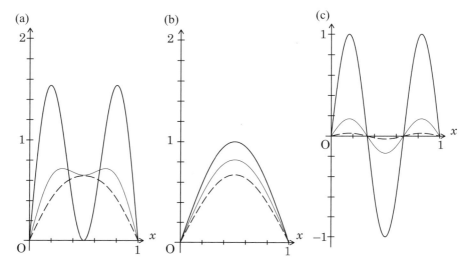

図 9.1 (a) 解 (9.3.28) の様子。太線は初期条件、細線は $t = 0.02$、点線は $t = 0.04$ における関数 $u(x, t)$。(b) 解 (9.3.28) の右辺第 1 項の様子。(c) 解 (9.3.28) の右辺第 2 項の様子。

を使うと、

$$\int_0^1 u_0(x) \sin(m\pi x)\, dx = \sum_{n=1}^\infty A_n \int_0^1 \sin(n\pi x) \sin(m\pi x)\, dx$$
$$= \sum_{n=1}^\infty \frac{A_n}{2} \delta_{mn} = \frac{A_m}{2} \tag{9.3.24}$$

となる。したがって、係数 A_n は以下のように求められる。

$$A_n = 2 \int_0^1 u_0(x) \sin(n\pi x)\, dx \quad (n \text{ は自然数}) \tag{9.3.25}$$

ここで、熱拡散方程式の意味をよく理解するため、初期条件

$$u_0(x) = \sin(\pi x) + \sin(3\pi x) \tag{9.3.26}$$

を例にとって説明する。すると、式 (9.3.25) より

$$A_n = 2 \int_0^1 \{\sin(\pi x) + \sin(3\pi x)\} \sin(n\pi x) \, dx$$
$$= \begin{cases} 1 & (n = 1 \text{ のとき}) \\ 1 & (n = 3 \text{ のとき}) \\ 0 & (n \neq 1, 3 \text{ のとき}) \end{cases} \tag{9.3.27}$$

となる。したがって、初期条件 (9.3.26) を満たす解は、式 (9.3.21) より

$$u(x, t) = \sin(\pi x) \exp(-\pi^2 t) + \sin(3\pi x) \exp(-9\pi^2 t) \tag{9.3.28}$$

と求められた。図 9.1a は解 (9.3.28) の時間変化の様子である。初期条件では $\sin(\pi x)$ と同じ振幅だった $\sin(3\pi x)$ の成分が急速に減衰し、$t = 0.04$ の時点で、ほとんど $\sin(\pi x)$ の成分しか見ることができない。このことを明確に理解するため、図 9.1b と図 9.1c に解 (9.3.28) の右辺第 1 項と右辺第 2 項をそれぞれ示した。$\sin(\pi x)$ の成分は $t = 0.02$ において初期値比で 2 割程度、$t = 0.04$ において初期値比で 4 割程度の振幅減であるのに対し、$\sin(3\pi x)$ の成分は $t = 0.02$ において初期値の 2 割程度、$t = 0.04$ において初期値の 5% 以下の振幅になっている。このように熱拡散方程式には波長の短い高次モードの振幅を急減させて、関数の形を波長の長い低次モードに近づける**平滑化作用**がある。
　　　　　　　　　smoothing effect

演習問題 9.3. [易] 式 (9.3.28) は偏微分方程式 (9.3.1) を満たすことを示せ。

演習問題 9.4. [やや易] $0 \leq x \leq 1$ および $t \geq 0$ で定義された関数 $u(x, t)$ に関する以下の偏微分方程式の初期値境界値問題を解け。

$$\frac{\partial u}{\partial t} = \frac{\partial^2 u}{\partial x^2} \qquad\qquad (0 < x < 1, \, t > 0) \tag{9.3.29}$$

$$u(x, 0) = \sin(2\pi x) \qquad\qquad (0 \leq x \leq 1) \tag{9.3.30}$$

$$u(0, t) = u(1, t) = 0 \qquad\qquad (t \geq 0) \tag{9.3.31}$$

9.4 境界条件が異なる場合の解法

第9.3節では境界条件がディリクレ境界条件だった。本節ではそれ以外の境界条件の場合の解法を考える。例題として**ノイマン境界条件**の場合を解説し、演習問題でそれ以外の境界条件の問題を解く。

例題 9.2. $0 \leq x \leq 1$ かつ $t \geq 0$ で定義された関数 $u(x,t)$ に関する以下の偏微分方程式の初期値境界値問題を解け。

$$\frac{\partial u}{\partial t} = \frac{\partial^2 u}{\partial x^2} \qquad (0 < x < 1, t > 0) \qquad (9.4.1)$$

$$u(x,0) = \cos(\pi x) \qquad (0 \leq x \leq 1) \qquad (9.4.2)$$

$$\frac{\partial u}{\partial x}(0,t) = 0 \qquad (t \geq 0) \qquad (9.4.3)$$

$$\frac{\partial u}{\partial x}(1,t) = 0 \qquad (t \geq 0) \qquad (9.4.4)$$

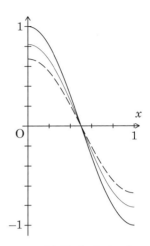

図 9.2 偏微分方程式の初期値境界値問題 (9.4.1)-(9.4.4) の解 (9.4.21)。太線が初期値、細線は $t = 0.02$、点線は $t = 0.04$。

解答 方程式 (9.4.1) に変数分離解 $u(x,t) = X(x)T(t)$ を代入し、$X(x)T(t) (\neq 0)$ で除する。

$$\frac{T'}{T} = \frac{X''}{X} = \lambda \qquad (9.4.5)$$

ただし、λ は分離定数である。また、境界条件 (9.4.3)-(9.4.4) は、$T(t) \neq 0$ より

$$X'(0) = X'(1) = 0 \qquad (9.4.6)$$

となる。式 (9.4.5) より

$$X'' = \lambda X \qquad (9.4.7)$$
$$T' = \lambda T \qquad (9.4.8)$$

という二つの常微分方程式を得る。$\lambda \neq 0$ のとき、式 (9.4.7) および式 (9.4.8) の一般解は、それぞれ

$$X(x) = A\exp(\sqrt{\lambda}x) + B\exp(-\sqrt{\lambda}x) \qquad (9.4.9)$$
$$T(t) = C\exp(\lambda t) \qquad (9.4.10)$$

となる。ノイマン境界条件 (9.4.6) を満たすためには、

$$X'(0) = \sqrt{\lambda}A - \sqrt{\lambda}B = 0 \qquad (9.4.11)$$

$$X'(1) = \sqrt{\lambda}\exp(\sqrt{\lambda})A - \sqrt{\lambda}\exp(-\sqrt{\lambda})B = 0 \qquad (9.4.12)$$

でなければならない。連立方程式 (9.4.11)-(9.4.12) の解 (A, B) が非自明解をもつためには $\exp(2\sqrt{\lambda}) = 1$ が必要である。また、ノイマン問題では $\lambda = 0$ のときも非自明解がある（第 8.3 節参照）。これより、固有値

$$\lambda_n = -n^2\pi^2 \qquad (n \text{ は非負整数}) \qquad (9.4.13)$$

に対応する固有関数を

$$X_n(x) = \cos(n\pi x) \qquad (n \text{ は非負整数}) \qquad (9.4.14)$$

と求めることができる。また、λ_n に対応する時間関数は

$$T_n(t) = \exp(-n^2\pi^2 t) \qquad (9.4.15)$$

である。したがって、境界条件 (9.4.3)-(9.4.4) を満たす方程式 (9.4.1) の一般解は、変数分離解の線型結合として

$$u(x,t) = \sum_{n=0}^{\infty} A_n X_n(x) T_n(t) = \sum_{n=0}^{\infty} A_n \cos(n\pi x)\exp(-n^2\pi^2 t) \qquad (9.4.16)$$

と書ける。ただし、A_n (n は非負整数) は任意の定数である。ここで、初期条件 (9.4.2) より

$$\cos(\pi x) = u(x,0) = \sum_{n=0}^{\infty} A_n \cos(n\pi x) \qquad (9.4.17)$$

である。余弦関数の直交性

$$\int_0^1 \cos(m\pi x)\cos(n\pi x)\,dx = \frac{1}{2}\delta_{mn} \qquad (m \text{ と } n \text{ は自然数}) \qquad (9.4.18)$$

より、

$$A_n = 2\int_0^1 \cos(\pi x)\,\cos(n\pi x)\,dx = \delta_{n,1} \qquad (n \text{ は自然数}) \qquad (9.4.19)$$

$$A_0 = \int_0^1 \cos(\pi x)\,dx = 0 \qquad (9.4.20)$$

となる。式 (9.4.19)-(9.4.20) から、偏微分方程式の初期値境界値問題 (9.4.1)-(9.4.4) の解は以下の通りである。

$$(\text{答}) \qquad u(x,t) = \cos(\pi x)\exp(-\pi^2 t) \qquad (9.4.21)$$

演習問題 9.5. [やや易] $0 \leq x \leq 1$ かつ $t \geq 0$ で定義された関数 $u(x,t)$ に関する以下の偏微分方程式の初期値境界値問題を解け。

$$\frac{\partial u}{\partial t} = \frac{\partial^2 u}{\partial x^2} \qquad (0 < x < 1,\ t > 0) \qquad (9.4.22)$$

$$u(x, 0) = 1 \qquad (0 \leq x \leq 1) \qquad (9.4.23)$$

$$\frac{\partial u}{\partial x}(0, t) = 0 \qquad (t \geq 0) \qquad (9.4.24)$$

$$\frac{\partial u}{\partial x}(1, t) = 0 \qquad (t \geq 0) \qquad (9.4.25)$$

演習問題 9.6. [難] $0 \leq x \leq 1$ かつ $t \geq 0$ で定義された関数 $u(x,t)$ に関する以下の偏微分方程式の初期値境界値問題を解け。

$$\frac{\partial u}{\partial t} = \frac{\partial^2 u}{\partial x^2} \qquad (0 < x < 1,\ t > 0) \qquad (9.4.26)$$

$$u(x, 0) = u_0(x) \qquad (0 \leq x \leq 1) \qquad (9.4.27)$$

$$u(0, t) = 0 \qquad (t \geq 0) \qquad (9.4.28)$$

$$\frac{\partial u}{\partial x}(1, t) + u(1, t) = 0 \qquad (t \geq 0) \qquad (9.4.29)$$

ただし、$\tan x = -x$ の解のうち正のものを小さい順に $x_1, x_2, \cdots$ とおいてよい。また、解答には

$$S_n = \int_0^1 u_0(x) \sin(x_n x)\, dx \qquad (9.4.30)$$

を用いてもよい。

 R. 解の図示あれこれ

常微分方程式は 1 変数の関数を対象としていたため、解はつねに線グラフによって図示できた。それに対し、偏微分方程式は少なくとも 2 変数関数を対象とするため、解を一本の線だけで表すことはできない。偏微分方程式の解の図示はおもに下記の三つの方法に大別される。以下では、解が関数 $u(x,t)$ で表せたとして説明する。

（1）解を線グラフの束として表す 時間 t を t_0 に固定すれば、1 変数関数 $u(x, t_0)$ となることから、線グラフで表すことができる。そこで、代表的な時間における線グラフを数本描いて図示すると、関数の時間的な移り変わりを知ることができる（図 9.1）。この方法でなるべく細かい時間間隔で図を作り、動画として表示させるとよりイメージがわきやすい。

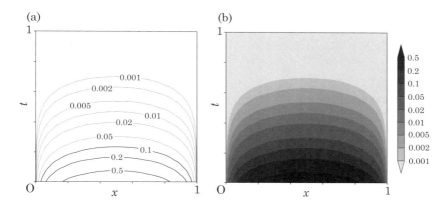

図 9.3 解の図示の方法あれこれ。例として $u(x,t) = \sin(\pi x)\exp(-\pi^2 t)$ を図示した。(a) 横軸に x、縦軸に t をとり $u(x,t)$ を 2 次元の平面に描いたもの。等値線で同じ $u(x,t)$ の値のところに線を引いている。(b) (a) と同じものを陰影図として描いたもの（陰影の指標が右にある）。

（2）解を等値線グラフとして表す 横に x 軸、縦に t 軸をとると、関数 $u(x,t)$ はこの 2 次元の平面に表現できる。関数は 2 次元平面上のある一点 (x_0, t_0) に一個の値 $u(x_0, t_0)$ をもつので、その大きさの同じところを線で結んで表現する。これを**等値線図**（またはコンター図）という（図 9.3a）。地図の標高線や天気図の等圧線
contour graph
は、等値線図の例である。また、ある値とある別の値の間にグラデーションを付すと、陰影図となる（図 9.3b）。

（3）解を立体的に表す もしも 3 次元的に表現することが許されるならそれぞれの点 (x_0, t_0) における関数の値を山の高さのように立体的な盛り上がりで表現できる。鳥瞰図はその具体例である。

✿ --

9.5 さまざまな有限区間に対する解法

前節までは境界が $x = 0$ および $x = 1$ にあった。第 8 章で説明した通り、境界の位置によって固有関数が変わる。ここでは例題を通じて解法を説明する。

例題 9.3. $-1 \leq x \leq 1$ および $t \geq 0$ で定義された関数 $u(x,t)$ に関する偏微分方程式の初期値境界値問題を解け。

$$\frac{\partial u}{\partial t} = \frac{\partial^2 u}{\partial x^2} \qquad\qquad (-1 < x < 1, \, t > 0) \qquad (9.5.1)$$

$$u(x,0) = x \qquad\qquad (-1 \leq x \leq 1) \qquad (9.5.2)$$

$$u(-1,t) = u(1,t) = 0 \qquad\qquad (t \geq 0) \qquad (9.5.3)$$

解答 変数分離解 $u(x,t) = X(x)\,T(t)$ を方程式 (9.5.1) に代入し、$X(x)\,T(t)(\neq 0)$ で除する。

$$\frac{T'}{T} = \frac{X''}{X} = \lambda \qquad (9.5.4)$$

ただし、分離定数を λ とする。$X'' = \lambda X$ を満たす $X(x)$ を求める。まず、境界条件 (9.5.3) を満たす非自明解はないので $\lambda = 0$ は不適。次に、$\lambda \neq 0$ のとき、$X'' = \lambda X$ の解は

$$X(x) = Ae^{\sqrt{\lambda}x} + Be^{-\sqrt{\lambda}x} \qquad (9.5.5)$$

となる。ただし、A および B は未定定数である。境界条件 (9.5.3) より

$$X(-1) = e^{-\sqrt{\lambda}}A + e^{\sqrt{\lambda}}B = 0 \qquad (9.5.6)$$

$$X(1) = e^{\sqrt{\lambda}}A + e^{-\sqrt{\lambda}}B = 0 \qquad (9.5.7)$$

を得る。(A,B) に関する連立方程式 (9.5.6)-(9.5.7) が非自明解をもつためには、

$$\det \begin{pmatrix} e^{-\sqrt{\lambda}} & e^{\sqrt{\lambda}} \\ e^{\sqrt{\lambda}} & e^{-\sqrt{\lambda}} \end{pmatrix} = e^{-2\sqrt{\lambda}} - e^{2\sqrt{\lambda}} = 0 \qquad (9.5.8)$$

つまり、$e^{4\sqrt{\lambda}} = 1$ が必要である。これより、0 以外の整数 n に対し、λ は $4\sqrt{\lambda} = 2n\pi i$ を満たす。よって、固有値は

$$\lambda_n = -\frac{n^2\pi^2}{4} \qquad (n \text{ は自然数}) \qquad (9.5.9)$$

である。固有値に対応する (A,B) を求める。式 (9.5.6) に固有値 (9.5.9) を代入して、これを満たす (A,B) を考える。

$$\begin{pmatrix} A \\ B \end{pmatrix} = \begin{pmatrix} e^{\sqrt{\lambda}} \\ -e^{-\sqrt{\lambda}} \end{pmatrix} = \begin{pmatrix} e^{in\pi/2} \\ -e^{-in\pi/2} \end{pmatrix} = e^{in\pi/2} \begin{pmatrix} 1 \\ -e^{-in\pi} \end{pmatrix} \qquad (9.5.10)$$

$e^{-in\pi}$ の値は、オイラーの公式 (1.1.1) より、

$$e^{-in\pi} = \begin{cases} 1 & (n \text{ が偶数}) \\ -1 & (n \text{ が奇数}) \end{cases} \quad (9.5.11)$$

であることから、固有関数は n の偶奇による場合分けが必要である。

(i) n が偶数のとき、式 (9.5.10) より、$A = -B$ である。よって、固有関数は

$$X(x) = A(e^{in\pi x/2} - e^{-in\pi x/2}) = 2iA \sin\left(\frac{n\pi x}{2}\right) \quad (9.5.12)$$

である。

(ii) n が奇数のとき、式 (9.5.10) より、$A = B$ である。よって、固有関数は

$$X(x) = A(e^{in\pi x/2} + e^{-in\pi x/2}) = 2A \cos\left(\frac{n\pi x}{2}\right) \quad (9.5.13)$$

である。

(i) と (ii) の場合をまとめると、固有関数は下記の通りである（図 9.4）。

$$X_n(x) = \begin{cases} \sin\left(\dfrac{n\pi x}{2}\right) & (n \text{ は偶数}) \\ \cos\left(\dfrac{n\pi x}{2}\right) & (n \text{ は奇数}) \end{cases} \quad (9.5.14)$$

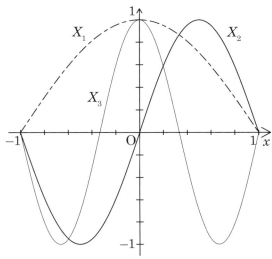

図 9.4　例題 9.3 の固有関数 (9.5.14) のグラフ。一点鎖線は $X_1(x)$、太線は $X_2(x)$、細線は $X_3(x)$ である。

140

一方、$T' = \lambda T$ より、n の偶奇にかかわらず、

$$T_n(t) = \exp\left(-\frac{n^2\pi^2 t}{4}\right) \tag{9.5.15}$$

となる。偶数 n を $2m$ と、奇数 n を $2m-1$ とおけば、式 (9.5.14) と式 (9.5.15) より、境界条件 (9.5.3) を満たす偏微分方程式 (9.5.1) の一般解は

$$u(x,t) = \sum_{m=1}^{\infty}\left[A_{2m-1}\cos\left\{\frac{(2m-1)\pi x}{2}\right\}\exp\left\{-\frac{(2m-1)^2\pi^2 t}{4}\right\}\right.$$
$$\left. + A_{2m}\sin(m\pi x)\exp\left(-m^2\pi^2 t\right)\right] \tag{9.5.16}$$

となる。初期条件 (9.5.2) を式 (9.5.16) に代入する。

$$x = u(x,0) = \sum_{m=1}^{\infty}\left[A_{2m-1}\cos\left\{\frac{(2m-1)\pi x}{2}\right\} + A_{2m}\sin(m\pi x)\right] \tag{9.5.17}$$

固有関数の直交性

$$\int_{-1}^{1} X_m(x)X_n(x)\,dx = \delta_{mn} \tag{9.5.18}$$

より、係数は

$$A_{2m-1} = \int_{-1}^{1} x\cos\left\{\frac{(2m-1)\pi x}{2}\right\}\,dx = 0 \tag{9.5.19}$$

$$A_{2m} = \int_{-1}^{1} x\sin(m\pi x)\,dx = -\frac{2(-1)^m}{m\pi} \tag{9.5.20}$$

と求めることができる（例題 6.6 ☞ p.91 を参考にせよ）。これより、偏微分方程式の初期値境界値問題 (9.5.1)- (9.5.3) の解は

$$（答）\quad u(x,t) = \sum_{m=1}^{\infty} -\frac{2(-1)^m}{m\pi}\sin(m\pi x)\exp\left(-m^2\pi^2 t\right) \tag{9.5.21}$$

演習問題 9.7. [やや難] $-L \le x \le L$ かつ $t \ge 0$ で定義された関数 $u(x,t)$ に関する以下の偏微分方程式の初期値境界値問題を解け。ただし、L は正の定数とする。

$$\frac{\partial u}{\partial t} = \frac{\partial^2 u}{\partial x^2} \qquad\qquad (-L < x < L,\, t > 0) \tag{9.5.22}$$

$$u(x,0) = \sin\left(\frac{\pi x}{L}\right) \qquad\qquad (-L \le x \le L) \tag{9.5.23}$$

$$u(-L,t) = u(L,t) = 0 \qquad (t \ge 0) \tag{9.5.24}$$

（ヒント）演習問題 6.5(5) ☞ p.93 を参考にせよ。

演習問題 9.8. [やや難] $-1 \leq x \leq 1$ および $t \geq 0$ で定義された関数 $u(x,t)$ に関する偏微分方程式の初期値境界値問題を解け。

$$\frac{\partial u}{\partial t} = \frac{\partial^2 u}{\partial x^2} \qquad (-1 < x < 1,\ t > 0) \qquad (9.5.25)$$

$$u(x,0) = 1 - |x| \qquad (-1 \leq x \leq 1) \qquad (9.5.26)$$

$$u(-1,t) = u(1,t) = 0 \qquad (t \geq 0) \qquad (9.5.27)$$

(ヒント) 演習問題 6.3(4) ☞p.88 および演習問題 6.10(3) ☞p.94 を参考にせよ。

 S. ∂ って何て読むの？

本章から偏微分が主役となった。ところで、記号 ∂ は何と読むのだろう。デル、ラウンド、パーシャルなどと読まれるが、デルが主流と思われる。常微分 $\dfrac{df}{dx}$ を「ディー・エフ・ディー・エックス」と読んだように、偏微分 $\dfrac{\partial f}{\partial x}$ は「デル・エフ・デル・エックス」と読む。

9.6 方程式の係数が異なる場合の解法

熱拡散方程式は一般に係数を κ として $\dfrac{\partial u}{\partial t} = \kappa \dfrac{\partial^2 u}{\partial x^2}$ である。ここでは例題 9.3 ☞ p.138 の別解を通じて方程式に係数が付いた場合の解法を説明する。

例題 9.4. $-1 \leq x \leq 1$ および $t \geq 0$ で定義された関数 $u(x,t)$ に関する偏微分方程式の初期値境界値問題を解け。

$$\frac{\partial u}{\partial t} = \frac{\partial^2 u}{\partial x^2} \qquad\qquad (-1 < x < 1,\, t > 0) \qquad (9.6.1)$$

$$u(x,0) = x \qquad\qquad (-1 \leq x \leq 1) \qquad (9.6.2)$$

$$u(-1,t) = u(1,t) = 0 \qquad\qquad (t \geq 0) \qquad (9.6.3)$$

別解 変数変換 $y = \dfrac{x+1}{2}$ を施す。$\dfrac{\partial}{\partial y} = 2\dfrac{\partial}{\partial x}$ に注意すると、式 (9.6.1)-(9.6.3) は関数 $u(y,t)$ に関する偏微分方程式の初期値境界値問題

$$\frac{\partial u}{\partial t} = \frac{1}{4}\frac{\partial^2 u}{\partial y^2} \qquad\qquad (0 < y < 1,\, t > 0) \qquad (9.6.4)$$

$$u(y,0) = 2y - 1 \qquad\qquad (0 \leq y \leq 1) \qquad (9.6.5)$$

$$u(0,t) = u(1,t) = 0 \qquad\qquad (t \geq 0) \qquad (9.6.6)$$

に帰着される。変数分離解 $u(y,t) = Y(y)\,T(t)(\neq 0)$ を式 (9.6.4) に代入すると、分離定数を λ として

$$\frac{4T'}{T} = \frac{Y''}{Y} = \lambda \qquad (9.6.7)$$

となる。第 9.3 節での議論から、固有値 $\lambda_n = -n^2\pi^2$ に対し固有関数

$$Y_n(y) = \sin(n\pi y) \qquad (n \text{ は自然数}) \qquad (9.6.8)$$

を得る。一方、$T(t)$ は式 (9.6.7) より

$$T' = -\frac{n^2\pi^2}{4}T \qquad (9.6.9)$$

を満たす。これより

$$T_n(t) = \exp\left(-\frac{n^2\pi^2 t}{4}\right) \qquad (n \text{ は自然数}) \qquad (9.6.10)$$

である。よって、境界条件 (9.6.6) を満たす偏微分方程式 (9.6.4) の一般解は、変数分離解の線型結合として

$$u(y,t) = \sum_{n=1}^{\infty} A_n Y_n(y) T_n(t) = \sum_{n=1}^{\infty} A_n \sin(n\pi y)\exp\left(-\frac{n^2\pi^2 t}{4}\right) \qquad (9.6.11)$$

と書ける。初期条件 (9.6.5) を一般解 (9.6.11) に代入する。

$$2y - 1 = u(y, 0) = \sum_{n=1}^{\infty} A_n \sin(n\pi y) \tag{9.6.12}$$

固有関数の直交性より、係数は

$$A_n = 2 \int_0^1 (2y - 1) \sin(n\pi y) \, dy = \begin{cases} -\dfrac{4}{n\pi} & (n \text{ は偶数}) \\ 0 & (n \text{ は奇数}) \end{cases} \tag{9.6.13}$$

と求まる。式 (9.6.13) を式 (9.6.11) に代入する。$n = 2m$ とおいて、$y = \dfrac{x+1}{2}$ と変数を戻せば

$$\begin{aligned}
u(x, t) &= \sum_{m=1}^{\infty} -\frac{4}{2m\pi} \sin(2m\pi y) \exp\left\{ -\frac{(2m)^2 \pi^2 t}{4} \right\} \\
&= \sum_{m=1}^{\infty} -\frac{4}{2m\pi} \sin\left(2m\pi \frac{x+1}{2} \right) \exp\left\{ -\frac{(2m)^2 \pi^2 t}{4} \right\} \\
&= \sum_{m=1}^{\infty} -\frac{2}{m\pi} \sin\{ m\pi(x+1) \} \exp\left(-m^2 \pi^2 t \right) \\
&= \sum_{m=1}^{\infty} -\frac{2(-1)^m}{m\pi} \sin(m\pi x) \exp\left(-m^2 \pi^2 t \right)
\end{aligned} \tag{9.6.14}$$

となる。

演習問題 9.9. [やや難] $0 \leq x \leq 1$ および $t \geq 0$ で定義された関数 $u(x, t)$ に関する偏微分方程式の初期値境界値問題を解け。

$$\frac{\partial u}{\partial t} = 4 \frac{\partial^2 u}{\partial x^2} \qquad (0 < x < 1, \, t > 0) \tag{9.6.15}$$

$$u(x, 0) = \frac{x}{2} - \frac{1}{4} \qquad (0 \leq x \leq 1) \tag{9.6.16}$$

$$u(0, t) = u(1, t) = 0 \qquad (t \geq 0) \tag{9.6.17}$$

（ヒント）例題 6.7 ☞ p.92 を参考にせよ。

第10章 固有関数展開と熱拡散方程式

　第9章では熱拡散方程式を変数分離によって解く方法を解説した。境界条件や境界の位置、方程式の係数によってさまざまな固有関数があり得るため、解の見た目はそれぞれ違っている。しかし、固有値・固有関数と初期条件という観点から、第9章の内容をまとめることができる。また、固有関数を使うと、非斉次方程式や非斉次境界条件の問題を解くこともできる。

10.1 固有関数展開による解法

　いま、区間 $a \leq x \leq b$ で定義された関数 $u(x,t)$ に関する熱拡散方程式 $\dfrac{\partial u}{\partial t} = \dfrac{\partial^2 u}{\partial x^2}$ の初期値境界値問題を考える。固有値（分離定数）が λ_n（n は自然数）で与えられ、固有値 λ_n に対する固有関数は $\phi_n(x)$ とする。また、固有関数は正規化しており、相異なる固有関数は互いに直交するとする。

$$\int_a^b \phi_m(x)\,\phi_n(x)\,dx = \delta_{mn} \quad (m \text{ と } n \text{ は自然数}) \tag{10.1.1}$$

ただし、δ_{mn} はクロネッカーのデルタ (4.6.10) である。固有関数を使って、下記のように関数 $u(x,t)$ および初期条件を展開することができる。

$$u(x,t) = \sum_{n=1}^{\infty} a_n(t)\,\phi_n(x) \tag{10.1.2}$$

$$u_0(x) = \sum_{n=1}^{\infty} a_n(0)\,\phi_n(x) \tag{10.1.3}$$

式 (10.1.2) の右辺について、固有関数が x の関数であり、係数 a_n が t の関数であるから、このような**固有関数展開**は一種の「変数分離」とみることもできる。
eigenfunction expansion

　次に、固有関数展開 (10.1.2) を微分方程式に代入する。固有関数が $\phi_n'' = \lambda_n \phi_n$ をみたすことを注意すると、

$$\sum_{n=1}^{\infty} a_n'(t)\,\phi_n(x) = \sum_{n=1}^{\infty} \lambda_n\,a_n(t)\,\phi_n(x) \tag{10.1.4}$$

第 10 章　固有関数展開と熱拡散方程式　　**145**

式 (10.1.4) および式 (10.1.3) の両辺に固有関数 $\phi_m(x)$ をかけて、区間 $a \leq x \leq b$ で積分する。固有関数の直交性 (10.1.1) を利用すると、

$$a'_n(t) = \lambda_n\, a_n(t) \tag{10.1.5}$$

$$a_n(0) = \int_a^b u_0(x)\, \phi_n(x)\, dx \tag{10.1.6}$$

という a_n に関する常微分方程式の初期値問題を得る。式 (10.1.5)-(10.1.6) の解は

$$a_n(t) = \left(\int_a^b u_0(x)\, \phi_n(x)\, dx \right) \exp(\lambda_n t) \tag{10.1.7}$$

である。式 (10.1.7) より、解は

$$u(x,t) = \sum_{n=1}^{\infty} \left\{ \left(\int_a^b u_0(y)\, \phi_n(y)\, dy \right) \exp(\lambda_n t) \right\} \phi_n(x)$$

$$= \int_a^b u_0(y) \sum_{n=1}^{\infty} \phi_n(x)\, \phi_n(y)\, \exp(\lambda_n t)\, dy \tag{10.1.8}$$

となる。ここで、式 (10.1.7) を式 (10.1.2) に代入する際、式 (10.1.7) の積分に使う変数と式 (10.1.2) の独立変数を混同しないよう、前者は y とし、後者は x としている点に注意せよ。

　いま、**グリーン関数**として
Green's function

$$K(x,y,t) = \sum_{n=1}^{\infty} \phi_n(x)\, \phi_n(y)\, \exp(\lambda_n t) \tag{10.1.9}$$

を定義する。これは方程式と境界条件にはよるが、初期条件によらない量である。このグリーン関数を使うと、式 (10.1.8) は

$$u(x,t) = \int_a^b u_0(y)\, K(x,y,t)\, dy \tag{10.1.10}$$

とグリーン関数と初期条件の積の積分、つまり内積として表現できる。

例題 10.1.　演習問題 9.4 ☞ p.133 を固有関数展開

$$u(x,t) = \sum_{n=1}^{\infty} a_n(t) \sqrt{2} \sin(n\pi x) \tag{10.1.11}$$

を使って解け。

解答　固有関数展開 (10.1.11) を方程式 (9.3.29) および初期条件 (9.3.30) に代入する。

$$\sum_{n=1}^{\infty} a'_n(t) \sqrt{2} \sin(n\pi x) = \sum_{n=1}^{\infty} -n^2 \pi^2 a_n(t) \sqrt{2} \sin(n\pi x) \tag{10.1.12}$$

$$\sin(2\pi x) = \sum_{n=1}^{\infty} a_n(0) \sqrt{2} \sin(n\pi x) \tag{10.1.13}$$

146

固有関数の直交性より、a_n (n は自然数) に関する常微分方程式の初期値問題を得る。

$$a_n'(t) = -n^2\pi^2 a_n(t) \tag{10.1.14}$$

$$a_n(0) = \int_0^1 \sin(2\pi x)\sqrt{2}\sin(n\pi x)\,dx = \frac{\sqrt{2}}{2}\delta_{n,2} \tag{10.1.15}$$

(i) $n = 2$ のとき、方程式 (10.1.14) の解は以下の通り。

$$a_2(t) = a_2(0)\exp(-4\pi^2 t) = \frac{\sqrt{2}}{2}\exp(-4\pi^2 t) \tag{10.1.16}$$

(ii) $n \neq 2$ のとき、方程式 (10.1.14) の解は以下の通り。

$$a_n(t) = a_n(0)\exp(-n^2\pi^2 t) = 0 \tag{10.1.17}$$

(i) および (ii) より、固有関数展開 (10.1.11) の係数 $a_n(t)$ が定まった。したがって、偏微分方程式の初期値境界値問題 (9.3.29)-(9.3.31) の解は以下の通りである。

$$（答）\quad u(x,t) = \frac{\sqrt{2}}{2}\exp(-4\pi^2 t)\sqrt{2}\sin(2\pi x) = \sin(2\pi x)\exp(-4\pi^2 t) \tag{10.1.18}$$

演習問題 10.1. [やや易] $0 \leq x \leq 1$ および $t \geq 0$ で定義された関数 $u(x,t)$ に関する以下の偏微分方程式の初期値境界値問題を固有関数展開 (10.1.11) を使って解け。

$$\frac{\partial u}{\partial t} = \frac{\partial^2 u}{\partial x^2} \qquad\qquad (0 < x < 1,\ t > 0) \tag{10.1.19}$$

$$u(x,0) = \sin(\pi x) + \sin(3\pi x) \qquad (0 \leq x \leq 1) \tag{10.1.20}$$

$$u(0,t) = u(1,t) = 0 \qquad\qquad (t \geq 0) \tag{10.1.21}$$

（ヒント）常微分方程式を立てるとき、$n = 1$ のとき、$n = 3$ のとき、およびそれら以外のときに場合分けせよ。

演習問題 10.2. [標準] 熱拡散方程式の境界値問題におけるグリーン関数 (10.1.9) に固有関数を代入し、式 (10.1.10) に初期条件とグリーン関数を代入することで、例題 9.2 ☞ p.134 を解け。ただし、区間 $0 \leq x \leq 1$ に対するノイマン問題の正規化された固有関数は固有値 $\lambda_n = -(n-1)^2\pi^2$ に対し、

$$\{\phi_1(x), \phi_2(x), \phi_3(x), \cdots\} = \left\{1, \sqrt{2}\cos(\pi x), \sqrt{2}\cos(2\pi x), \cdots\right\} \tag{10.1.22}$$

であるとする。例題 9.2 とは一つずれて付番していることに注意せよ。

10.2 非斉次方程式の解法

$0 \leq x \leq 1$ かつ $t \geq 0$ で定義されている関数 $u(x,t)$ および $g(x,t)$ に関する以下の偏微分方程式の初期値境界値問題を考える。

$$\frac{\partial u}{\partial t} = \frac{\partial^2 u}{\partial x^2} + g(x,t) \qquad (0 < x < 1,\, t > 0) \tag{10.2.1}$$

$$u(x,0) = u_0(x) \qquad (0 \leq x \leq 1) \tag{10.2.2}$$

$$u(0,t) = u(1,t) = 0 \qquad (t \geq 0) \tag{10.2.3}$$

この方程式 (10.2.1) は**非斉次項** $g(x,t)$ を含む**非斉次方程式**である。ディリクレ境界条件 (10.2.3) を満たす固有関数は、固有値 $\lambda_n = -n^2\pi^2$ (n は自然数) に対し、

$$\left\{ \sqrt{2}\sin(\pi x),\, \sqrt{2}\sin(2\pi x),\, \sqrt{2}\sin(3\pi x),\, \cdots \right\} \tag{10.2.4}$$

であった（第 9.3 節）。ただし、正規化するため $\sqrt{2}$ 倍した。非斉次項を含む熱拡散方程式を解く際も、固有値ごとに異なる時間変化を考えることがポイントとなる。そのため関数 $u(x,t)$、非斉次項 $g(x,t)$、および初期条件 $u_0(x)$ のすべてを**固有関数展開**し、それぞれの固有値に対する時間変化を表す常微分方程式を立てる。それを解いて、固有関数ごとに時間変化が求められれば、その線型結合で関数 $u(x,t)$ が表現できる（図 10.1）。本節ではすでに斉次方程式の固有関数はわかっているものとする。もし固有関数が与えられていなければ、あらかじめ非斉次項を除いた斉次方程式の境界値問題を変数分離して、固有関数を求めておく必要がある。

いま、関数 $u(x,t)$ および非斉次項 $g(x,t)$ の固有関数展開をそれぞれ

$$u(x,t) = \sum_{n=1}^{\infty} a_n(t)\,\sqrt{2}\sin(n\pi x) \tag{10.2.5}$$

$$g(x,t) = \sum_{n=1}^{\infty} b_n(t)\,\sqrt{2}\sin(n\pi x) \tag{10.2.6}$$

とする。固有関数展開は、固有値ごとに定められる空間方向の関数形 $\sqrt{2}\sin(n\pi x)$ に対する時間変化を明示的に表している。式 (10.2.5)-(10.2.6) を与えられた方程式 (10.2.1) に代入すると、

$$\sum_{n=1}^{\infty} \frac{da_n}{dt}\sqrt{2}\sin(n\pi x) = -\sum_{n=1}^{\infty} n^2\pi^2 a_n\sqrt{2}\sin(n\pi x) + \sum_{n=1}^{\infty} b_n(t)\sqrt{2}\sin(n\pi x) \tag{10.2.7}$$

となる。上式に $\sqrt{2}\sin(m\pi x)$ (m は自然数) を乗じて $0 \leq x \leq 1$ で積分すると、固有関数の直交性より

$$\frac{da_n}{dt} = -n^2\pi^2 a_n + b_n \qquad (n \text{ は自然数}) \tag{10.2.8}$$

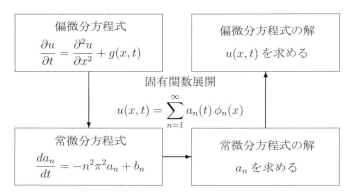

図 10.1 非斉次偏微分方程式の解法の手順。

という非斉次の常微分方程式を得る。ここで注意すべきは、式 (10.2.7) を

$$\sum_{n=1}^{\infty}\left(\frac{da_n}{dt}+n^2\pi^2 a_n-b_n\right)\sqrt{2}\sin(n\pi x)=0 \tag{10.2.9}$$

と変形し、ここから安直に各項がゼロとなるから式 (10.2.8) を得るとしてはいけない点である。固有関数の直交性がなければ、そのようなことはいえないからである。

解の固有関数展開 (10.2.5) より、初期条件 (10.2.2) の固有関数展開は

$$u_0(x)=\sum_{n=1}^{\infty}a_n(0)\sqrt{2}\sin(n\pi x) \tag{10.2.10}$$

となる。固有関数の直交性より

$$a_n(0)=\int_0^1 u_0(x)\sqrt{2}\sin(n\pi x)\,dx \tag{10.2.11}$$

を常微分方程式 (10.2.8) の初期条件とできる。つまり、自然数 n に対して、常微分方程式の初期値問題 (10.2.8) および (10.2.11) を解けばよい。このように固有関数展開を方程式、非斉次項、および初期条件に施したことで、非斉次の偏微分方程式は非斉次の常微分方程式となった（第 3 章）。

1 階非斉次常微分方程式の解の公式 (3.6.7) より、常微分方程式の初期値問題 (10.2.8) および (10.2.11) の解は、

$$a_n(t)=a_n(0)\exp(-n^2\pi^2 t)+\int_0^t b_n(s)\exp\{-n^2\pi^2(t-s)\}\,ds \tag{10.2.12}$$

第 10 章　固有関数展開と熱拡散方程式　　**149**

である。これより偏微分方程式の初期値境界値問題 (10.2.1)-(10.2.3) の解は、

$$u(x,t) = \sum_{n=1}^{\infty} a_n(t)\sqrt{2}\sin(n\pi x)$$

$$= \sum_{n=1}^{\infty}\left[a_n(0)\exp(-n^2\pi^2 t) + \int_0^t b_n(s)\exp\{-n^2\pi^2(t-s)\}\,ds \right]\sqrt{2}\sin(n\pi x)$$

$$(10.2.13)$$

となる。グリーン関数

$$K(x,y,t) = \sum_{n=1}^{\infty} 2\sin(n\pi x)\sin(n\pi y)\exp(-n^2\pi^2 t) \qquad (10.2.14)$$

を使うと、式 (10.2.13) は

$$u(x,t) = \int_0^1 u_0(y)\,K(x,y,t)\,dy + \int_0^t\int_0^1 g(y,s)\,K(x,y,t-s)\,dy\,ds \quad (10.2.15)$$

と書ける。

演習問題 10.3. [標準] 式 (10.2.13) から式 (10.2.15) を導け。

演習問題 10.4. [やや難] $0 \le x \le 1$ かつ $t \ge 0$ で定義された関数 $u(x,t)$ に関する偏微分方程式の初期値境界値問題

$$\frac{\partial u}{\partial t} = \frac{\partial^2 u}{\partial x^2} + x \qquad (0 < x < 1,\, t > 0) \qquad (10.2.16)$$

$$u(x,0) = \sin(\pi x) \qquad (0 \le x \le 1) \qquad (10.2.17)$$

$$u(0,t) = u(1,t) = 0 \qquad (t \ge 0) \qquad (10.2.18)$$

を解け。解として固有関数展開

$$u(x,t) = \sum_{n=1}^{\infty} a_n(t)\sqrt{2}\sin(n\pi x) \qquad (10.2.19)$$

を仮定してよい。

150

10.3 非斉次境界条件の場合

熱拡散方程式に**非斉次境界条件**を課した以下の問題を考える。非斉次境界条件
inhomogeneous boundary condition
とは式 (10.3.3)-(10.3.4) のように境界における値が時間の関数として与えられるも
のを指す。

$$\frac{\partial u}{\partial t} = \frac{\partial^2 u}{\partial x^2} \qquad (0 < x < 1,\, t > 0) \tag{10.3.1}$$

$$u(x,0) = u_0(x) \qquad (0 \leq x \leq 1) \tag{10.3.2}$$

$$u(0,t) = g_1(t) \qquad (t \geq 0) \tag{10.3.3}$$

$$u(1,t) = g_2(t) \qquad (t \geq 0) \tag{10.3.4}$$

式 (10.3.1)-(10.3.4) に、変換

$$u(x,t) = v(x,t) + g_1(t)(1-x) + g_2(t)x \tag{10.3.5}$$

を施すと、斉次境界条件の非斉次方程式

$$\frac{\partial v}{\partial t} = \frac{\partial^2 v}{\partial x^2} - g_1'(t)(1-x) - g_2'(t)x \qquad (0 < x < 1,\, t > 0) \tag{10.3.6}$$

$$v(x,0) = u_0(x) - g_1(0)(1-x) - g_2(0)x \qquad (0 \leq x \leq 1) \tag{10.3.7}$$

$$v(0,t) = 0 \qquad (t \geq 0) \tag{10.3.8}$$

$$v(1,t) = 0 \qquad (t \geq 0) \tag{10.3.9}$$

に帰着することができる。

演習問題 10.5. [やや難] $0 \leq x \leq 1$ かつ $t \geq 0$ で定義された関数 $u(x,t)$ に関する偏
微分方程式の初期値境界値問題

$$\frac{\partial u}{\partial t} = \frac{\partial^2 u}{\partial x^2} \qquad (0 < x < 1,\, t > 0) \tag{10.3.10}$$

$$u(x,0) = x \qquad (0 \leq x \leq 1) \tag{10.3.11}$$

$$u(0,t) = 0 \qquad (t \geq 0) \tag{10.3.12}$$

$$u(1,t) = \cos t \qquad (t \geq 0) \tag{10.3.13}$$

を解け。ただし、

$$x = \sum_{n=1}^{\infty} -\frac{2(-1)^n}{n\pi} \sin(n\pi x) \tag{10.3.14}$$

を使ってもよい。

第 10 章　固有関数展開と熱拡散方程式　　151

 T. 雪中温度の時間変化

熱拡散方程式の非斉次境界条件の問題 (10.3.1)-(10.3.4) など、いかにも数学的に過ぎる設定かと思いきや、案外、身近にそのような問題が潜んでいる。北国では冬の晴れた日の早朝、放射冷却のため気温が氷点下 10 度を下回ることもある。日の出後、日射をうけて気温が上昇し、昼下がりには最高気温に達する。このように雪の表面は温度が時間変化する式 (10.3.4) のような境界条件となる。一方、雪が接している地面の温度は冬を通じて 0 度でおおむね一定である。したがって、式 (10.3.3) の $g_1(t) = 0$ である。なお、雪の中の温度は熱伝導方程式に従うと考えることができる。

　雪の断面の観測は雪崩の予測などのために非常に重要であり、スキー場などでは定期的にモニタリングされている（図 10.2）。雪が空気と接する雪面から気温が変化するという情報が雪中へと入る。その情報は、雪中深くへと伝達するにつれて減衰していく。正午の雪中温度は折れ線になっていて最低気温の情報が雪中に留まりながらも、最高気温の情報が入り始めている。一方で雪が土に接するところは 0 度のまま固定されている。かりに雪面の温度も一定であれば、雪中温度の鉛直分布は定常解である直線となる。

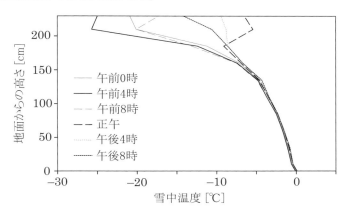

　図 10.2　札幌市南区定山渓での 1996 年 2 月 2 日の雪中温度の鉛直分布の時間変化。縦軸は地面からの高さを表す。積雪は 194 cm 前後だったため、それより上は気温が記録されている。土木研究所寒地土木研究所より提供されたデータに基づいて作成した。

第11章 振動の方程式

　本章では、振動現象を扱う偏微分方程式を説明する。第9章および第10章で扱った熱拡散方程式は初期に何らかのデータを置くと、情報が平滑化されるという性質があった。また、熱拡散方程式は振幅が時間とともに減少した。それに対し、振動の方程式は振幅を減じることなく、固有関数の応じた周期で振動する。

11.1 波動方程式

　波動方程式は、関数 $u(x,t)$ に関する偏微分方程式
wave equation

$$\frac{\partial^2 u}{\partial t^2} - c^2 \frac{\partial^2 u}{\partial x^2} = 0 \tag{11.1.1}$$

で与えられる。この方程式は本章で扱う振動と、第14章で扱う波動の両者に共通する。また、c は 0 以外の定数であり、振動現象の場合は振動の周期を定めるパラメーターである。波動現象の場合、c は伝播速度を表す。本章では以降、c は正の定数とする。式 (11.1.1) は、**ダランベルシャン**を使って
d'Alembertian

$$\Box u = 0 \tag{11.1.2}$$

と書くこともある。

11.2 定在波

$0 \le x \le 1$ および全実数 t で定義された関数 $u(x,t)$ に関する以下の偏微分方程式の**初期値境界値問題**を考える。

$$\frac{\partial^2 u}{\partial t^2} - c^2 \frac{\partial^2 u}{\partial x^2} = 0 \qquad (0 < x < 1) \qquad (11.2.1)$$

$$u(x,0) = u_0(x) \qquad (0 \le x \le 1) \qquad (11.2.2)$$

$$\frac{\partial u}{\partial t}(x,0) = u_1(x) \qquad (0 \le x \le 1) \qquad (11.2.3)$$

$$u(0,t) = u(1,t) = 0 \qquad (11.2.4)$$

熱拡散方程式の初期値境界値問題 (9.3.1)-(9.3.4) と比較してみよう。違いは二つある。まず、熱拡散方程式の初期条件は一つであったのに対し、波動方程式の初期条件は二つである。これは、熱拡散方程式の時間微分は 1 回であったのに対し、波動方程式の時間微分は 2 回であることが理由である。もう一つは熱拡散方程式のときと違って、波動方程式は時間を正方向に限定しないことである。波動方程式は情報が減衰しないので、$t = 0$ における初期条件をもとに、時間負方向についても解を求めることができる。

さて、式 (11.2.1)-(11.2.4) は、熱拡散方程式の初期値境界値問題と同様に、**変数分離法**によって解くことができる。$u(x,t) = X(x)\,T(t)$ という変数分離解を、式 (11.2.1) に代入し、$c^2 X(x)\,T(t)(\ne 0)$ で除すると、

$$\frac{1}{c^2}\frac{T''(t)}{T(t)} = \frac{X''(x)}{X(x)} = \lambda \qquad (11.2.5)$$

となる。式 (11.2.5) の左辺は t のみの関数、中辺は x のみの関数であるから、λ は定数でなければならない。この λ は**分離定数**とよぶ（第 9 章）。$\lambda = 0$ のとき、境界条件 (11.2.4)、つまり $X(0) = X(1) = 0$ を満たす非自明解はない。$\lambda \ne 0$ に対し、式 (11.2.5) の解は

$$X(x) = C\exp(\sqrt{\lambda}\,x) + D\exp(-\sqrt{\lambda}\,x) \qquad (11.2.6)$$

$$T(t) = A\exp(\sqrt{\lambda}\,ct) + B\exp(-\sqrt{\lambda}\,ct) \qquad (11.2.7)$$

となる。式 (11.2.6) が境界条件 $X(0) = X(1) = 0$ を満たすためには、連立方程式

$$\begin{pmatrix} 1 & 1 \\ e^{\sqrt{\lambda}} & e^{-\sqrt{\lambda}} \end{pmatrix} \begin{pmatrix} C \\ D \end{pmatrix} = \begin{pmatrix} 0 \\ 0 \end{pmatrix} \qquad (11.2.8)$$

が非自明解をもつ必要がある。よって、$\exp(2\sqrt{\lambda}) = 1$ である。これより固有値は $\lambda_n = -n^2\pi^2$ (n は自然数) となる。この固有値 λ_n に対する固有関数は

$$X_n(x) = \sin(n\pi x) \quad (n \text{ は自然数}) \qquad (11.2.9)$$

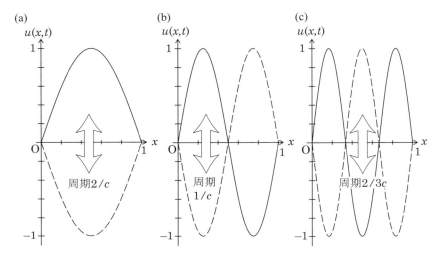

図 11.1 (a)$X_1(x)\,T_1(t)$、(b)$X_2(x)\,T_2(t)$、および (c)$X_3(x)\,T_3(t)$ の時間発展の様子。実線と点線の間を振動する。

である。また、この固有値に対する時間関数 $T(t)$ は、$\cos(n\pi ct)$ および $\sin(n\pi ct)$ と二つ与えられる。そこで、便宜上、時間関数をこれら二つの関数の線型結合として、

$$T_n(t) = A_n \cos(n\pi ct) + B_n \sin(n\pi ct) \qquad (11.2.10)$$

と与える。固有値 λ_n に対応する固有関数 $X_n(x)\,T_n(t)$ は、図 11.1 に示す通り、節(ふし)の位置が固定され山・谷が振動する**定在波**(standing wave)である。振動の様子は波長の長い波の方がゆっくり振動し、波長の短い波の方が速く振動する。ここで波長とは山と山の間隔のことである。たとえば、図 11.1a のように $\sin(\pi x)$ の波の 1 周期は $2/c$ であるのに対し、図 11.1c のように $\sin(3\pi x)$ の波の 1 周期は $2/3c$ である。ここで、周期とは実線から点線を経て、実線に戻るまでに要する時間のことである。

変数分離解の**線型重ね合わせ**により、偏微分方程式 (11.2.1) の境界値問題の解は

$$\begin{aligned}u(x,t) &= \sum_{n=1}^{\infty} X_n(x)\,T_n(t) \\ &= \sum_{n=1}^{\infty} \{A_n \cos(n\pi ct) + B_n \sin(n\pi ct)\} \sin(n\pi x)\end{aligned} \qquad (11.2.11)$$

と表現できる。式 (11.2.11) が、初期条件 (11.2.2)-(11.2.3) を満たすことから、係数は

$$A_n = 2 \int_0^1 u_0(x) \sin(n\pi x) \, dx \qquad (n \text{ は自然数}) \qquad (11.2.12)$$

$$B_n = \frac{2}{n\pi c} \int_0^1 u_1(x) \sin(n\pi x) \, dx \qquad (n \text{ は自然数}) \qquad (11.2.13)$$

と求められる。式 (11.2.12) および式 (11.2.13) を、解 (11.2.11) に代入すると、

$$u(x,t) = \int_0^1 \left\{ u_0(y) \, \frac{\partial E}{\partial t}(x,y,t) + u_1(y) \, E(x,y,t) \right\} dy \qquad (11.2.14)$$

となる。ただし、

$$E(x,y,t) = \sum_{n=1}^{\infty} \frac{2}{n\pi c} \sin(n\pi x) \sin(n\pi y) \sin(n\pi ct) \qquad (11.2.15)$$

は振動方程式の**グリーン関数**という。

例題 11.1. $0 \le x \le 1$ および全実数 t で定義された関数 $u(x,t)$ に関する以下の偏微分方程式の初期値境界値問題を解け。

$$\frac{\partial^2 u}{\partial t^2} - \frac{\partial^2 u}{\partial x^2} = 0 \qquad (0 < x < 1) \qquad (11.2.16)$$

$$u(x,0) = \sin(\pi x) \qquad (0 \le x \le 1) \qquad (11.2.17)$$

$$\frac{\partial u}{\partial t}(x,0) = 0 \qquad (0 \le x \le 1) \qquad (11.2.18)$$

$$u(0,t) = u(1,t) = 0 \qquad (11.2.19)$$

解答 変数分離解 $u(x,t) = X(x)\,T(t)$ を方程式 (11.2.16) に代入し、$X(x)\,T(t)(\ne 0)$ で除すると、分離定数 λ として

$$\frac{T''(t)}{T(t)} = \frac{X''(x)}{X(x)} = \lambda \qquad (11.2.20)$$

となる。境界条件 (11.2.19) は $X(0) = X(1) = 0$ となる。$\lambda = 0$ を満たす非自明解はないので、$\lambda \ne 0$。よって、式 (11.2.20) の解は

$$X(x) = A \exp(\sqrt{\lambda}x) + B \exp(-\sqrt{\lambda}x) \qquad (11.2.21)$$

$$T(t) = C \exp(\sqrt{\lambda}t) + D \exp(-\sqrt{\lambda}t) \qquad (11.2.22)$$

である。境界条件 $X(0) = X(1) = 0$ を式 (11.2.21) に代入する。

$$X(0) = A + B = 0 \tag{11.2.23}$$

$$X(1) = e^{\sqrt{\lambda}}A + e^{-\sqrt{\lambda}}B = 0 \tag{11.2.24}$$

連立方程式 (11.2.23)-(11.2.24) が非自明解をもつためには

$$\det \begin{pmatrix} 1 & 1 \\ e^{\sqrt{\lambda}} & e^{-\sqrt{\lambda}} \end{pmatrix} = e^{-\sqrt{\lambda}} - e^{\sqrt{\lambda}} = 0 \tag{11.2.25}$$

つまり $e^{2\sqrt{\lambda}} = 1$ が必要である。これより、固有値

$$\lambda_n = -n^2\pi^2 \qquad (n \text{ は自然数}) \tag{11.2.26}$$

に対応する固有関数は

$$X_n(x) = \sin(n\pi x) \tag{11.2.27}$$

と求められる。また、式 (11.2.22) から固有値 λ_n に対する時間関数は

$$T_n(t) = A_n \cos(n\pi t) + B_n \sin(n\pi t) \tag{11.2.28}$$

となる。式 (11.2.27)-(11.2.28) より境界条件 (11.2.19) を満たす偏微分方程式 (11.2.16) の一般解は $X_n(x) T_n(t)$ の線型結合で表される。

$$u(x,t) = \sum_{n=1}^{\infty} \{A_n \cos(n\pi t) + B_n \sin(n\pi t)\} \sin(n\pi x) \tag{11.2.29}$$

初期条件 (11.2.17)-(11.2.18) より、

$$\sin(\pi x) = u(x,0) = \sum_{n=1}^{\infty} A_n \sin(n\pi x) \tag{11.2.30}$$

$$0 = \frac{\partial u}{\partial t}(x,0) = \sum_{n=1}^{\infty} n\pi B_n \sin(n\pi x) \tag{11.2.31}$$

となる。正弦関数の直交性より式 (11.2.29) の係数を

$$A_n = 2 \int_0^1 \sin(\pi x) \, \sin(n\pi x) \, dx = \delta_{n,1} \qquad (n \text{ は自然数}) \tag{11.2.32}$$

$$B_n = \frac{2}{n\pi} \int_0^1 0 \cdot \sin(n\pi x) \, dx = 0 \qquad (n \text{ は自然数}) \tag{11.2.33}$$

第 11 章　振動の方程式　　**157**

と求めることができる。式 (11.2.32)-(11.2.33) を式 (11.2.29) に代入すると、偏微分
方程式の初期値境界値問題 (11.2.16)-(11.2.19) の解は

$$(答) \qquad u(x,t) = \sin(\pi x)\cos(\pi t) \tag{11.2.34}$$

と求められる。

演習問題 11.1. [やや易] $0 \le x \le 1$ および全実数 t で定義された関数 $u(x,t)$ に関する以下の偏微分方程式の初期値境界値問題を解け。

$$\frac{\partial^2 u}{\partial t^2} - \frac{\partial^2 u}{\partial x^2} = 0 \qquad\qquad (0 < x < 1) \tag{11.2.35}$$

$$u(x,0) = \sin^3(\pi x) \qquad\qquad (0 \le x \le 1) \tag{11.2.36}$$

$$\frac{\partial u}{\partial t}(x,0) = 0 \qquad\qquad (0 \le x \le 1) \tag{11.2.37}$$

$$u(0,t) = u(1,t) = 0 \tag{11.2.38}$$

（ヒント）演習問題 6.7 ☞ p.93 を参考にせよ。

演習問題 11.2. [標準] $0 \le x \le 1$ および全実数 t で定義された関数 $u(x,t)$ に関する以下の偏微分方程式の初期値境界値問題を解け。ただし、c は正の定数とする。

$$\frac{\partial^2 u}{\partial t^2} - c^2\frac{\partial^2 u}{\partial x^2} = 0 \qquad\qquad (0 < x < 1) \tag{11.2.39}$$

$$u(x,0) = \frac{1}{2} - \left|x - \frac{1}{2}\right| \qquad\qquad (0 \le x \le 1) \tag{11.2.40}$$

$$\frac{\partial u}{\partial t}(x,0) = 0 \qquad\qquad (0 \le x \le 1) \tag{11.2.41}$$

$$u(0,t) = u(1,t) = 0 \tag{11.2.42}$$

（ヒント）演習問題 6.10(2) ☞ p.94 を参考にせよ。

演習問題 11.3. [やや難] $-L \le x \le L$ および全実数 t で定義された関数 $u(x,t)$ に関する以下の偏微分方程式の初期値境界値問題を解け。ただし、L および c は正の定数とする。

$$\frac{\partial^2 u}{\partial t^2} - c^2\frac{\partial^2 u}{\partial x^2} = 0 \qquad\qquad (-L < x < L) \tag{11.2.43}$$

$$u(x,0) = 0 \qquad\qquad (-L \le x \le L) \tag{11.2.44}$$

$$\frac{\partial u}{\partial t}(x,0) = \cos\left(\frac{\pi x}{2L}\right) \qquad\qquad (-L \le x \le L) \tag{11.2.45}$$

$$u(-L,t) = u(L,t) = 0 \tag{11.2.46}$$

11.3 強制振動

非斉次項を含む波動方程式の初期値境界値問題を解説する。これは、有限区間に固有の定在波を解にもつ方程式に、強制力を課した問題といえる。このとき得られる解を**強制振動**という。

$0 \leq x \leq 1$ および全実数 t で定義された関数 $u(x,t)$ に関する以下の偏微分方程式の初期値境界値問題を考える。

$$\frac{\partial^2 u}{\partial t^2} - c^2 \frac{\partial^2 u}{\partial x^2} = g(x,t) \qquad (0 < x < 1) \qquad (11.3.1)$$

$$u(x,0) = u_0(x) \qquad (0 \leq x \leq 1) \qquad (11.3.2)$$

$$\frac{\partial u}{\partial t}(x,0) = u_1(x) \qquad (0 \leq x \leq 1) \qquad (11.3.3)$$

$$u(0,t) = u(1,t) = 0 \qquad (11.3.4)$$

熱拡散方程式の非斉次問題（第10.3節）と同様に、関数 $u(x,t)$ および非斉次項 $g(x,t)$ の固有関数展開を考える。ディリクレ境界条件を満たす固有関数は (10.2.4) である。よって、関数 $u(x,t)$、初期条件 (11.3.2)-(11.3.3)、および非斉次項 $g(x,t)$ はそれぞれ

$$u(x,t) = \sum_{n=1}^{\infty} T_n(t)\sqrt{2}\sin(n\pi x) \qquad (11.3.5)$$

$$u_0(x) = \sum_{n=1}^{\infty} T_n(0)\sqrt{2}\sin(n\pi x) \qquad (11.3.6)$$

$$u_1(x) = \sum_{n=1}^{\infty} T_n{}'(0)\sqrt{2}\sin(n\pi x) \qquad (11.3.7)$$

$$g(x,t) = \sum_{n=1}^{\infty} G_n(t)\sqrt{2}\sin(n\pi x) \qquad (11.3.8)$$

と固有関数展開できる。固有関数の直交性から

$$T_n(0) = \int_0^1 u_0(x)\sqrt{2}\sin(n\pi x)\,dx \qquad (11.3.9)$$

$$T_n{}'(0) = \int_0^1 u_1(x)\sqrt{2}\sin(n\pi x)\,dx \qquad (11.3.10)$$

$$G_n(t) = \int_0^1 g(x,t)\sqrt{2}\sin(n\pi x)\,dx \qquad (11.3.11)$$

である。式 (11.3.5) および式 (11.3.8) を式 (11.3.1) に代入すると、

$$\sum_{n=1}^{\infty} \Big(T_n''(t) + n^2\pi^2 c^2 T_n(t) - G_n(t) \Big)\sqrt{2}\sin(n\pi x) = 0 \qquad (11.3.12)$$

第 11 章 振動の方程式　159

となる。固有関数の直交性より、自然数 n について

$$T_n''(t) + n^2\pi^2 c^2 T_n(t) - G_n(t) = 0 \tag{11.3.13}$$

が成り立つ。常微分方程式 (11.3.13) の初期条件は式 (11.3.9)-(11.3.10) で与えられている。2 階非斉次常微分方程式の解の公式 (3.6.26)（演習問題 3.12 ☞ p.48）を使うと、常微分方程式の初期値問題 (11.3.13)、(11.3.9) および (11.3.10) の解は

$$\begin{aligned} T_n(t) = T_n(0)\cos(n\pi ct) + \frac{T_n'(0)}{n\pi c}\sin(n\pi ct) \\ + \frac{1}{n\pi c}\int_0^t G_n(s)\sin\{n\pi c\,(t-s)\}\,ds \end{aligned} \tag{11.3.14}$$

となる。したがって、

$$\begin{aligned} u(x,t) = \sum_{n=1}^{\infty}\left\{T_n(0)\cos(n\pi ct) + \frac{T_n'(0)}{n\pi c}\sin(n\pi ct)\right\}\sqrt{2}\sin(n\pi x) \\ + \sum_{n=1}^{\infty}\frac{\sqrt{2}\sin(n\pi x)}{n\pi c}\int_0^t G_n(s)\sin\{n\pi c\,(t-s)\}\,ds \end{aligned} \tag{11.3.15}$$

が強制振動に対する解となる。これをグリーン関数

$$E(x,y,t) = \sum_{n=1}^{\infty}\frac{2}{n\pi c}\sin(n\pi x)\,\sin(n\pi y)\,\sin(n\pi ct) \tag{11.3.16}$$

を使って表すと、下記となる。

$$\begin{aligned} u(x,t) = \int_0^1\left\{\frac{\partial E}{\partial t}(x,y,t)\,u_0(y) + E(x,y,t)\,u_1(y)\right\}dy \\ + \int_0^1\int_0^t E(x,y,t-s)\,g(y,s)\,ds\,dy \end{aligned} \tag{11.3.17}$$

例題 11.2.　$0 \le x \le 1$ および全実数 t で定義された関数 $u(x,t)$ に関する以下の偏微分方程式の初期値境界値問題を解け。

$$\frac{\partial^2 u}{\partial t^2} - \frac{\partial^2 u}{\partial x^2} = 2 \qquad\qquad (0 < x < 1) \tag{11.3.18}$$

$$u(x,0) = 0 \qquad\qquad (0 \le x \le 1) \tag{11.3.19}$$

$$\frac{\partial u}{\partial t}(x,0) = 0 \qquad\qquad (0 \le x \le 1) \tag{11.3.20}$$

$$\frac{\partial u}{\partial x}(0,t) = \frac{\partial u}{\partial x}(1,t) = 0 \tag{11.3.21}$$

160

解答 ノイマン境界条件 (11.3.21) を満たす固有関数は、固有値 $\lambda_n = -n^2\pi^2$ (n は非負整数) に対し、

$$\{X_0(x), X_1(x), X_2(x), X_3(x), \cdots\} =$$
$$\left\{1, \sqrt{2}\cos(\pi x), \sqrt{2}\cos(2\pi x), \sqrt{2}\cos(3\pi x), \cdots\right\} \quad (11.3.22)$$

である。これを使って、関数 $u(x,t)$ および非斉次項を固有関数展開すると、

$$u(x,t) = \sum_{n=0}^{\infty} T_n(t)\,X_n(x) \quad (11.3.23)$$

$$2 = \sum_{n=0}^{\infty} G_n(t)\,X_n(x) \quad (11.3.24)$$

となる。固有関数の直交性

$$\int_0^1 X_m(x)X_n(x)\,dx = \delta_{mn} \quad (11.3.25)$$

より、非負整数 n に対して、

$$T_n(0) = \int_0^1 0 \cdot X_n(x)\,dx = 0 \quad (11.3.26)$$

$$T_n'(0) = \int_0^1 0 \cdot X_n(x)\,dx = 0 \quad (11.3.27)$$

$$G_n(t) = \int_0^1 2 \cdot X_n(x)\,dx = 2\,\delta_{n,0} \quad (11.3.28)$$

である。また、方程式 (11.3.18) に固有関数展開 (11.3.23)-(11.3.24) を代入し、固有関数の直交性より各固有値に応じた方程式を立てる。
(i) $n \neq 0$ のとき、

$$\frac{d^2 T_n}{dt^2} = -n^2\pi^2 T_n \quad (11.3.29)$$

$$T_n(0) = 0 \quad (11.3.30)$$

$$T_n'(0) = 0 \quad (11.3.31)$$

という常微分方程式の初期値問題になる。この解は $T_n(t) = 0$ である。
(ii) $n = 0$ のとき、

$$\frac{d^2 T_0}{dt^2} = 2 \quad (11.3.32)$$

$$T_0(0) = 0 \quad (11.3.33)$$

$$T_0'(0) = 0 \quad (11.3.34)$$

という常微分方程式の初期値問題になる。式 (11.3.32) の一般解は、両辺を 2 回積分することで、

$$T_0(t) = t^2 + at + b \qquad (a \text{ と } b \text{ は積分定数}) \tag{11.3.35}$$

と得られる。初期条件 (11.3.33)-(11.3.34) より $a = b = 0$。したがって、偏微分方程式の初期値境界値問題 (11.3.18)-(11.3.21) の解は

$$(答) \quad u(x,t) = t^2 \tag{11.3.36}$$

である。

演習問題 11.4. [標準] $0 \le x \le 1$ および全実数 t で定義された関数 $u(x,t)$ に関する以下の偏微分方程式の初期値境界値問題を解け。ただし、c は正の定数とする。

$$\frac{\partial^2 u}{\partial t^2} - c^2 \frac{\partial^2 u}{\partial x^2} = \sin(\pi x) \qquad (0 < x < 1) \tag{11.3.37}$$

$$u(x,0) = \frac{\partial u}{\partial t}(x,0) = 0 \qquad (0 \le x \le 1) \tag{11.3.38}$$

$$u(0,t) = u(1,t) = 0 \tag{11.3.39}$$

境界条件 (11.3.39) を満たす微分方程式 (11.3.37) の解を式 (11.3.5) とおいてよい。ただし、公式 (11.3.17) は使わないこと。

演習問題 11.5. [標準] 非斉次の振動方程式にディリクレ境界条件を課した場合の解の公式 (11.3.17) を使って、演習問題 11.4 を解け。

第12章 ラプラス方程式

本章では2次元平面の関数に対するラプラス方程式を扱う。ラプラス方程式は定常状態を表すものであり、その解は2次元平面内の分布を表す関数である。また、ラプラス方程式には初期条件は課さず、境界条件のみを課す。これまでの章で扱った境界条件は区間の端点におけるものだった。ラプラス方程式の境界条件は平面上の領域の境界に与えられる。たとえば、円盤領域の境界条件は円周上の関数として与えられる。

12.1 ラプラス方程式

本章では2階の偏微分方程式の類型の一つである楕円型方程式を解説する。2次元平面で定義された関数 $u(x, y, t)$ に関する熱拡散方程式

$$\frac{\partial u}{\partial t} = \frac{\partial^2 u}{\partial x^2} + \frac{\partial^2 u}{\partial y^2} \tag{12.1.1}$$

の定常解を考える。定常解 $u(x, y)$ は、

$$\frac{\partial^2 u}{\partial x^2} + \frac{\partial^2 u}{\partial y^2} = 0 \tag{12.1.2}$$

を満たす。この方程式を**ラプラス方程式** とよぶ。ラプラス方程式は、電磁気学に
Laplace equation
おける静電磁場の方程式や流体力学における速度ポテンシャルの満たす方程式など多くの分野に登場する。式 (12.1.2) は**ラプラシアン**
Laplacian

$$\nabla^2 = \frac{\partial^2}{\partial x^2} + \frac{\partial^2}{\partial y^2} \tag{12.1.3}$$

を使って、

$$\nabla^2 u(x, y) = 0 \tag{12.1.4}$$

と書ける。

12.2 矩形領域における境界値問題

本節では矩形領域におけるラプラス方程式の**境界値問題**を解説する。ここでは簡単のため、$0 \leq x \leq 1$ かつ $0 \leq y \leq 1$ で囲まれた正方形領域を扱うことにする。関数 $u(x, y)$ に関するラプラス方程式の境界値問題

$$\frac{\partial^2 u}{\partial x^2} + \frac{\partial^2 u}{\partial y^2} = 0 \qquad (0 < x < 1, \, 0 < y < 1) \tag{12.2.1}$$

を考える。正方形は四辺の境界をもつが、これらに対して下記の**ディリクレ境界条件**を課す(図 12.1)。

$$u(x, 0) = f_1(x) \qquad (0 \leq x \leq 1) \tag{12.2.2}$$
$$u(1, y) = f_2(y) \qquad (0 \leq y \leq 1) \tag{12.2.3}$$
$$u(x, 1) = f_3(x) \qquad (0 \leq x \leq 1) \tag{12.2.4}$$
$$u(0, y) = f_4(y) \qquad (0 \leq y \leq 1) \tag{12.2.5}$$

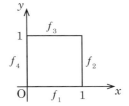

図 12.1 正方形領域における境界条件。

すべてのディリクレ境界条件を満たす解を一度に求めることはできない。以下の四つの手続きが必要である。

- まず、ある一辺の**非斉次項** $f_1(x)$ のみを残し、他辺の非斉次項を 0 に置き換えた(つまり $f_2(y) = f_3(x) = f_4(y) = 0$ とした)問題を解き、その解を $u_1(x, y)$ とする。
- 次に、別の一辺の非斉次項 $f_2(y)$ のみを残し、他辺の非斉次項を 0 に置き換えた(つまり $f_3(x) = f_4(y) = f_1(x) = 0$ とした)問題を解き、その解を $u_2(x, y)$ とする。
- 続けて、さらに別の一辺の非斉次項 $f_3(x)$ のみを残し、他辺の非斉次項を 0 に置き換えた(つまり $f_4(y) = f_1(x) = f_2(y) = 0$ とした)問題を解き、その解を $u_3(x, y)$ とする。
- 最後に、残った一辺の非斉次項 $f_4(y)$ のみを残し、他辺の非斉次項を 0 に置き換えた(つまり $f_1(x) = f_2(y) = f_3(x) = 0$ とした)問題を解き、その解を $u_4(x, y)$ とする。

すると、ラプラス方程式の境界値問題 (12.2.1)-(12.2.5) の解は

$$u(x, y) = u_1(x, y) + u_2(x, y) + u_3(x, y) + u_4(x, y) \tag{12.2.6}$$

となる。以下では例題を通じて、一辺のみに非斉次項が与えられた場合の解法を紹介する。

例題 12.1. $0 \leq x \leq 1$ および $0 \leq y \leq 1$ で定義された関数 $u(x,y)$ に関する以下のラプラス方程式の境界値問題を解け。

$$\frac{\partial^2 u}{\partial x^2} + \frac{\partial^2 u}{\partial y^2} = 0 \qquad (0 < x < 1,\, 0 < y < 1) \tag{12.2.7}$$

$$u(x, 0) = \sin(\pi x) \qquad (0 \leq x \leq 1) \tag{12.2.8}$$

$$u(1, y) = 0 \qquad (0 \leq y \leq 1) \tag{12.2.9}$$

$$u(x, 1) = 0 \qquad (0 \leq x \leq 1) \tag{12.2.10}$$

$$u(0, y) = 0 \qquad (0 \leq y \leq 1) \tag{12.2.11}$$

解答 変数分離解 $u(x,y) = X(x)Y(y)$ を方程式(12.2.7)に代入し、$X(x)Y(y)(\neq 0)$ で両辺を割る。

$$-\frac{X''}{X} = \frac{Y''}{Y} = \lambda \tag{12.2.12}$$

左辺は x のみの関数、中辺は y のみの関数であるから、λ は定数となる。これより、

$$X'' + \lambda X = 0 \tag{12.2.13}$$
$$Y'' - \lambda Y = 0 \tag{12.2.14}$$

という二つの常微分方程式を得る。

まず、x 方向に対する斉次境界条件 (12.2.9) および (12.2.11) は $X(0) = X(1) = 0$ となるので、$\lambda = 0$ のとき非自明な解をもつことはできない。$\lambda \neq 0$ のとき、式 (12.2.13) の一般解は

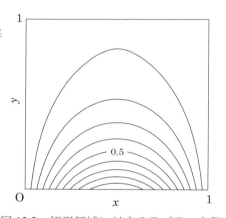

図 12.2　矩形領域に対するラプラス方程式の境界値問題(12.2.7)-(12.2.11)の解(12.2.27)。等値線間隔は0.1である。

$$X(x) = A e^{\sqrt{-\lambda}x} + B e^{-\sqrt{-\lambda}x} \tag{12.2.15}$$

である。境界条件 $X(0) = X(1) = 0$ より

$$A + B = 0 \tag{12.2.16}$$
$$e^{\sqrt{-\lambda}} A + e^{-\sqrt{-\lambda}} B = 0 \tag{12.2.17}$$

という (A, B) の連立方程式を得る。連立方程式(12.2.16)-(12.2.17)が非自明解をもつための条件は、$\det \begin{pmatrix} 1 & 1 \\ e^{\sqrt{-\lambda}} & e^{-\sqrt{-\lambda}} \end{pmatrix} = 0$ である。これより固有値

$$\lambda_n = n^2 \pi^2 \qquad (n \text{ は自然数}) \tag{12.2.18}$$

に対応する**固有関数**は

$$X_n(x) = \sin(n\pi x) \qquad (n \text{ は自然数}) \tag{12.2.19}$$

である。一方、この固有値に対応する $Y(y)$ の構造は式 (12.2.14) を解いて得られる。

$$Y(y) = Ce^{n\pi y} + De^{-n\pi y} \qquad (n \text{ は自然数}) \tag{12.2.20}$$

斉次条件 (12.2.10) より $Y(1) = 0$ であるから、

$$Y(1) = Ce^{n\pi} + De^{-n\pi} = 0 \tag{12.2.21}$$

である。k を 0 以外の定数として、$C = -\dfrac{e^{-n\pi}}{2}k$ および $D = \dfrac{e^{n\pi}}{2}k$ とおくと、式 (12.2.20) は、

$$Y(y) = \frac{k}{2} \left\{ e^{n\pi(1-y)} - e^{-n\pi(1-y)} \right\} \tag{12.2.22}$$

となる。双曲線正弦関数の定義 (1.1.6) より、$Y(y)$ の構造は

$$Y_n(y) = \sinh\{n\pi(1-y)\} \qquad (n \text{ は自然数}) \tag{12.2.23}$$

で規定される。

これよりラプラス方程式の境界値問題 (12.2.7)、(12.2.9)-(12.2.11) の一般解は、変数分離解 $X_n(x)\,Y_n(y)$ の**線型重ね合わせ**で表すことができる。

$$u(x,y) = \sum_{n=1}^{\infty} F_n \sin(n\pi x) \sinh\{n\pi(1-y)\} \tag{12.2.24}$$

式 (12.2.24) より、非斉次条件 (12.2.8) は

$$\sin(\pi x) = u(x,0) = \sum_{n=1}^{\infty} F_n \sin(n\pi x) \sinh(n\pi) \tag{12.2.25}$$

を満たす。固有関数の直交性より係数 F_n は

$$F_n = \frac{2}{\sinh(n\pi)} \int_0^1 \sin(\pi x) \sin(n\pi x)\, dx = \frac{\delta_{n,1}}{\sinh(n\pi)} \qquad (n \text{ は自然数}) \tag{12.2.26}$$

と求められる。これよりラプラス方程式の境界値問題 (12.2.7)-(12.2.11) の解は

$$\begin{aligned}
(\text{答}) \quad u(x,y) &= \sum_{n=1}^{\infty} \frac{\delta_{n,1}}{\sinh(n\pi)} \sin(n\pi x) \sinh\{n\pi(1-y)\} \\
&= \frac{\sin(\pi x) \sinh\{\pi(1-y)\}}{\sinh(\pi)}
\end{aligned} \tag{12.2.27}$$

となる（図 12.2）。

166

演習問題 12.1. [やや易] $0 \leq x \leq 1$ で定義された関数 $f(x)$ および $0 \leq x \leq 1$ および $0 \leq y \leq 1$ で定義された関数 $u(x,y)$ に関するラプラス方程式の境界値問題

$$\frac{\partial^2 u}{\partial x^2} + \frac{\partial^2 u}{\partial y^2} = 0 \qquad (0 < x < 1,\, 0 < y < 1) \tag{12.2.28}$$

$$u(x,0) = f(x) \qquad (0 \leq x \leq 1) \tag{12.2.29}$$

$$u(1,y) = 0 \qquad (0 \leq y \leq 1) \tag{12.2.30}$$

$$u(x,1) = 0 \qquad (0 \leq x \leq 1) \tag{12.2.31}$$

$$u(0,y) = 0 \qquad (0 \leq y \leq 1) \tag{12.2.32}$$

の解は

$$u(x,y) = \int_0^1 f(z)\, E(x,y,z)\, dz \tag{12.2.33}$$

となることを示せ。ただし、**グリーン関数**を

$$E(x,y,z) = \sum_{n=1}^{\infty} \frac{2}{\sinh(n\pi)} \sin(n\pi x) \sinh\{n\pi(1-y)\} \sin(n\pi z) \tag{12.2.34}$$

とする。（ヒント）式 (12.2.24) まで、例題 12.1 ☞ p.164 と同じ議論である。

演習問題 12.2. [標準] $0 \leq x \leq 1$ かつ $0 \leq y \leq 1$ で定義された関数 $u(x,y)$ に関する以下のラプラス方程式の境界値問題を解け。

$$\frac{\partial^2 u}{\partial x^2} + \frac{\partial^2 u}{\partial y^2} = 0 \qquad (0 < x < 1,\, 0 < y < 1) \tag{12.2.35}$$

$$\frac{\partial u}{\partial y}(x,0) = \cos(\pi x) \qquad (0 \leq x \leq 1) \tag{12.2.36}$$

$$\frac{\partial u}{\partial x}(1,y) = 0 \qquad (0 \leq y \leq 1) \tag{12.2.37}$$

$$\frac{\partial u}{\partial y}(x,1) = 0 \qquad (0 \leq x \leq 1) \tag{12.2.38}$$

$$\frac{\partial u}{\partial x}(0,y) = 0 \qquad (0 \leq y \leq 1) \tag{12.2.39}$$

演習問題 12.3. [やや難] $0 \leq x \leq 1$ かつ $0 \leq y \leq 1$ で定義された関数 $u(x,y)$ に関する以下のラプラス方程式の境界値問題を解け。

$$\frac{\partial^2 u}{\partial x^2} + \frac{\partial^2 u}{\partial y^2} = 0 \qquad (0 < x < 1,\, 0 < y < 1) \tag{12.2.40}$$

$$u(x,0) = \sin(2\pi x) \qquad (0 \leq x \leq 1) \tag{12.2.41}$$

$$u(1,y) = 0 \qquad (0 \leq y \leq 1) \tag{12.2.42}$$

$$u(x,1) = 0 \qquad (0 \leq x \leq 1) \tag{12.2.43}$$

$$u(0,y) = \sin(\pi y) \qquad (0 \leq y \leq 1) \tag{12.2.44}$$

12.3 変数変換と平面極座標におけるラプラシアン

ラプラス方程式の境界値問題は、2次元平面のさまざまな境界に対して解くことができる。本節と次節では、円盤領域におけるラプラス方程式の境界値問題

$$\nabla^2 u = 0 \qquad (x^2 + y^2 < a^2) \tag{12.3.1}$$

$$u(x,y) = f(x,y) \qquad (x^2 + y^2 = a^2) \tag{12.3.2}$$

を解くための準備をする。ただし、円盤の半径を a とする。この問題にとって自然な座標は直交直線座標 (x,y) ではなく、平面極座標 (r,θ)（第6.5節）である。このとき問題となるのは**ラプラシアン**を平面極座標に変換しなければならないことである。本節ではこれを目標とする。

まず、目標のための準備として、座標変換に対して不変な量を定義する。2変数関数 $f(x,y)$ に対し、**全微分** df は関数 f の変化量である。ここで山道を歩くことをイメージしてみよう（図 12.3）。関数 f は山の標高である。山道を登れば標高の変化 df は正であり、下れば標

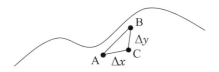

図 12.3　地点 A, B, C の説明。

高の変化 df は負である。山道を地点 A から地点 B へ登ったとしよう。ここで直交直線座標 (x,y) を入れる。地点 A と y 座標が同じで地点 B と x 座標が同じ場所を地点 C とする。山道を外れて地点 A から地点 C へと移動し、地点 C から地点 B へと移動する。このとき登った量は山道に沿って地点 A から地点 B へと移動したときに登った量と変わらない。地点 A、地点 B、地点 C の標高をそれぞれ f_A、f_B、f_C とすると、このことは

$$f_B - f_A = f_B - f_C + f_C - f_A \tag{12.3.3}$$

を意味する。地点 A と地点 B の x 座標の差を Δx とすると、地点 A における x 偏微分は y を固定した x 方向の変化である。

$$f_C - f_A \approx \frac{\partial f}{\partial x} \Delta x \tag{12.3.4}$$

同様に、地点 B における y 偏微分は x を固定した y 方向の変化である。

$$f_B - f_C \approx \frac{\partial f}{\partial y} \Delta y \tag{12.3.5}$$

地点 A と地点 B を近づけると、全微分 df は偏微分を使って、

$$df = \frac{\partial f}{\partial x} dx + \frac{\partial f}{\partial y} dy \tag{12.3.6}$$

となる。式 (12.3.6) は座標 (x, y) によらずに成り立つ。よって、**平面極座標** $(x, y) = r(\cos\theta, \sin\theta)$ で使う独立変数 (r, θ) に対しても、式 (12.3.6) の (x, y) を (r, θ) に形式的に置き換えることができる。

$$df = \frac{\partial f}{\partial r}\, dr + \frac{\partial f}{\partial \theta}\, d\theta \tag{12.3.7}$$

まず、$\dfrac{\partial}{\partial x}$ を $\dfrac{\partial}{\partial r}$ と $\dfrac{\partial}{\partial \theta}$ で表すことから考える。いま、x 方向の関数 f の変化 df を考える。このとき y 方向へは変化しないので $dy = 0$。式 (12.3.6) と式 (12.3.7) は等しいので、

$$\frac{\partial f}{\partial x}\, dx = \frac{\partial f}{\partial r}\, dr + \frac{\partial f}{\partial \theta}\, d\theta \tag{12.3.8}$$

となる。式 (12.3.8) を dx で除して、関数 f を外す。

$$\frac{\partial}{\partial x} = \frac{\partial r}{\partial x}\frac{\partial}{\partial r} + \frac{\partial \theta}{\partial x}\frac{\partial}{\partial \theta} \tag{12.3.9}$$

$r = \sqrt{x^2 + y^2}$ および $\theta = \mathrm{Arctan}\,(y/x)$ より

$$\frac{\partial r}{\partial x} = \frac{\partial}{\partial x}\sqrt{x^2 + y^2} = \frac{2x}{2\sqrt{x^2 + y^2}} = \frac{x}{r} = \cos\theta \tag{12.3.10}$$

$$\frac{\partial \theta}{\partial x} = \frac{\partial}{\partial x}\mathrm{Arctan}\left(\frac{y}{x}\right) = \frac{-y/x^2}{1 + y^2/x^2} = \frac{-y}{x^2 + y^2} = -\frac{\sin\theta}{r} \tag{12.3.11}$$

となることに注意すると、微分の**変数変換**に関する式
change of variables

$$\frac{\partial}{\partial x} = \cos\theta\frac{\partial}{\partial r} - \frac{\sin\theta}{r}\frac{\partial}{\partial \theta} \tag{12.3.12}$$

を得る。次に、y 方向の関数の変化 df を考えると、同様の議論の末、

$$\frac{\partial}{\partial y} = \sin\theta\frac{\partial}{\partial r} + \frac{\cos\theta}{r}\frac{\partial}{\partial \theta} \tag{12.3.13}$$

を得る。式 (12.3.12)-(12.3.13) より

$$
\begin{aligned}
\frac{\partial^2}{\partial x^2} &= \left(\cos\theta\frac{\partial}{\partial r} - \frac{\sin\theta}{r}\frac{\partial}{\partial \theta}\right)\left(\cos\theta\frac{\partial}{\partial r} - \frac{\sin\theta}{r}\frac{\partial}{\partial \theta}\right) \\
&= \cos^2\theta\frac{\partial^2}{\partial r^2} + \frac{\sin\theta\cos\theta}{r^2}\frac{\partial}{\partial \theta} - \frac{\sin\theta\cos\theta}{r}\frac{\partial^2}{\partial r\partial\theta} \\
&\quad - \frac{\sin\theta\cos\theta}{r}\frac{\partial^2}{\partial r\partial\theta} + \frac{\sin^2\theta}{r}\frac{\partial}{\partial r} + \frac{\sin^2\theta}{r^2}\frac{\partial^2}{\partial\theta^2} + \frac{\sin\theta\cos\theta}{r^2}\frac{\partial}{\partial \theta}
\end{aligned}
\tag{12.3.14}
$$

第 12 章 ラプラス方程式 169

$$\frac{\partial^2}{\partial y^2} = \left(\sin\theta \frac{\partial}{\partial r} + \frac{\cos\theta}{r} \frac{\partial}{\partial \theta} \right) \left(\sin\theta \frac{\partial}{\partial r} + \frac{\cos\theta}{r} \frac{\partial}{\partial \theta} \right)$$

$$= \sin^2\theta \frac{\partial^2}{\partial r^2} - \frac{\sin\theta\cos\theta}{r^2} \frac{\partial}{\partial \theta} + \frac{\sin\theta\cos\theta}{r} \frac{\partial^2}{\partial r \partial \theta}$$

$$+ \frac{\sin\theta\cos\theta}{r} \frac{\partial^2}{\partial r \partial \theta} + \frac{\cos^2\theta}{r} \frac{\partial}{\partial r} + \frac{\cos^2\theta}{r^2} \frac{\partial^2}{\partial \theta^2} - \frac{\sin\theta\cos\theta}{r^2} \frac{\partial}{\partial \theta} \qquad (12.3.15)$$

である。したがって、平面極座標におけるラプラシアンは

$$\nabla^2 = \frac{\partial^2}{\partial x^2} + \frac{\partial^2}{\partial y^2} = \frac{\partial^2}{\partial r^2} + \frac{1}{r} \frac{\partial}{\partial r} + \frac{1}{r^2} \frac{\partial}{\partial \theta^2} \qquad (12.3.16)$$

である。

演習問題 12.4. [やや易] 平面極座標における微分 $\dfrac{\partial}{\partial r}$ および $\dfrac{\partial}{\partial \theta}$ を直交直線座標における $\dfrac{\partial}{\partial x}$ および $\dfrac{\partial}{\partial y}$ を使って表せ。

12.4 オイラー方程式の解法

円盤領域におけるラプラス方程式の境界値問題を解くための準備として、常微分方程式である**オイラー方程式**の解法を紹介する。オイラー方程式は**変数変換**を
Euler equation
することで定数係数の線型微分方程式に変形できる。

$t \geq 0$ で定義された関数 $x(t)$ に関するオイラー方程式は

$$at^2 \frac{d^2x}{dt^2} + bt \frac{dx}{dt} + cx = 0 \tag{12.4.1}$$

である。施すべき変数変換は $t = e^s$ である。関数 x を t の関数から s の関数へと変換する。そのとき、x の微分および2回微分はそれぞれ

$$\frac{dx}{dt} = \frac{dx}{ds}\left(\frac{dt}{ds}\right)^{-1} = \frac{dx}{ds}e^{-s} \tag{12.4.2}$$

$$\frac{d^2x}{dt^2} = \left(\frac{dt}{ds}\right)^{-1}\frac{d}{ds}\left(\frac{dx}{ds}e^{-s}\right) = e^{-2s}\left(\frac{d^2x}{ds^2} - \frac{dx}{ds}\right) \tag{12.4.3}$$

となる。式 (12.4.2)-(12.4.3) を式 (12.4.1) に代入すると、

$$a\frac{d^2x}{ds^2} + (b - a)\frac{dx}{ds} + cx = 0 \tag{12.4.4}$$

となる。式 (12.4.4) は2階の定数係数線型常微分方程式であり、その解法は第2章で解説した通りである。

演習問題 12.5. [標準] 関数 $x(t)$ に関する常微分方程式

$$t^2 \frac{d^2x}{dt^2} + t \frac{dx}{dt} - n^2 x = 0 \tag{12.4.5}$$

の一般解を求めよ。ただし、$t > 0$ および n は非負整数とする。$n = 0$ のときと、そうでないときで場合分けすること。

12.5 円盤領域における境界値問題

原点を中心とする半径 a の円盤領域で定義された関数 $u(r, \theta)$ に関する以下のラプラス方程式の境界値問題の解法を考える（図 12.4a）。

$$\left(\frac{\partial^2}{\partial r^2} + \frac{1}{r} \frac{\partial}{\partial r} + \frac{1}{r^2} \frac{\partial^2}{\partial \theta^2} \right) u(r, \theta) = 0 \qquad (0 < r < a,\, 0 \le \theta < 2\pi) \qquad (12.5.1)$$

$$u(a, \theta) = f(\theta) \qquad (0 \le \theta < 2\pi) \qquad (12.5.2)$$

一般の $f(\theta)$ の場合の公式は次節で扱うとして、ここでは具体的に境界条件が与えられた例題を使って解説する。

例題 12.2. 原点を中心とする半径 a の円盤領域で定義された関数 $u(r, \theta)$ に関する以下のラプラス方程式の境界値問題を解け。

$$\left(\frac{\partial^2}{\partial r^2} + \frac{1}{r} \frac{\partial}{\partial r} + \frac{1}{r^2} \frac{\partial^2}{\partial \theta^2} \right) u(r, \theta) = 0 \qquad (0 < r < a,\, 0 \le \theta < 2\pi) \qquad (12.5.3)$$

$$u(a, \theta) = \cos 2\theta \qquad (0 \le \theta < 2\pi) \qquad (12.5.4)$$

解答 式 (12.5.3) に**変数分離**解 $u(r, \theta) = R(r)\,\Theta(\theta)$ を代入する。

$$R''(r)\,\Theta(\theta) + \frac{1}{r} R'(r)\,\Theta(\theta) + \frac{1}{r^2} R(r)\,\Theta''(\theta) = 0 \qquad (12.5.5)$$

式 (12.5.5) の両辺を $\dfrac{R\,\Theta}{r^2} (\ne 0)$ で除すると、

$$\frac{r^2 R''(r) + r R'(r)}{R(r)} = -\frac{\Theta''(\theta)}{\Theta(\theta)} = \lambda \qquad (12.5.6)$$

となる。ここで左辺は r のみの関数であり、中辺は θ のみの関数であることから、λ は定数でなければならない。これより以下の二つの常微分方程式を得る。

$$\frac{d^2\Theta}{d\theta^2} + \lambda\Theta = 0 \qquad (12.5.7)$$

$$r^2 \frac{d^2 R}{dr^2} + r \frac{dR}{dr} - \lambda R = 0 \qquad (12.5.8)$$

(i) $\lambda \ne 0$ のとき、式 (12.5.7) を解くと、

$$\Theta(\theta) = A e^{\sqrt{-\lambda}\,\theta} + B e^{-\sqrt{-\lambda}\,\theta} \qquad (12.5.9)$$

となる。ここで、関数 $\Theta(\theta)$ が周期的であるという条件

$$\Theta(2\pi) = \Theta(0) \qquad (12.5.10)$$

$$\Theta'(2\pi) = \Theta'(0) \qquad (12.5.11)$$

を式 (12.5.9) に代入する（第 8.1 節の議論を参照せよ）と、(A, B) に関する連立方程式

$$\begin{pmatrix} e^{2\pi\sqrt{-\lambda}} - 1 & e^{-2\pi\sqrt{-\lambda}} - 1 \\ \sqrt{-\lambda}(e^{2\pi\sqrt{-\lambda}} - 1) & -\sqrt{-\lambda}(e^{-2\pi\sqrt{-\lambda}} - 1) \end{pmatrix} \begin{pmatrix} A \\ B \end{pmatrix} = \begin{pmatrix} 0 \\ 0 \end{pmatrix} \tag{12.5.12}$$

を得る。式 (12.5.12) が非自明解をもつためには、

$$-2\sqrt{-\lambda}(e^{2\pi\sqrt{-\lambda}} - 1)(e^{-2\pi\sqrt{-\lambda}} - 1) = 0 \tag{12.5.13}$$

が必要である。$\lambda \neq 0$ なので、非自明解をもつための条件は $\exp(2\pi\sqrt{-\lambda}) = 1$ となる。したがって、固有値は $\lambda_n = n^2$ (n は自然数) であり、この固有値に対応する固有関数は $\cos n\theta$ と $\sin n\theta$ なので、$\Theta_n(\theta)$ をこれらの線型結合とする。

$$\Theta_n(\theta) = A_n \cos n\theta + B_n \sin n\theta \qquad (n \text{ は自然数}) \tag{12.5.14}$$

(ii) $\lambda = 0$ のとき、式 (12.5.7) を解くと、

$$\Theta(\theta) = A\theta + B \tag{12.5.15}$$

である。周期境界条件 (12.5.10)-(12.5.11) を満たすためには、$A = 0$。よって、固有値 $\lambda_0 = 0$ に対応する固有関数は

$$\Theta_0(\theta) = 1 \tag{12.5.16}$$

である。

一方、式 (12.5.8) は、**オイラー方程式**（第 12.4 節）であり、$r = e^s$ という変数変換を施して解く。$\dfrac{d}{dr} = e^{-s}\dfrac{d}{ds}$ であることに注意すると、式 (12.5.8) は

$$\frac{d^2 R}{ds^2} = \lambda R \tag{12.5.17}$$

となる。

まず、固有値 $\lambda_0 = 0$ に対応する r 方向の構造を求める。式 (12.5.17) より

$$R(s) = 1, \ R(s) = s \tag{12.5.18}$$

となる。変数を s から r に戻す。

$$R(r) = 1, \ R(r) = \log r \tag{12.5.19}$$

原点でも関数 u は定義されているので、$R(0)$ は有界である。よって、$R(r) = \log r$ は解として不適である。

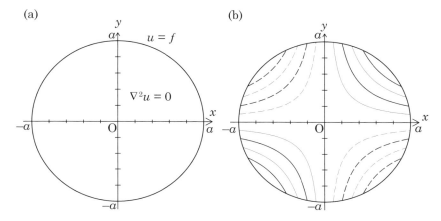

図 12.4 (a) 円盤領域におけるラプラス方程式と境界条件。(b) 演習問題 12.2 の解 (12.5.27)。等値線の間隔は 0.2 であり、負値は点線で書いた。

次に、固有値 $\lambda_n = n^2$ (n は自然数) に対応する r 方向の構造を求める。式 (12.5.17) より

$$R(s) = e^{-ns},\ e^{ns} \tag{12.5.20}$$

となる。変数を s から r に戻す。

$$R(r) = r^{-n},\ r^n \tag{12.5.21}$$

$R(0)$ の有界性より $R(r) = r^{-n}$ は不適である。以上をまとめると、固有値 λ_n に対応する r 方向の関数は

$$R_n(r) = r^n \qquad (n\text{ は非負整数}) \tag{12.5.22}$$

となる。

したがって、方程式 (12.5.3) の一般解は、変数分離解（式 (12.5.14) または式 (12.5.16) と式 (12.5.22) の積）の **線型重ね合わせ** により、

$$\begin{aligned} u(r,\theta) &= \frac{A_0}{2} R_0(r)\,\Theta_0(\theta) + \sum_{n=1}^{\infty} R_n(r)\,\Theta_n(\theta) \\ &= \frac{A_0}{2} + \sum_{n=1}^{\infty} r^n (A_n \cos n\theta + B_n \sin n\theta) \end{aligned} \tag{12.5.23}$$

と表現できる。境界条件 (12.5.4) より

$$\cos 2\theta = u(a,\theta) = \frac{A_0}{2} + \sum_{n=1}^{\infty} a^n (A_n \cos n\theta + B_n \sin n\theta) \tag{12.5.24}$$

である。三角関数の直交性 (7.1.6)-(7.1.8) より、A_n および B_n を

$$A_n = \frac{1}{\pi a^n} \int_0^{2\pi} \cos 2\theta \, \cos n\theta \, d\theta = \frac{\delta_{n,2}}{a^n} \qquad (n \text{ は非負整数}) \tag{12.5.25}$$

$$B_n = \frac{1}{\pi a^n} \int_0^{2\pi} \cos 2\theta \, \sin n\theta \, d\theta = 0 \qquad (n \text{ は自然数}) \tag{12.5.26}$$

と求めることができる。

式 (12.5.25)-(12.5.26) を式 (12.5.23) に代入すると、ラプラス方程式の境界値問題 (12.5.3)-(12.5.4) の解は下記の通りとなる（図 12.4b）。

$$（答） \qquad u(r,\theta) = \sum_{n=1}^{\infty} r^n \left(\frac{\delta_{n,2}}{a^n} \cos n\theta \right) = \frac{r^2}{a^2} \cos 2\theta \tag{12.5.27}$$

演習問題 12.6. [標準] 原点を中心とする単位円盤内で定義された関数 $u(r,\theta)$ に関する以下のラプラス方程式の境界値問題を解け。

$$\left(\frac{\partial^2}{\partial r^2} + \frac{1}{r} \frac{\partial}{\partial r} + \frac{1}{r^2} \frac{\partial^2}{\partial \theta^2} \right) u(r,\theta) = 0 \qquad (0 < r < 1, \, 0 \le \theta < 2\pi) \tag{12.5.28}$$

$$u(1,\theta) = \cos^2 \theta \qquad (0 \le \theta < 2\pi) \tag{12.5.29}$$

演習問題 12.7. [やや難] 円 $x^2 + y^2 = 1$ および円 $x^2 + y^2 = 4$ に挟まれた円環領域 $1 \le x^2 + y^2 \le 4$ で定義された関数 $u(r,\theta)$ に関するラプラス方程式の境界値問題

$$\left(\frac{\partial^2}{\partial r^2} + \frac{1}{r} \frac{\partial}{\partial r} + \frac{1}{r^2} \frac{\partial^2}{\partial \theta^2} \right) u(r,\theta) = 0 \qquad (1 < r < 2, \, 0 \le \theta < 2\pi) \tag{12.5.30}$$

$$u(1,\theta) = \cos \theta \qquad (0 \le \theta < 2\pi) \tag{12.5.31}$$

$$u(2,\theta) = \sin \theta \qquad (0 \le \theta < 2\pi) \tag{12.5.32}$$

を解く。
(1) 円環領域に対するラプラス方程式 (12.5.30) の解が

$$u(r,\theta) = \frac{a_0}{2} + \sum_{n=1}^{\infty} r^n (a_n \cos n\theta + b_n \sin n\theta)$$

$$+ c_0 \log r + \sum_{n=1}^{\infty} \frac{1}{r^n} (c_n \cos n\theta + d_n \sin n\theta) \tag{12.5.33}$$

で与えられることを示せ。
(2) ラプラス方程式の境界値問題 (12.5.30)-(12.5.32) を解け。

12.6 ポワッソンの公式

円盤領域におけるラプラス方程式の境界条件が式 (12.5.2) で与えられる場合を議論する。一般解 (12.5.23) を求めるところまでは例題 12.2 ☞ p.171 と同じである。境界条件 (12.5.2) から、

$$A_n = \frac{1}{\pi a^n} \int_0^{2\pi} f(\theta) \cos n\theta \, d\theta \qquad (n \text{ は非負整数}) \qquad (12.6.1)$$

$$B_n = \frac{1}{\pi a^n} \int_0^{2\pi} f(\theta) \sin n\theta \, d\theta \qquad (n \text{ は自然数}) \qquad (12.6.2)$$

となる。式 (12.6.1)-(12.6.2) を一般解 (12.5.23) に代入する。

$$u(r, \theta) = \frac{1}{2\pi} \int_0^{2\pi} f(\phi) \, d\phi + \sum_{n=1}^{\infty} \frac{r^n}{\pi a^n} \int_0^{2\pi} f(\phi)(\cos n\theta \cos n\phi + \sin n\theta \sin n\phi) \, d\phi$$

$$= \frac{1}{2\pi} \int_0^{2\pi} f(\phi) \, d\phi + \sum_{n=1}^{\infty} \frac{r^n}{\pi a^n} \int_0^{2\pi} f(\phi) \cos\{n(\theta - \phi)\} \, d\phi \qquad (12.6.3)$$

さらに、$|x| < 1$ に対する恒等式 $\dfrac{1}{1-x} = 1 + x + x^2 + \cdots$ を用いる。

$$u(r, \theta) = \frac{1}{2\pi} \int_0^{2\pi} \left[1 + \sum_{n=1}^{\infty} \frac{r^n}{a^n} \{ e^{in(\theta-\phi)} + e^{-in(\theta-\phi)} \} \right] f(\phi) \, d\phi$$

$$= \frac{1}{2\pi} \int_0^{2\pi} \left\{ 1 + \frac{\dfrac{r}{a} e^{i(\theta-\phi)}}{1 - \dfrac{r}{a} e^{i(\theta-\phi)}} + \frac{\dfrac{r}{a} e^{-i(\theta-\phi)}}{1 - \dfrac{r}{a} e^{-i(\theta-\phi)}} \right\} f(\phi) \, d\phi$$

$$= \frac{1}{2\pi} \int_0^{2\pi} \left\{ 1 + \frac{\dfrac{2r}{a} \cos(\theta - \phi) - \dfrac{2r^2}{a^2}}{1 + \dfrac{r^2}{a^2} - \dfrac{2r}{a} \cos(\theta - \phi)} \right\} f(\phi) \, d\phi \qquad (12.6.4)$$

これより以下の**ポワッソンの公式**を得る。
Poisson formula

$$u(r, \theta) = \int_0^{2\pi} f(\phi) \, P(r, \theta, \phi) \, a \, d\phi \qquad (12.6.5)$$

ただし、**グリーン関数**は

$$P(r, \theta, \phi) = \frac{1}{2\pi a} \frac{a^2 - r^2}{a^2 - 2ar \cos(\theta - \phi) + r^2} \qquad (12.6.6)$$

と定義される。とくに、これを**ポワッソン核**とよぶ。
Poisson kernel

第13章 フーリエ変換と熱拡散方程式

有限区間の偏微分方程式の解法では、固有関数展開によって、偏微分方程式を常微分方程式にすることが肝要であった。その常微分方程式の解の線型結合を偏微分方程式の解とできるからである。しかし、区間が無限になると、固有値がとびとびの値に制限されなくなる。つまり、$\sin(\xi x)$ としたとき、すべての実数 ξ が解として許されるようになる。そのため、固有関数展開が使えない。しかし、無限区間の解法でも、有限区間のときと同様に、偏微分方程式を常微分方程式に「変換」し、常微分方程式の解を「重ね合わせる（逆変換する）」ことで解を得ることができる。そのために、この「変換」と「逆変換」に関する準備をしなければならない。本章ではこれらの準備を経て、熱拡散方程式の初期値問題を解く。

13.1 ディラックのデルタ超関数

有限区間の偏微分方程式を解く際、互いに直交する固有関数によって関数を展開することが重要であった。有限区間で定義される関数 $f(x)$ は固有関数 $\phi_n(x)$ によって展開され、関数 $f(x)$ の情報は自然数 n ごとにとびとびの情報 a_n に変換された。

$$f(x) = \sum_{n=1}^{\infty} a_n \, \phi_n(x) \tag{13.1.1}$$

固有関数が正規化されていれば、展開係数 a_n は関数 $f(x)$ と n 番目の固有関数 $\phi_n(x)$ の内積によって計算された。

$$(f, \phi_m) = \sum_{n=1}^{\infty} a_n(\phi_n, \phi_m) = \sum_{n=1}^{\infty} a_n \, \delta_{mn} = a_m \tag{13.1.2}$$

このとき、**クロネッカーのデルタ**

$$\delta_{mn} = \begin{cases} 1 & (m = n) \\ 0 & (m \neq n) \end{cases} \tag{13.1.3}$$

が式 (13.1.2) における計算の際、重要な役割を果たした。

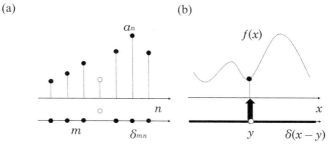

図 13.1 (a) クロネッカーのデルタと数列との重ね合わせ。(b) デルタ超関数と関数の畳み込み積分。

固有関数展開 (13.1.1) における $\sum$ 記号は、関数が離散的な情報 a_n に変換されたことの表れである。無限区間の偏微分方程式を解く際は、関数をとびとびの値の情報に変換することができない。境界条件の影響を受けたとびとびの固有関数に代わって、連続的に変化するパラメターで表現される関数を用意する必要がある。固有関数の線型結合は、そのような関数との積分にとって代わる。つまり、$\sum$ 記号は $\int$ 記号に代わる。そのためにさまざまな準備が必要だが、まず本節ではクロネッカーのデルタに代わるものを定義する。式 (13.1.2) の計算上、重要だったクロネッカーのデルタの性質は

$$\sum_{n=1}^{\infty} a_n \, \delta_{mn} = a_m \qquad (m \text{ は自然数}) \tag{13.1.4}$$

であった。これが意味することは、数列 $\{a_1, a_2, \cdots\}$ のうち、クロネッカーのデルタが指し示す m の位置の値だけを取り出しているということである（図 13.1a）。この性質における離散的な表現を連続的な表現に置き換えるなら、関数 $u(x)$ と積分することで、ある点 y の値を返すようなものとなるだろう（図 13.1b）。このような考察から、

$$\delta(x) = 0 \qquad (x \neq 0) \tag{13.1.5}$$

および

$$\int_{-\infty}^{\infty} u(x) \, \delta(x - y) \, dx = u(y) \tag{13.1.6}$$

を満たす**デルタ超関数** $\delta(x)$ を定義する。ここで $y = 0$ とすると、
delta distribution

$$\int_{-\infty}^{\infty} u(x) \, \delta(x) \, dx = u(0) \tag{13.1.7}$$

178

である。また、式 (13.1.7) で $u(x) = 1$ とすると、

$$\int_{-\infty}^{\infty} \delta(x)\, dx = 1 \tag{13.1.8}$$

である。この性質はクロネッカーのデルタに対し、$\sum_{n=1}^{\infty} \delta_{mn} = 1$ (m は自然数) が成り立つことに似ている。デルタ超関数をクロネッカーのデルタ (13.1.3) のように書くことはできないが、あえて無理やり書くとすれば、

$$\delta(x) = \begin{cases} \infty & (x = 0) \\ 0 & (x \neq 0) \end{cases} \tag{13.1.9}$$

となる。あるいは、デルタ超関数の性質 (13.1.8) をもち、極限が式 (13.1.9) となる関数を考えるとイメージしやすいかもしれない。たとえば、中心を 0 にもつ正規分布

$$u_\sigma(x) = \frac{1}{\sqrt{2\pi}\sigma} \exp\left(-\frac{x^2}{2\sigma^2}\right) \tag{13.1.10}$$

を考える（第 6.5 節）。式 (6.5.2) より、

$$\int_{-\infty}^{\infty} u_\sigma(x)\, dx = 1 \tag{13.1.11}$$

である。ここで、パラメーター σ を 0 に近づけよう。すると、0 付近の狭い範囲に非常に大きな値をもつ関数となる（図 6.2 を参照）。これはほとんどの事象が 0 付近だけで起こる確率分布を意味する。ここで σ を非常に小さい正数とし、$u_\sigma(x)$ とある関数 $f(x)$ との積の積分を考える（u_σ の確率分布をもつ f の期待値を考える）と、

$$\int_{-\infty}^{\infty} f(x)\, u_\sigma(x)\, dx \approx f(0) \tag{13.1.12}$$

のように近似できる。また、$\sigma \to 0$ の極限をとると、

$$\lim_{\sigma \to 0} u_\sigma(x) = \delta(x) \tag{13.1.13}$$

のようにデルタ超関数となる。

例題 13.1. 正の定数 a に対し、$\delta(ax) = \dfrac{1}{a}\delta(x)$ を証明せよ。

解答 $x \neq 0$ のとき、両辺ともに 0。両辺を関数 u と畳み込み積分し、$x = a\xi$ と置換する。

$$u(y) = \int_{-\infty}^{\infty} u(x)\, \delta(x - y)\, dx = \int_{-\infty}^{\infty} u(a\xi)\, \delta(a\xi - y)\, a d\xi \tag{13.1.14}$$

これより、$\delta(ax)a = \delta(x)$

13.2 フーリエ変換

次に、**フーリエ変換**を解説する。これは無限区間で定義された関数にとっての
Fourier transform
固有関数展開に該当するものである。フーリエ変換は級数展開ではなく積分であ
る。ここでは、フーリエ展開（第 7 章）との対比で説明する。

有限区間 $-\pi \leq x \leq \pi$ で定義された周期関数 $f(x)$ に対する複素フーリエ展開

$$f(x) = \sum_{n=-\infty}^{\infty} c_n \, e^{inx} \tag{13.2.1}$$

のフーリエ係数は

$$c_n = \frac{1}{2\pi} \int_{-\pi}^{\pi} f(x) \, e^{-inx} \, dx \tag{13.2.2}$$

と計算された（第 7.3 節）。

有限区間では整数に制限されて離散的に与えられた波の形（固有関数）が、無
限区間では有限区間の制約を受けなくなる。つまり、区間を有限から無限にする
ことで、波の波長はどの実数値でも許容するようになる。そこで有限区間のフー
リエ係数 (13.2.2) をイメージして、全実数 x で定義された無限遠方で急減少する関
数 $f(x)$ に対するフーリエ変換を

$$\mathcal{F}[f](\xi) = \int_{-\infty}^{\infty} f(x) \, e^{-i\xi x} \, dx \tag{13.2.3}$$

と定義する。なお、「関数が無限遠方で急減少する」とはどのような多項式を乗じ
ても $|x| \to \infty$ で関数の値が 0 に収束することを意味する。また、フーリエ変換を
元の関数に戻す変換として、**フーリエ逆変換**がある。全実数 ξ で定義された無限
inverse Fourier transform
遠方で急減少な関数 $F(\xi)$ に対し、フーリエ逆変換を

$$\mathcal{F}^{-1}[F](x) = \frac{1}{2\pi} \int_{-\infty}^{\infty} F(\xi) \, e^{i\xi x} \, d\xi \tag{13.2.4}$$

と定義する。また、無限遠方で急減少なある関数に対するフーリエ変換のフーリ
エ逆変換は元の関数となる。つまり、関数 $f(x)$ に対し、

$$\mathcal{F}^{-1}[\mathcal{F}[f]] = f \tag{13.2.5}$$

が成り立つ。この証明は本書では扱わない。

さまざまな関数に対するフーリエ変換の計算には、ほとんどの場合、複素積分
の知識が必要となる。そこで、ここでは見返しに掲載したフーリエ変換表を使う
ことにしよう。左列の関数にフーリエ変換を施すと右列の関数になり、右列の関

数にフーリエ逆変換を施すと左列の関数になる。たとえば、このフーリエ変換表の (7) を見ると、左に $\dfrac{a}{x^2 + a^2}$、右に $\pi e^{-a|\xi|}$ がある。よって、

$$\mathcal{F}\left[\frac{a}{x^2 + a^2}\right] = \int_{-\infty}^{\infty} \frac{a}{x^2 + a^2}\, e^{-i\xi x}\, dx = \pi e^{-a|\xi|} \tag{13.2.6}$$

となる。逆に、

$$\mathcal{F}^{-1}\left[\pi e^{-a|\xi|}\right] = \frac{1}{2\pi}\int_{-\infty}^{\infty} \pi e^{-a|\xi|}\, e^{i\xi x}\, d\xi = \frac{a}{x^2 + a^2} \tag{13.2.7}$$

となる。

偏微分方程式を解く上でもっとも重要なものは、関数の微分のフーリエ変換である。$f(x)$ と $f'(x)$ が全実数 x で定義され、f も f' も無限遠方で急減少な関数であるとき、

$$\begin{aligned}
\mathcal{F}\left[\frac{df}{dx}\right](\xi) &= \int_{-\infty}^{\infty} \frac{df}{dx} e^{-i\xi x}\, dx \\
&= \left[f e^{-i\xi x}\right]_{-\infty}^{\infty} + i\xi \int_{-\infty}^{\infty} f e^{-i\xi x}\, dx = i\xi \mathcal{F}[f](\xi)
\end{aligned} \tag{13.2.8}$$

となる。ここで関数は無限遠方で急減少なので、

$$\lim_{|x|\to\infty} f(x) = 0 \tag{13.2.9}$$

となることを利用した。注目すべきは、フーリエ変換によって、微分することが $i\xi$ をかけ算することに変わった点である。

もう一つ、ディラックのデルタ超関数のフーリエ変換を計算する。

$$\mathcal{F}[\delta](\xi) = \int_{-\infty}^{\infty} \delta(x)\, e^{-i\xi x}\, dx = 1 \tag{13.2.10}$$

つまり、パルス状の関数に対して、波数スペクトルのエネルギーは波長によらず等しくなる。これを白色スペクトルという。

さらに、$f(x) = e^{-x^2}$ のフーリエ変換は重要である。これは見返しのフーリエ変換表 (5) より

$$\mathcal{F}[f](\xi) = \sqrt{\pi}\exp\left(-\frac{\xi^2}{4}\right) \tag{13.2.11}$$

となる。元の関数と同型になる。

第 13 章　フーリエ変換と熱拡散方程式　　181

例題 13.2. 関数 $f(x)$ を以下とするとき、$\mathcal{F}[f](\xi) = \dfrac{\sin \xi}{\xi}$ を示せ。

$$f(x) = \begin{cases} \dfrac{1}{2} & |x| \le 1 \\ 0 & |x| > 1 \end{cases} \tag{13.2.12}$$

解答 フーリエ変換の定義 (13.2.3) より

$$\begin{aligned} \mathcal{F}[f](\xi) &= \int_{-\infty}^{\infty} f(x)\, e^{-i\xi x}\, dx = \int_{-1}^{1} \frac{1}{2}\, e^{-i\xi x}\, dx \\ &= \frac{1}{-2i\xi} \left[e^{-i\xi x} \right]_{-1}^{1} = \frac{1}{-2i\xi} \left(e^{-i\xi} - e^{i\xi} \right) = \frac{\sin \xi}{\xi} \end{aligned} \tag{13.2.13}$$

演習問題 13.1. [易] f、f'、および f'' が全実数 x で定義された無限遠方で急減少する関数とする。$\mathcal{F}\left[\dfrac{d^2 f}{dx^2} \right](\xi)$ を $\mathcal{F}[f](\xi)$ を使って表せ。

演習問題 13.2. [やや易] $f(x) = e^{-|x|}$ に対し、$\mathcal{F}[f](\xi) = \dfrac{2}{\xi^2 + 1}$ を示せ。

演習問題 13.3. [やや易] 関数 $f(x)$ を以下とするとき、$\mathcal{F}[f](\xi) = \dfrac{2R}{\xi} \sin \dfrac{\xi}{2R}$ を示せ。ただし、$R > 0$ とする。

$$f(x) = \begin{cases} R & (|x| \le 1/2R) \\ 0 & (|x| > 1/2R) \end{cases} \tag{13.2.14}$$

演習問題 13.4. [標準] 次の関数 $f(x)$ のフーリエ変換を求めよ。

$$f(x) = \begin{cases} 1 - |x| & (|x| \le 1) \\ 0 & (|x| > 1) \end{cases} \tag{13.2.15}$$

演習問題 13.5. [標準] $f(x) = \cos(ax)$ に対するフーリエ変換を求めよ。ただし、a は正の定数とする。

$$\int_{-\infty}^{\infty} e^{i\xi x}\, dx = 2\pi \delta(\xi) \tag{13.2.16}$$

を使ってもよい。

U. 定数のフーリエ変換？

式 (13.2.3) と式 (13.2.4) で、フーリエ変換とフーリエ逆変換を定義した。その定義の際に、変換される関数には無限遠方で急減少するという制約をつけていた。それにもかかわらず、定数 $f(x) = 1$ をフーリエ変換するとデルタ超関数 $2\pi\delta(x)$ になることが見返しの表 (1) で示されている。しかし、式 (13.2.3) の定義に形式的に代入して $\mathcal{F}[f]$ を計算しても、この関数 f の全区間積分は

$$\mathcal{F}[f](\xi) = \int_{-\infty}^{\infty} e^{-i\xi x} \, dx = \frac{i}{\xi} \left[e^{-i\xi x} \right]_{-\infty}^{\infty} \tag{13.2.17}$$

となって値が収束しない。そこでフーリエ変換 (13.2.3) およびフーリエ逆変換 (13.2.4) の定義を拡張する必要が生じる。いま、全実数 x で定義された無限遠方で急減少する関数 $u(x)$ を用意する。ここで関数 $u(x)$ から $\int_{-\infty}^{\infty} \mathcal{F}[f](\xi)\, u(\xi)\, d\xi$ への写像を考える。$f(x) = 1$ に対して、

$$\int_{-\infty}^{\infty} \mathcal{F}[f](\xi)\, u(\xi)\, d\xi = \int_{-\infty}^{\infty} \left(\int_{-\infty}^{\infty} f(x)\, e^{-i\xi x}\, dx \right) u(\xi)\, d\xi$$
$$= \int_{-\infty}^{\infty} \left(\int_{-\infty}^{\infty} u(\xi)\, e^{-i\xi x} d\xi \right) dx = \int_{-\infty}^{\infty} \mathcal{F}[u](\xi)\, dx \tag{13.2.18}$$

となる。フーリエ逆変換の定義 (13.2.4) より

$$u(0) = \mathcal{F}^{-1}\bigl[\mathcal{F}[u]\bigr](0) = \frac{1}{2\pi} \int_{-\infty}^{\infty} \mathcal{F}[u](\xi)\, dx \tag{13.2.19}$$

である。式 (13.2.18) および式 (13.2.19) より

$$\int_{-\infty}^{\infty} \mathcal{F}[f](\xi)\, u(\xi)\, d\xi = 2\pi u(0) \tag{13.2.20}$$

が成り立つ。デルタ超関数の性質 (13.1.7) より、$f(x) = 1$ のフーリエ変換を求めることができる。

$$\mathcal{F}[f](\xi) = 2\pi \delta(\xi) \tag{13.2.21}$$

第13章 フーリエ変換と熱拡散方程式 **183**

13.3 畳み込み積分

フーリエ変換を利用した偏微分方程式の解法では、さまざまな関数をフーリエ逆変換しなければならない。もし見返しのフーリエ変換表に記載されている既知の関数のかけ算であれば、**畳み込み積分**の手法を使うことができる。
_{convolution}

まず、畳み込み積分を定義する。全実数 x で定義された無限遠方で急減少な関数 $f(x)$ および $g(x)$ に対して、畳み込み積分は

$$(f * g)(x) = \int_{-\infty}^{\infty} f(y)\, g(x-y)\, dy \tag{13.3.1}$$

と定義される。畳み込み積分は関数 f を固定し、g をずらしながら、二つの関数が重なりを求めていくことに相当する。

ここで重要なことは、フーリエ変換に対し、畳み込み積分は著しい性質をもっていることである。畳み込み積分のフーリエ変換

$$\mathcal{F}[f * g](\xi) = \int_{-\infty}^{\infty} \left(\int_{-\infty}^{\infty} f(y)\, g(x-y)\, dy \right) e^{-i\xi x}\, dx \tag{13.3.2}$$

を考える。この積分は変数変換 $x = y + z$ を施すと、

$$\mathcal{F}[f * g](\xi) = \int_{-\infty}^{\infty} \int_{-\infty}^{\infty} f(y)\, g(z)\, e^{-i\xi(y+z)}\, dy\, dz = \mathcal{F}[f](\xi) \cdot \mathcal{F}[g](\xi) \tag{13.3.3}$$

となって、それぞれの関数のフーリエ変換の積となる。したがって、フーリエ逆変換がわかっている関数 $F(\xi)$ および $G(\xi)$ に対し、この積のフーリエ逆変換は次のように畳み込み積分となる。

$$\mathcal{F}^{-1}[F \cdot G] = \mathcal{F}^{-1}[F] * \mathcal{F}^{-1}[G] \tag{13.3.4}$$

例題 13.3. 全実数 x で定義された無限遠方で急減少な関数 f とデルタ超関数との畳み込み積分を計算せよ。

解答 畳み込み積分の定義 (13.3.1) とデルタ超関数の定義 (13.1.6) より以下のように計算できる。

$$(f * \delta) = \int_{-\infty}^{\infty} f(y)\, \delta(x-y)\, dy = f(x) \tag{13.3.5}$$

演習問題 13.6. [やや易] 全実数 x で定義された無限遠方で急減少な関数 $f(x)$、$g(x)$ および $h(x)$ に対して、

$$f * (g + h) = f * g + f * h \tag{13.3.6}$$

を証明せよ。

演習問題 13.7. [標準] 全実数 x で定義された無限遠方で急減少な関数 $f(x)$ および $g(x)$ に対して、

$$\int_{-\infty}^{\infty} (f*g)(x)\,dx = \left(\int_{-\infty}^{\infty} f(x)\,dx\right)\left(\int_{-\infty}^{\infty} g(x)\,dx\right) \tag{13.3.7}$$

が成り立つことを証明せよ。

演習問題 13.8. [難] 関数 $f(x)$ と $g(x)$ が以下のように与えられるとき、$(f*g)(x)$ を計算し、それをグラフとして表せ。

$$f(x) = \begin{cases} 1 & (|x| < 1) \\ 0 & (|x| \geq 1) \end{cases} \tag{13.3.8}$$

$$g(x) = \begin{cases} 1 - |x| & (|x| < 1) \\ 0 & (|x| \geq 1) \end{cases} \tag{13.3.9}$$

演習問題 13.9. [標準] 全実数 x で定義された無限遠方で急減少な関数 $f(x)$ および $g(x)$ に対して、$F = \mathcal{F}[f]$ および $G = \mathcal{F}[g]$ とする。

$$\mathcal{F}[f*g](\xi) = \mathcal{F}[f](\xi) \cdot \mathcal{F}[g](\xi) \tag{13.3.10}$$

より

$$\mathcal{F}^{-1}[F \cdot G] = \mathcal{F}^{-1}[F] * \mathcal{F}^{-1}[G] \tag{13.3.11}$$

を導け。

 V. さまざまフーリエ変換の定義

本書ではフーリエ変換を (13.2.3) で、フーリエ逆変換を (13.2.4) と定義した。この定義はおもに数学で使われている。しかし、物理や工学ではこれとは異なる定義を採用する場合も多い。たとえば、関数 $f(x)$ のフーリエ変換を

$$\mathcal{F}[f](\xi) = \frac{1}{\sqrt{2\pi}} \int_{-\infty}^{\infty} f(x)\,e^{-i\xi x}\,dx \tag{13.3.12}$$

と、関数 $F(\xi)$ のフーリエ逆変換を

$$\mathcal{F}^{-1}[F](x) = \frac{1}{\sqrt{2\pi}} \int_{-\infty}^{\infty} F(\xi)\,e^{i\xi x}\,d\xi \tag{13.3.13}$$

と定義するものである。この定義には、フーリエ変換とフーリエ逆変換の形が対称的で覚えやすいという利点がある。

第 13 章 フーリエ変換と熱拡散方程式 **185**

13.4 初期値問題の解法

　ここまで準備して、ようやく無限区間における**熱拡散方程式**の**初期値問題**の解法に辿り着く。全実数 x および $t \geq 0$ で定義された関数 $u(x,t)$ に関する偏微分方程式の初期値問題

$$\frac{\partial u}{\partial t} = \frac{\partial^2 u}{\partial x^2} \qquad (t > 0) \tag{13.4.1}$$

$$u(x,0) = u_0(x) \tag{13.4.2}$$

を考える。式 (13.4.1)-(13.4.2) は、以下の三つのステップで解くことができる（図 13.2）。

1. フーリエ変換を使って、実質的に常微分方程式にする。

2. その常微分方程式を解く。

3. その解をフーリエ逆変換する。

（1）フーリエ変換を使って、実質的に常微分方程式にする　関数 $u(x,t)$ の x に対するフーリエ変換を

$$U(\xi,t) = \int_{-\infty}^{\infty} u(x,t)\, e^{-i\xi x}\, dx \tag{13.4.3}$$

とおく。ちなみに、この問題を t に対するフーリエ変換を使って解こうとすると失敗する。すると、偏微分方程式 (13.4.1) および初期条件 (13.4.2) は

$$\frac{\partial U}{\partial t} = -\xi^2 U \qquad (t > 0) \tag{13.4.4}$$

$$U(\xi,0) = U_0(\xi) \tag{13.4.5}$$

となる。ただし、$U_0 = \mathcal{F}[u_0]$ として定義した。ξ を固定すれば、式 (13.4.4)-(13.4.5) は実質的に独立変数を t とする常微分方程式の初期値問題となる。

（2）常微分方程式を解く　式 (13.4.4)-(13.4.5) の解は以下の通りである。

$$U(\xi,t) = U_0(\xi)\, \exp(-\xi^2 t) \tag{13.4.6}$$

（3）常微分方程式の解をフーリエ逆変換する　式 (13.4.6) の右辺は、U_0 と $\exp(-\xi^2 t)$ の積である。式 (13.4.3) より、U_0 のフーリエ逆変換は

$$\mathcal{F}^{-1}[U_0] = u_0(x) \tag{13.4.7}$$

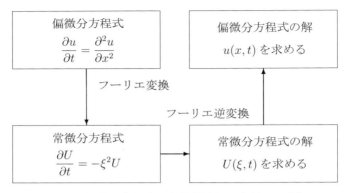

図 13.2　偏微分方程式の初期値問題の解法の手順。

である。また、見返しのフーリエ変換表 (5) に $a = \dfrac{1}{4t}$ を代入すると、$\exp(-\xi^2 t)$ のフーリエ逆変換は

$$\mathcal{F}^{-1}[\exp(-\xi^2 t)] = \frac{1}{2\sqrt{\pi t}} \exp\left(-\frac{x^2}{4t}\right) \tag{13.4.8}$$

であることがわかる。これより式 (13.4.6) のフーリエ逆変換は畳み込み積分 (13.3.4) を使って、

$$\begin{aligned}
u(x,t) &= \mathcal{F}^{-1}[U(\xi,t)] = \mathcal{F}^{-1}[U_0] * \mathcal{F}^{-1}[\exp(-\xi^2 t)] \\
&= u_0 * \left\{ \frac{1}{2\sqrt{\pi t}} \exp\left(-\frac{x^2}{4t}\right) \right\} \\
&= \int_{-\infty}^{\infty} u_0(y) \frac{1}{2\sqrt{\pi t}} \exp\left\{-\frac{(x-y)^2}{4t}\right\} dy
\end{aligned} \tag{13.4.9}$$

と求めることができた。

いま無限区間の熱拡散方程式に対する**基本解**（または**熱核** heat kernel）を

$$K(x,y,t) = \frac{1}{2\sqrt{\pi t}} \exp\left\{-\frac{(x-y)^2}{4t}\right\} \tag{13.4.10}$$

と定義する。すると、解 (13.4.9) は

$$u(x,t) = \int_{-\infty}^{\infty} u_0(y)\, K(x,y,t)\, dy \tag{13.4.11}$$

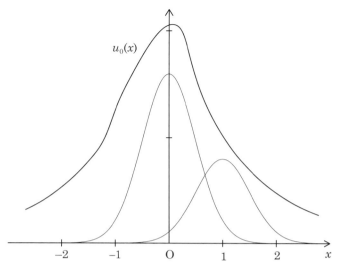

図 13.3　初期条件を $u_0(x)$ と与えたときに解の時間発展を初期条件と基本解との畳み込み積分で考えるための図。細線は $u_0(x) = 2\delta(x)$ としたときの解 $2K(x,0,t)$ と、$u_0(x) = \delta(x-1)$ としたときの解 $K(x,1,t)$。

と書ける。たとえば、$u_0(x) = \delta(x)$ とすると、解は

$$u(x,t) = \int_{-\infty}^{\infty} \delta(y)\, K(x,y,t)\, dy = \frac{1}{2\sqrt{\pi t}} \exp\left(-\frac{x^2}{4t}\right) \tag{13.4.12}$$

である。なお、式 (13.4.12) が方程式 (13.4.1) を満たすことは、例題 9.1 ☞ p.125 および演習問題 9.1 ☞ p.125 ですでに示していた。そして、なんとデルタ超関数を初期条件とする無限区間の熱拡散方程式の解は正規分布と同じ形である（第 6.5 章参照）。解 (13.4.12) は t の増加とともに、図 6.2 で σ を大きくして、すそ野の広い形になるように変化する。また、デルタ超関数を初期条件とする解 (13.4.12) は熱拡散方程式の解の特徴を象徴している。というのも、原点に「特異な値をもつ」デルタ超関数 (13.1.9) を初期条件に与えているにもかかわらず、その直後、解は滑らかな関数となるからである。また、原点だけに 0 以外の値を与えたにもかかわらず、その直後に全実数 x において 0 以外の値をもつようになる。つまり、情報の伝播速度は無限大である。物理的には、何らかの物質を原点付近に非常に高い濃度で与えたとき、すぐにまわりに拡がっていくイメージである。

　ここで、式 (13.4.11) の意味を考えよう。解は初期条件と基本解の畳み込み積分によって表現されている。図 13.3 を使って説明しよう。初期条件 $u_0(x)$ が図 13.3

188

のように与えられるとする。たとえば、$x = 0$ での値は 2 であり、$x = 1$ での値は 1 であるとする。かりに初期条件が $2\delta(x)$ だったとすると、解は

$$u(x, t) = 2K(x, 0, t) = \frac{1}{\sqrt{\pi t}} \exp\left(-\frac{x^2}{4t}\right) \tag{13.4.13}$$

となる（式 (13.4.12) を参考にせよ）。一方、かりに初期条件が $\delta(x - 1)$ だったとすると、解は

$$u(x, t) = K(x, 1, t) = \frac{1}{2\sqrt{\pi t}} \exp\left\{-\frac{(x-1)^2}{4t}\right\} \tag{13.4.14}$$

となる。式 (13.4.13) は初期条件 $u_0(x)$ のうち $x = 0$ 付近のごくごく狭い範囲が解に及ぼす効果を表し、式 (13.4.14) は $x = 1$ 付近のごくごく狭い範囲が解に及ぼす効果を表す。同様に、さまざまな $x = y$ に対し、そのごくごく狭い範囲が解に及ぼす効果を基本解 $u_0(y)\,K(x, y, t)$ によって表していると考える。このように考えると、初期条件と基本解の畳み込み積分は、初期条件のありとあらゆる場所が解に及ぼす効果を一気にまとめあげる意味があることがわかる。したがって、基本解はまさに方程式の解の基本要素といえる。

　実はこれまでも、偏微分方程式の解を初期条件とグリーン関数との積の積分として表してきた。たとえば、熱拡散方程式の解 (10.1.10)、振動方程式の解 (11.2.14)、およびラプラス方程式の解 (12.2.33) および (12.6.5) があげられる。グリーン関数とは次節などで解説する通り、境界条件を満たすように基本解を修正したものである。よって、線型偏微分方程式の解は初期条件と基本解（またはグリーン関数）との畳み込み積分という形に包括することができるのである。

演習問題 13.10. [標準] 基本解 (13.4.10) に対し、

$$E(t) = \int_{-\infty}^{\infty} \{K(x, 0, t)\}^2 \; dx \tag{13.4.15}$$

は、$t > 0$ で単調減少であることを証明せよ。

演習問題 13.11. [難] 全実数 x および $t \geq 0$ で定義された関数 $u(x, t)$ に関する以下の偏微分方程式の初期値問題を解け。ただし、κ は正の定数とする。

$$\frac{\partial u}{\partial t} = \kappa \frac{\partial^2 u}{\partial x^2} \qquad (t > 0) \tag{13.4.16}$$

$$u(x, 0) = \begin{cases} \dfrac{1}{2} & (|x| < 1) \\ 0 & (|x| \geq 1) \end{cases} \tag{13.4.17}$$

なお、解答には以下の**誤差関数**を用いること。
error function

$$\mathrm{erf}(x) = \frac{2}{\sqrt{\pi}} \int_0^x e^{-y^2} \; dy \tag{13.4.18}$$

13.5 半無限区間の熱拡散方程式（1）ディリクレ境界条件

本節と次節で半無限区間に対する熱拡散方程式の初期値境界値問題を解説する。$x \geq 0$ かつ $t \geq 0$ で定義された関数 $u(x,t)$ に関する偏微分方程式の初期値境界値問題

$$\frac{\partial u}{\partial t} = \frac{\partial^2 u}{\partial x^2} \qquad (x > 0, \ t > 0) \qquad (13.5.1)$$

$$u(x,0) = u_0(x) \qquad (x \geq 0) \qquad (13.5.2)$$

$$u(0,t) = 0 \qquad (t \geq 0) \qquad (13.5.3)$$

を考える。ここで方程式と初期条件は x が正の区間のみで与えられていて、$x = 0$ において**ディリクレ境界条件**を課している。この問題に対する解法には、いわゆる「折り返し法」によって解く方法と、フーリエ正弦変換によって解く方法がある。本書では前者のみを紹介する。

$x = 0$ における境界条件 (13.5.3) を満たすようにしながら、無限区間に延ばすことができれば、前節におけるフーリエ変換の解法を利用できる。全実数の範囲で関数 $u(x,t)$ が境界条件を満たすように定義する。このために、

$$\begin{cases} u(x,t) & (x \geq 0) \\ -u(-x,t) & (x < 0) \end{cases} \qquad (13.5.4)$$

と関数 u が奇関数になるように負方向へ拡張する（図 13.4）。すると、式 (13.4.11) より、全区間における解は

$$u(x,t) = \int_0^\infty u_0(y) \, K(x,y,t) \, dy + \int_{-\infty}^0 -u_0(-y) \, K(x,y,t) \, dy \qquad (13.5.5)$$

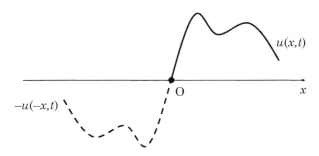

図 13.4 ディリクレ境界条件における関数 $u(x,t)$ の負方向への拡張。

となる。ここで、**グリーン関数**

$$G(x, y, t) = K(x, y, t) - K(x, -y, t) \tag{13.5.6}$$

と定義する。式 (13.5.5) より、偏微分方程式の初期値境界値問題 (13.5.1)-(13.5.3) の解を

$$u(x, t) = \int_0^\infty u_0(y)\, G(x, y, t)\, dy \tag{13.5.7}$$

と表すことができる（式 (13.5.5) 右辺第 2 項について $z = -y$ と置換せよ）。グリーン関数 (13.5.6) の右辺第 1 項は基本解そのものであり、右辺第 2 項はグリーン関数が境界条件を満たすように定められる。式 (13.5.6) の右辺第 2 項は**補正関数**とよばれ、補正関数自身も与えられた偏微分方程式を満たす。
compensating function

グリーン関数 (13.5.6) がディリクレ境界条件 (13.5.3) をすべての $t > 0$ に対して満たすことを示す。

$$K(0, y, t) = \frac{1}{2\sqrt{\pi t}} \exp\left(-\frac{y^2}{4t}\right) \tag{13.5.8}$$

に注意すれば、

$$
\begin{aligned}
G(0, y, t) &= K(0, y, t) - K(0, -y, t) \\
&= \frac{1}{2\sqrt{\pi t}} \left\{ \exp\left(-\frac{y^2}{4t}\right) - \exp\left(-\frac{y^2}{4t}\right) \right\} = 0
\end{aligned} \tag{13.5.9}
$$

となる。これより、すべての $t > 0$ に対して

$$u(0, t) = \int_0^\infty u_0(y)\, G(0, y, t)\, dy = 0 \tag{13.5.10}$$

が成り立つ。このように正領域の情報をもとに負領域へと初期条件を拡張し、全領域の問題とみなして解く方法を、通称、「折り返し法」という。

例題 13.4. $x \geq 0$ かつ $t \geq 0$ で定義された関数 $u(x, t)$ に関する以下の偏微分方程式の初期値境界値問題を解け。

$$
\frac{\partial u}{\partial t} = \frac{\partial^2 u}{\partial x^2} \qquad\qquad (x > 0,\ t > 0) \tag{13.5.11}
$$

$$
u(x, 0) = \delta(x - 1) \qquad\qquad (x \geq 0) \tag{13.5.12}
$$

$$
u(0, t) = 0 \qquad\qquad (t \geq 0) \tag{13.5.13}
$$

第 13 章　フーリエ変換と熱拡散方程式　　191

解答 ディリクレ境界条件を満たすグリーン関数 (13.5.6) を利用する。

$$
\begin{aligned}
u(x,t) &= \int_0^\infty u(y,0)\,G(x,y,t)\,dy \\
&= \int_0^\infty \delta(y-1)\,\frac{1}{2\sqrt{\pi t}}\left[\exp\left\{-\frac{(x-y)^2}{4t}\right\} - \exp\left\{-\frac{(x+y)^2}{4t}\right\}\right]dy \\
&= \frac{1}{2\sqrt{\pi t}}\left[\exp\left\{-\frac{(x-1)^2}{4t}\right\} - \exp\left\{-\frac{(x+1)^2}{4t}\right\}\right] \quad\quad\quad (13.5.14)
\end{aligned}
$$

演習問題 13.12. [やや易] $x \geq 0$ かつ $t \geq 0$ で定義された関数 $u(x,t)$ に関する以下の偏微分方程式の初期値境界値問題を解け。

$$
\frac{\partial u}{\partial t} = \frac{\partial^2 u}{\partial x^2} \quad\quad\quad\quad (x > 0,\ t > 0) \quad\quad\quad (13.5.15)
$$

$$
u(x,0) = \delta(x-2) \quad\quad\quad\quad (x \geq 0) \quad\quad\quad (13.5.16)
$$

$$
u(0,t) = 0 \quad\quad\quad\quad\quad (t \geq 0) \quad\quad\quad (13.5.17)
$$

13.6　半無限区間の熱拡散方程式（２）ノイマン境界条件

ノイマン境界条件を課した半無限区間に対する熱拡散方程式の初期値問題を解説する。$x \geq 0$ かつ $t \geq 0$ で定義された関数 $u(x,t)$ に関する以下の偏微分方程式の初期値境界値問題を考える。

$$\frac{\partial u}{\partial t} = \frac{\partial^2 u}{\partial x^2} \qquad (x > 0,\ t > 0) \qquad (13.6.1)$$

$$u(x, 0) = u_0(x) \qquad (x \geq 0) \qquad (13.6.2)$$

$$\frac{\partial u}{\partial x}(0, t) = 0 \qquad (t \geq 0) \qquad (13.6.3)$$

ノイマン境界条件の場合は、関数 u が偶関数になるように

$$\begin{cases} u(x, t) & (x \geq 0) \\ u(-x, t) & (x < 0) \end{cases} \qquad (13.6.4)$$

と負方向へ拡張する（図 13.5）。すると、式 (13.4.11) より、全区間における解は

$$u(x, t) = \int_0^\infty u_0(y)\, K(x, y, t)\, dy + \int_{-\infty}^0 u_0(-y)\, K(x, y, t)\, dy \qquad (13.6.5)$$

となる。ノイマン境界条件に対して、グリーン関数を

$$G(x, y, t) = K(x, y, t) + K(x, -y, t) \qquad (13.6.6)$$

と定義する。すると、偏微分方程式の初期値境界値問題 (13.6.1)-(13.6.3) の解を

$$u(x, t) = \int_0^\infty u_0(y)\, G(x, y, t)\, dy \qquad (13.6.7)$$

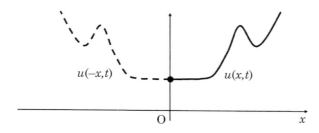

図 13.5　ノイマン境界条件における関数の負方向への拡張。

第 13 章　フーリエ変換と熱拡散方程式　　**193**

と表すことができる。以下の計算より、グリーン関数 (13.6.6) はノイマン境界条件 (13.6.3) を満たすことが示される。例題 9.1 ☞ p.125 の微分の計算を参考にすると、

$$
\begin{aligned}
&\frac{\partial G}{\partial x}(x, y, t) \\
&= \frac{\partial K}{\partial x}(x, y, t) + \frac{\partial K}{\partial x}(x, -y, t) \\
&= \frac{1}{2\sqrt{\pi t}}\left[-\frac{x-y}{2t}\exp\left\{-\frac{(x-y)^2}{4t}\right\} - \frac{x+y}{2t}\exp\left\{-\frac{(x+y)^2}{4t}\right\}\right]
\end{aligned}
\tag{13.6.8}
$$

より、

$$
\frac{\partial G}{\partial x}(0, y, t) = 0 \tag{13.6.9}
$$

である。式 (13.6.7) より、

$$
\frac{\partial u}{\partial x}(x, t) = \frac{\partial}{\partial x}\int_0^\infty u_0(y)\, G(x, y, t)\, dy = \int_0^\infty u_0(y)\, \frac{\partial G}{\partial x}(x, y, t)\, dy \tag{13.6.10}
$$

となるから、式 (13.6.6) はすべての $t > 0$ に対してノイマン境界条件 (13.6.3) を満たすことがわかる。

演習問題 13.13. [標準] $x \geq 0$ かつ $t \geq 0$ で定義された関数 $u(x, t)$ に関する以下の偏微分方程式を解け。

$$
\frac{\partial u}{\partial t} = \frac{\partial^2 u}{\partial x^2} \qquad\qquad (x > 0,\, t > 0) \tag{13.6.11}
$$

$$
u(x, 0) = \delta(x - 1) \qquad\qquad (x \geq 0) \tag{13.6.12}
$$

$$
\frac{\partial u}{\partial x}(0, t) = 0 \qquad\qquad (t \geq 0) \tag{13.6.13}
$$

第14章 波動方程式

第11章では、振動の方程式（有限区間の波動方程式）を扱った。本章では、無限区間または半無限区間の波動方程式を扱う。熱拡散方程式の場合と同様に、波動方程式の場合も、無限区間の問題はフーリエ変換を使って解くことができる。しかし、無限区間の波動方程式に限っては、1階の偏微分方程式の解法を応用しても解くことができる。というのも、熱拡散方程式の解は空間構造に応じた減衰率によって特徴づけられたのに対し、波動方程式の解は空間構造が保持されることに特徴づけられるからである。本章では、とくにフーリエ変換による解法と特性曲線を使う解法の二つを、1階の偏微分方程式と波動方程式のそれぞれに対して解説する。

14.1　1階の偏微分方程式とフーリエ変換

全実数 x と t で定義されている関数 $u(x,t)$ に関する偏微分方程式の**初期値問題**

$$\frac{\partial u}{\partial t} + c\frac{\partial u}{\partial x} = 0 \tag{14.1.1}$$

$$u(x,0) = u_0(x) \tag{14.1.2}$$

を考える。本章では以降、c を正の定数とする。

偏微分方程式の初期値問題 (14.1.1)-(14.1.2) を**フーリエ変換**を使って解く。関数 $u(x,t)$ の x に関するフーリエ変換を

$$U(\xi,t) = \mathcal{F}[u] = \int_{-\infty}^{\infty} u(x,t)\, e^{-i\xi x}\, dx \tag{14.1.3}$$

とおく。方程式 (14.1.1) および初期条件 (14.1.2) にフーリエ変換を施すと、

$$\frac{\partial U}{\partial t} + ic\xi U = 0 \tag{14.1.4}$$

$$U(\xi,0) = \mathcal{F}[u_0] \tag{14.1.5}$$

となる。式 (14.1.4)-(14.1.5) は ξ を固定するごとに t を独立変数とする常微分方程式の初期値問題とみなすことができる。よって、式 (14.1.4)-(14.1.5) の解は、

$$U(\xi,t) = U(\xi,0)\exp\left(-ic\xi t\right) \tag{14.1.6}$$

となる。フーリエ変換

$$\mathcal{F}[\delta(x-ct)] = \int_{-\infty}^{\infty} \delta(x-ct)\, e^{-i\xi x}\, dx = \exp(-ic\xi t) \tag{14.1.7}$$

に注意すると、式 (14.1.6) のフーリエ逆変換は

$$u(x,t) = \mathcal{F}^{-1}\big[\mathcal{F}[u_0]\mathcal{F}[\delta(x-ct)]\big] \tag{14.1.8}$$

となる。式 (14.1.8) は畳み込み積分 (13.3.4) より

$$\begin{aligned} u(x,t) &= u_0 * \delta(x-ct) \\ &= \int_{-\infty}^{\infty} u_0(y)\,\delta(x-ct-y)\,dy \\ &= u_0(x-ct) \end{aligned} \tag{14.1.9}$$

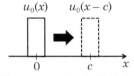

図 14.1　1 階の偏微分方程式 (14.1.1) の解。(実線) $t=0$ のときと (点線) $t=1$ のときの様子。

となる。

1 階の偏微分方程式の初期値問題 (14.1.1)-(14.1.2) の解は、初期条件を速度 c で平行移動させたものとなっている (図 14.1)。このことから、関数の動きに沿う座標を考えると、関数の時間的な変化は 0 になる。次節ではこの事実を活かした解法を解説する。

 W. 津波の速さ

津波は非常に速いスピードで押し寄せる。そのスピードを計算してみよう。水深が $H(>0)$ の場所での津波の速さは $\sqrt{gH}$ であり、津波は近似的に波動方程式

$$\frac{\partial^2 h}{\partial t^2} - gH\frac{\partial^2 h}{\partial x^2} = 0 \tag{14.1.10}$$

に従う。ここで g は重力加速度である。つまり、水深が深いほど津波は速く進む。陸地に近い水深 10 m の場所の津波の速さは時速約 35 km と計算できる。したがって、津波をみてから逃げても逃げ切れない可能性が高い。一方、大洋上の水深 4000 m の場所では、津波の速さは時速約 700 km にも達する。このスピードで津波が地球の裏側から伝わった例がある。1960 年に発生したチリ地震では、地震発生の約 1 日後に日本の太平洋側に津波が襲来した。この津波により三陸海岸沿岸に多数の死傷者が出るなど日本に大きな被害をもたらした。

14.2　1階の偏微分方程式と特性曲線

偏微分方程式の初期値問題 (14.1.1)-(14.1.2) の解 (14.1.9) は図 14.1 のように x 正方向へ速度 c で情報が伝達する。情報の伝達を $x-t$ 平面（図 14.2）で表現すると、初期時刻 $t=0$ で $x=\xi$ にあったシグナルは直線 $x-ct=\xi$ に沿って伝わることになる。図 14.2 のように解の移動を (x,t) 平面上で表現したものは**特性曲線**とよばれる。
characteristic curve

関数が特性曲線に沿って動くということは、

$$\xi = x - ct \tag{14.2.1}$$

に沿って関数の値が変わらないことを意味する。そこで、(x,t) から (ξ,t) への**変数変換**を関数 u に対して施す。同じ t を使うと話が混乱するので、変換後の変数を s とし、$s=t$ とする。第 12.3 節において直交直線座標から平面極座標へ変数変換したとき、微分の変換公式を (12.3.9) で与えた。この考え方を形式的に (x,t) から (ξ,s) への変数変換に当てはめると、式 (14.2.1) より、

$$\frac{\partial}{\partial x} = \frac{\partial \xi}{\partial x}\frac{\partial}{\partial \xi} + \frac{\partial s}{\partial x}\frac{\partial}{\partial s} = \frac{\partial}{\partial \xi} + \frac{1}{c}\frac{\partial}{\partial s} \tag{14.2.2}$$

$$\frac{\partial}{\partial t} = \frac{\partial \xi}{\partial t}\frac{\partial}{\partial \xi} + \frac{\partial s}{\partial t}\frac{\partial}{\partial s} = -c\frac{\partial}{\partial \xi} + \frac{\partial}{\partial s} \tag{14.2.3}$$

となる。とくに、

$$\frac{\partial s}{\partial x} = \frac{\partial t}{\partial x} = \frac{\partial}{\partial x}\left\{\frac{1}{c}(x-\xi)\right\} = \frac{1}{c} \tag{14.2.4}$$

に注意せよ。式 (14.2.2) の c 倍を式 (14.2.3) に加えると、式 (14.1.1) より

$$0 = \left(\frac{\partial}{\partial t} + c\frac{\partial}{\partial x}\right)u(x,t) = 2\frac{\partial}{\partial s}u(\xi,s) \tag{14.2.5}$$

となる。式 (14.2.5) は ξ を固定するごとに、

$$\frac{d}{ds}u(\xi,s) = 0 \tag{14.2.6}$$

という常微分方程式となる。式 (14.2.6) の解は

$$u(\xi,s) = u(\xi,0) \tag{14.2.7}$$

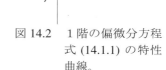

図 14.2　1階の偏微分方程式 (14.1.1) の特性曲線。

である。変数 (ξ,s) を変換前の変数 (x,t) に戻すと、初期条件 (14.1.2) より、

$$u(x,t) = u(x-ct,0) = u_0(x-ct) \tag{14.2.8}$$

と 1 階の偏微分方程式 (14.1.1) の解を得る。これはフーリエ変換を使って求めた解 (14.1.9) と一致する。

演習問題 14.1. [標準] 全実数 x と t で定義された関数 $u(x,t)$ に関する以下の偏微分方程式の初期値問題の解を求め、$t = 0, 1, 2, 3$ における $u(x,t)$ を図示せよ。

$$\frac{\partial u}{\partial t} + \frac{\partial u}{\partial x} = 0 \tag{14.2.9}$$

$$u(x, 0) = \begin{cases} 1 & (0 < x < 1) \\ 0 & (\text{上記以外の } x) \end{cases} \tag{14.2.10}$$

 X. 大気中の物質輸送

福島第一原子力発電所の事故により放射性物質が放出され、一部地域の住民は長期にわたる避難を余儀なくされている。この事故で放射性物質はどのように大気中を流れ、そして地面へと落下したのか、そのことは気象場、放射性物質放出量・核種および放出のタイミングの正確な見積もりが条件となるものの計算によって求めることができる。ここでは原子力発電所 $x = 0$ からある時刻 $t = 0$ の一瞬のうちに総量 N の物質が放出されたと仮定する。すると初期の放射性物質の濃度 ρ は、デルタ超関数により $\rho(x, 0) = N\delta(x)$ として表現できる。放射性物質の大気中の輸送は、風によって水平方向に流されるもの（移流とよぶ）、乱流とよばれる小規模の撹拌により拡がるもの（乱流拡散とよぶ）、および雨に物質が取り込まれるなどして地表面へと落下するもの（沈着とよぶ）の、三つが主である。このうち移流の効果は本節で学んだ 1 階の偏微分方程式によって、乱流拡散の効果は第 13 章で学んだ拡散方程式により表現できる。実際には沈着こそが本質的だが、いま移流と拡散のみで物質輸送が表現されると仮定する。風速 w は一様かつ一定とし、乱流拡散係数 κ を定数とすれば、物質の濃度 $\rho(x,t)$ は偏微分方程式

$$\frac{\partial \rho}{\partial t} + w \frac{\partial \rho}{\partial x} = \kappa \frac{\partial^2 \rho}{\partial x^2} \tag{14.2.11}$$

に従う。初期条件 $\rho(x, 0) = N\delta(x)$ のもと、無限にひろがる 1 次元空間を仮定すれば、式 (14.2.11) の解は

$$\rho(x, t) = \frac{N}{2\sqrt{\pi \kappa t}} \exp\left\{-\frac{(x - wt)^2}{4\kappa t}\right\} \tag{14.2.12}$$

となる。実際には 3 次元空間に移流および拡散されることから、式 (14.2.11) を 3 次元に拡張したものを考える。

14.3 波動方程式のフーリエ変換による解法

全実数 x および t で定義された関数 $u(x,t)$ に関する偏微分方程式の**初期値問題**

$$\frac{\partial^2 u}{\partial t^2} - c^2 \frac{\partial^2 u}{\partial x^2} = 0 \tag{14.3.1}$$

$$u(x,0) = u_0(x) \tag{14.3.2}$$

$$\frac{\partial u}{\partial t}(x,0) = u_1(x) \tag{14.3.3}$$

を**フーリエ変換**によって解く。式 (14.3.1) は**波動方程式**である。波動方程式の時間微分は 2 回なので、その初期値問題には二つの初期条件が必要である。

関数 $u(x,t)$ の x に関するフーリエ変換を式 (14.1.3) で与え、これを式 (14.3.1)-(14.3.3) に代入する。

$$\frac{\partial^2 U}{\partial t^2} + c^2 \xi^2 U = 0 \tag{14.3.4}$$

$$U(\xi,0) = \mathcal{F}[u_0] \tag{14.3.5}$$

$$\frac{\partial U}{\partial t}(\xi,0) = \mathcal{F}[u_1] \tag{14.3.6}$$

式 (14.3.4)-(14.3.6) は ξ を固定するごとに、t を独立変数とする常微分方程式の初期値問題とみなすことができる。式 (14.3.4)-(14.3.6) の解は、

$$U(\xi,t) = \mathcal{F}[u_0] \cos(c\xi t) + \mathcal{F}[u_1] \frac{\sin(c\xi t)}{c\xi} \tag{14.3.7}$$

である。フーリエ変換 (14.1.7) と同様に

$$\mathcal{F}[\delta(x+ct)] = \exp(ic\xi t) \tag{14.3.8}$$

がいえる。式 (14.1.7) と式 (14.3.8) を足して 2 で割り、両辺にフーリエ逆変換を施す。

$$\mathcal{F}^{-1}[\cos(c\xi t)] = \frac{\delta(x+ct) + \delta(x-ct)}{2} \tag{14.3.9}$$

次に、見返しのフーリエ変換表 (6) に $R = \dfrac{1}{2ct}$ を代入すると、

$$\mathcal{F}^{-1}\left[\frac{\sin(c\xi t)}{c\xi t}\right] = \begin{cases} \dfrac{1}{2ct} & (|x| < ct) \\[2mm] 0 & (|x| \geq ct) \end{cases} \tag{14.3.10}$$

第 14 章 波動方程式　　199

となる。これを t 倍した関数をいま

$$H(x,t) = \mathcal{F}^{-1}\left[\frac{\sin(c\xi t)}{c\xi}\right] = \begin{cases} \dfrac{1}{2c} & (|x| < ct) \\[2mm] 0 & (|x| \ge ct) \end{cases} \tag{14.3.11}$$

とおく。式 (14.3.7) にフーリエ逆変換を施す。フーリエ変換の畳み込み積分の公式 (13.3.5) を使うと、以下のように偏微分方程式の初期値問題 (14.3.1)-(14.3.3) の解が求められる。

$$\begin{aligned} u(x,t) &= u_0 * \mathcal{F}^{-1}\left[\cos(c\xi t)\right] + u_1 * \mathcal{F}^{-1}\left[\frac{\sin(c\xi t)}{c\xi}\right] \\ &= \int_{-\infty}^{\infty} u_0(y)\,\frac{\delta(x-y+ct) + \delta(x-y-ct)}{2}\,dy \\ &\qquad + \int_{-\infty}^{\infty} u_1(y)\,H(x-y,t)\,dy \end{aligned} \tag{14.3.12}$$

また、式 (14.3.11) より、

$$H(x-y,t) = \begin{cases} \dfrac{1}{2c} & (|x-y| < ct) \\[2mm] 0 & (|x-y| \ge ct) \end{cases} \tag{14.3.13}$$

となる。$|x-y| < ct$ は $-ct < x-y < ct$ となり、y に関して解くと $x-ct < y < x+ct$ という不等式になる。これより、式 (14.3.12) は

$$u(x,t) = \frac{1}{2}\left\{u_0(x+ct) + u_0(x-ct)\right\} + \frac{1}{2c}\int_{x-ct}^{x+ct} u_1(y)\,dy \tag{14.3.14}$$

となる。式 (14.3.14) を**ダランベールの公式**という。
d'Alembert formula

14.4 波動方程式と特性曲線

前節同様、波動方程式の初期値問題 (14.3.1)-(14.3.3) を考える。いま、演算子を因数分解すると、波動方程式(14.3.1) は

$$\left(\frac{\partial}{\partial t} - c\frac{\partial}{\partial x}\right)\left(\frac{\partial}{\partial t} + c\frac{\partial}{\partial x}\right) u = 0 \quad (14.4.1)$$

となる。このことから、(x,t) 平面上でのシグナルの伝播は二つの直線 $x - ct = \xi$ および $x + ct = \eta$ 上に沿っている (図 14.3)。つまり、波動方程式の解は正負両方向へ速度 c で移動することがイメージできる (図 14.4)。

ここでは波動方程式の特性曲線から変数変換 $(\xi, \eta) = (x - ct, x + ct)$ を施す。第 14.2 節と同様に、微分の変換公式 (12.3.9) を形式的に (x,t) から (ξ, η) への変数変換に当てはめる。

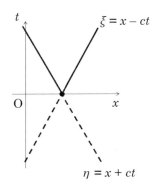

図 14.3　波動方程式の特性曲線。

$$\frac{\partial}{\partial x} = \frac{\partial \xi}{\partial x}\frac{\partial}{\partial \xi} + \frac{\partial \eta}{\partial x}\frac{\partial}{\partial \eta} = \frac{\partial}{\partial \xi} + \frac{\partial}{\partial \eta} \quad (14.4.2)$$

$$\frac{\partial}{\partial t} = \frac{\partial \xi}{\partial t}\frac{\partial}{\partial \xi} + \frac{\partial \eta}{\partial t}\frac{\partial}{\partial \eta} = -c\frac{\partial}{\partial \xi} + c\frac{\partial}{\partial \eta} \quad (14.4.3)$$

式 (14.4.2)-(14.4.3) より

$$\frac{\partial}{\partial t} - c\frac{\partial}{\partial x} = -2c\frac{\partial}{\partial \xi}, \quad \frac{\partial}{\partial t} + c\frac{\partial}{\partial x} = 2c\frac{\partial}{\partial \eta} \quad (14.4.4)$$

となる。式 (14.4.1) より、波動方程式 (14.3.1) は、

$$\frac{\partial^2}{\partial \xi \partial \eta} u(\xi, \eta) = -\frac{1}{4c^2}\left(\frac{\partial}{\partial t} - c\frac{\partial}{\partial x}\right)\left(\frac{\partial}{\partial t} + c\frac{\partial}{\partial x}\right) u(x,t) = 0 \quad (14.4.5)$$

となる。式 (14.4.5) は ξ と η の不定積分により解くことができる。まず、

$$\frac{\partial}{\partial \eta}\left(\frac{\partial u}{\partial \xi}\right) = 0 \quad (14.4.6)$$

であるから $\frac{\partial u}{\partial \xi}$ は η の関数ではなく、ξ のみの関数となる。これを $\phi(\xi)$ とおく。

$$\frac{\partial u}{\partial \xi} = \phi(\xi) \quad (14.4.7)$$

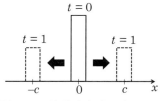

図 14.4　波動方程式の解。$t = 0$ のときと、$t = 1$ のときの様子。

第 14 章　波動方程式　　201

次に、式 (14.4.7) を ξ で積分する。すると、積分定数 g は η のみの関数となるので、ϕ の原始関数を f と書けば、以下のように波動方程式 (14.3.1) の一般解を得る。

$$u(\xi, \eta) = f(\xi) + g(\eta) = f(x - ct) + g(x + ct) \tag{14.4.8}$$

二つの初期条件 (14.3.2)-(14.3.3) より、関数 $f(x)$ と $g(x)$ に関する以下の連立方程式を得る。

$$u(x, 0) = f(x) + g(x) = u_0(x) \tag{14.4.9}$$

$$\frac{\partial u}{\partial t}(x, 0) = -cf'(x) + cg'(x) = u_1(x) \tag{14.4.10}$$

式 (14.4.10) を不定積分する。

$$f(x) - g(x) = -\frac{1}{c} \int^x u_1(y)\, dy + C \quad (C \text{ は積分定数}) \tag{14.4.11}$$

連立方程式 (14.4.9) および (14.4.11) を解くと、

$$f(x) = \frac{1}{2}\left(u_0(x) - \frac{1}{c} \int^x u_1(y)\, dy + C \right) \tag{14.4.12}$$

$$g(x) = \frac{1}{2}\left(u_0(x) + \frac{1}{c} \int^x u_1(y)\, dy - C \right) \tag{14.4.13}$$

となる。これより、波動方程式の初期値問題 (14.3.1)-(14.3.3) の解はダランベールの公式 (14.3.14) で与えられることが示された。

例題 14.1.　全実数 x および t で定義された関数 $u(x, t)$ に関する以下の偏微分方程式の初期値問題を解け。ダランベールの公式 (14.3.14) を用いてもよい。

$$\frac{\partial^2 u}{\partial t^2} - 4\frac{\partial^2 u}{\partial x^2} = 0 \tag{14.4.14}$$

$$u(x, 0) = u_0(x) = \begin{cases} 2 & (|x| < 1) \\ 0 & (|x| \geq 1) \end{cases} \tag{14.4.15}$$

$$\frac{\partial u}{\partial t}(x, 0) = 0 \tag{14.4.16}$$

解答 $c = 2$ としてダランベールの公式 (14.3.14) に当てはめると、

$$u(x, t) = \frac{1}{2}\{u_0(x + 2t) + u_0(x - 2t)\} \tag{14.4.17}$$

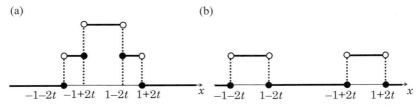

図 14.5　例題 14.1 の解 (14.4.19)。(a) $t < 1/2$ の場合と (b) $t \geq 1/2$ の場合。

(i) $t < 1/2$ のとき、$u_0(x+2t)$ と $u_0(x-2t)$ の間にはまだ重なりがある（図 14.5a）。

$$u(x,t) = \begin{cases} 2 & (-1+2t < x < 1-2t) \\ 1 & (-1-2t < x \leq -1+2t,\ 1-2t \leq x < 1+2t) \\ 0 & (x \leq -1-2t,\ 1+2t \leq x) \end{cases} \quad (14.4.18)$$

(ii) $t \geq 1/2$ のとき、もはや $u_0(x+2t)$ と $u_0(x-2t)$ の間に重なりはない（図 14.5b）。

$$u(x,t) = \begin{cases} 1 & (|x+2t| < 1,\ |x-2t| < 1) \\ 0 & （上記以外の x） \end{cases} \quad (14.4.19)$$

演習問題 14.2. [やや易] 式 (14.4.12)-(14.4.13) を式 (14.4.8) に代入し、ダランベールの公式 (14.3.14) を導け。

演習問題 14.3. [標準] ダランベールの公式 (14.3.14) を使って、全実数 x および t で定義された関数 $u(x,t)$ に関する以下の偏微分方程式の初期値問題の解を求めよ。また、$t = 1$ における解の概形を図示せよ。

$$\frac{\partial^2 u}{\partial t^2} - \frac{\partial^2 u}{\partial x^2} = 0 \quad (14.4.20)$$

$$u(x,0) = \exp\left(-\frac{x^2}{2}\right) \quad (14.4.21)$$

$$\frac{\partial u}{\partial t}(x,0) = 0 \quad (14.4.22)$$

演習問題 14.4. [難] ダランベールの公式 (14.3.14) を使って、全実数 x および t で定義された関数 $u(x,t)$ に関する以下の偏微分方程式の初期値問題の解を求めよ。また、$t = 1/8, 1/4, 1/2, 1$ における解を図示せよ。

$$\frac{\partial^2 u}{\partial t^2} - \frac{\partial^2 u}{\partial x^2} = 0 \quad (14.4.23)$$

$$u(x,0) = 0 \quad (14.4.24)$$

$$\frac{\partial u}{\partial t}(x,0) = \begin{cases} 1 & (0 < x < 1) \\ 0 & （上記以外の x） \end{cases} \quad (14.4.25)$$

14.5 波の固定端の反射

本節では半無限区間に対する波動方程式の初期値問題を解説する。解の場合分けが煩雑になることを避けるため、以降、$t \geq 0$ に限定するが、時間負方向に向かって解くこともできる。$x \geq 0$ かつ $t \geq 0$ で定義された関数 $u(x,t)$ に関する偏微分方程式の初期値境界値問題

$$\frac{\partial^2 u}{\partial t^2} - c^2 \frac{\partial^2 u}{\partial x^2} = 0$$
$$(x > 0,\ t > 0) \qquad (14.5.1)$$
$$u(x,0) = u_0(x) \qquad (x \geq 0) \qquad (14.5.2)$$
$$\frac{\partial u}{\partial t}(x,0) = u_1(x) \qquad (x \geq 0) \qquad (14.5.3)$$
$$u(0,t) = 0 \qquad (t \geq 0) \qquad (14.5.4)$$

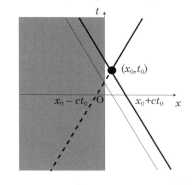

図 14.6 半無限区間における波動方程式の特性曲線。

を「折り返し法」を用いて解く(第 13.5 節)。
ディリクレ境界条件 (14.5.4) を満たすように、関数 $u(x,t)$ を x が負の領域に拡張する。

$$\begin{cases} u(x,t) & (x \geq 0) \\ -u(-x,t) & (x < 0) \end{cases} \qquad (14.5.5)$$

ディリクレ境界条件を満たす場合、境界では固定端における波の反射が起こる。

x が負の領域まで拡張した関数 u に対し、ダランベールの公式 (14.3.14) に当てはめると、波動方程式の解は

$$u(x,t) = \frac{1}{2}\{u(x+ct,0) + u(x-ct,0)\} + \frac{1}{2c}\int_{x-ct}^{x+ct} \frac{\partial u}{\partial t}(y,0)\,dy \qquad (14.5.6)$$

となる。式 (14.5.6) に負方向に拡張した初期条件を代入する。$x - ct \geq 0$ の場合は $u(x,0)$ を $u_0(x)$ に、$\frac{\partial u}{\partial t}(x,0)$ を $u_1(x)$ に置き換えるだけでよい。一方、$x - ct < 0$ の場合は、公式において x が負となる部分を u が奇関数であることを使って $u(x,0)$ を $-u_0(-x)$ に、$\frac{\partial u}{\partial t}(x,0)$ を $-u_1(-x)$ に置き換える。$x - ct < 0$ のとき

$$\int_0^{x+ct} u_1(y)\,dy + \int_{x-ct}^0 -u_1(-y)\,dy = \int_0^{x+ct} u_1(y)\,dy - \int_0^{ct-x} u_1(z)\,dz \qquad (14.5.7)$$

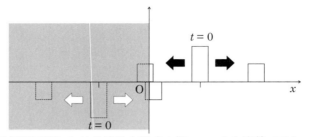

図 14.7　半無限区間における波動方程式の解。$x \geq 0$ を実線で表し、$x < 0$ を点線で表した。実線部分の和が解である。

であることに注意すると、解は $x - ct$ の正負によって場合分けが生じる。

$$u(x,t) = \begin{cases} \dfrac{1}{2}\{u_0(x+ct) - u_0(ct-x)\} + \dfrac{1}{2c}\displaystyle\int_{ct-x}^{x+ct} u_1(y)\,dy & (x-ct < 0) \\ \dfrac{1}{2}\{u_0(x+ct) + u_0(x-ct)\} + \dfrac{1}{2c}\displaystyle\int_{x-ct}^{x+ct} u_1(y)\,dy & (x-ct \geq 0) \end{cases} \tag{14.5.8}$$

この解を (x,t) 平面上に特性曲線を書き込んでみよう（図 14.6）。(x_0, t_0) にやってくる波は $x_0 - ct_0 < 0$ の場合、$x < 0$ に仮想的に設けた初期条件から伝わってくると考える（図 14.7）。実際に (x_0, t_0) へ伝播するのは、$(x_0 + ct_0, 0)$ から直接やってくる波と、$x = 0$ の壁に反射されてやってくる波の二つである。後者は、$x = 0$ がディリクレ境界条件の場合、仮想的に設けた $(x_0 - ct_0, 0)$ より射出される位相が反転した波と言い換えてもよい。

演習問題 14.5. [標準] $x \geq 0$ かつ $t \geq 0$ で定義された関数 $u(x,t)$ に関する以下の偏微分方程式の初期値境界値問題の解を $t = 0, 1, 2, 3$ についてそれぞれ図示せよ。

$$\frac{\partial^2 u}{\partial t^2} - \frac{\partial^2 u}{\partial x^2} = 0 \quad (x > 0, t > 0) \tag{14.5.9}$$

$$u(x,0) = \begin{cases} 2 & (1 \leq x \leq 2) \\ 0 & (\text{上記以外の } x) \end{cases} \tag{14.5.10}$$

$$\frac{\partial u}{\partial t}(x,0) = 0 \quad (x \geq 0) \tag{14.5.11}$$

$$u(0,t) = 0 \quad (t \geq 0) \tag{14.5.12}$$

（ヒント）$1 \leq x \leq 2$ に初期に二つの正方形のブロックを重ねて置き、それぞれ速度 1 で左右に動かす。また、仮想的に負領域にも反対称に正方形のブロックを二つ重ね置いて、同様に左右に動かす。方程式を解くことなく、この足し合わせを答えとすることもできるだろう。

14.6 波の自由端の反射

前節における半無限区間の偏微分方程式の初期値境界値問題 (14.5.1)-(14.5.4) の
ディリクレ境界条件 (14.5.4) を**ノイマン境界条件**

$$\frac{\partial u}{\partial x}(0, t) = 0 \tag{14.6.1}$$

に置き換える。この条件を満たす場合、境界では自由端における波の反射が起こ
る。これを「折り返し法」で解くためには、偶関数を仮定して、関数 $u(x,t)$ を x
が負の領域へ拡張すればよい。

$$\begin{cases} u(x, t) & (x \geq 0) \\ u(-x, t) & (x < 0) \end{cases} \tag{14.6.2}$$

ダランベールの公式 (14.3.14) にノイマン境界条件を満たすように x が負の領域
へ拡張した初期条件を代入する。$x - ct \geq 0$ の場合は $u(x,0)$ を $u_0(x)$ に、$\dfrac{\partial u}{\partial t}(x,0)$
を $u_1(x)$ に置き換えればよい。$x - ct < 0$ の場合は u が偶関数であることから、
$u(x,0)$ を $u_0(-x)$ に、$\dfrac{\partial u}{\partial t}(x,0)$ を $u_1(-x)$ に置き換える。これより $x = 0$ における
ノイマン境界条件を満たす波動方程式の解は以下のように求められる。

$$u(x,t) = \begin{cases} \dfrac{1}{2}\left\{u_0(x+ct) + u_0(ct-x)\right\} + \dfrac{1}{2c}\displaystyle\int_{ct-x}^{x+ct} u_1(y)\,dy \\ \qquad\qquad\qquad\qquad + \dfrac{1}{c}\displaystyle\int_0^{ct-x} u_1(y)\,dy \quad (x - ct < 0) \\ \dfrac{1}{2}\left\{u_0(x+ct) + u_0(x-ct)\right\} + \dfrac{1}{2c}\displaystyle\int_{x-ct}^{x+ct} u_1(y)\,dy \quad (x - ct \geq 0) \end{cases} \tag{14.6.3}$$

演習問題 14.6. [やや難] 式 (14.5.6) にノイマン境界条件 (14.6.1) を満たすように x
が負の領域に拡張した初期条件を代入し、式 (14.6.3) を導け。

第15章 グリーン関数

本章では非斉次ラプラス方程式（ポワッソン方程式）の境界値問題をグリーン関数を使って解く方法を解説する。そのために2次元におけるデルタ超関数や部分積分の公式を導入する必要がある。

15.1 2次元デルタ超関数

1次元デルタ超関数 $\delta(x)$ は、原点以外では 0 の値をもち、式 (13.1.6) を満たすものとして定義した。この定義を拡張して、2次元**デルタ超関数**を定義する。2次元デルタ超関数 $\delta(x_1, x_2)$ は

$$\delta(x_1, x_2) = 0 \qquad ((x_1, x_2) \neq (0,0)) \tag{15.1.1}$$

および

$$\int_{-\infty}^{\infty} \int_{-\infty}^{\infty} u(x_1, x_2)\, \delta(x_1 - y_1, x_2 - y_2)\, dx_1\, dx_2 = u(y_1, y_2) \tag{15.1.2}$$

を満たすものとする。式 (15.1.1)-(15.1.2) は2次元ベクトル $\boldsymbol{x}$ や $\boldsymbol{y}$ を使って、それぞれ

$$\delta(\boldsymbol{x}) = 0 \qquad (\boldsymbol{x} \neq \boldsymbol{0}) \tag{15.1.3}$$

$$\int_{-\infty}^{\infty} \int_{-\infty}^{\infty} u(\boldsymbol{x})\, \delta(\boldsymbol{x} - \boldsymbol{y})\, d\boldsymbol{x} = u(\boldsymbol{y}) \tag{15.1.4}$$

と表記できる。

1次元デルタ超関数 $\delta(x)$ は x に関して偶関数、つまり $\delta(-x) = \delta(x)$ であった。2次元デルタ超関数 $\delta(\boldsymbol{x})$ は回転対称である。つまり、**回転行列** $\mathsf{R}(\theta)$（式 (4.1.14)）に対し、

$$\delta(\mathsf{R}(\theta)\boldsymbol{x}) = \delta(\boldsymbol{x}) \tag{15.1.5}$$

が成り立つ。このことは以下のように示すことができる。無限遠方で急減少な関数 $u(\boldsymbol{x})$ を式 (15.1.5) の左辺に乗じ、2次元平面で積分する。

$$\int_{-\infty}^{\infty} \int_{-\infty}^{\infty} \delta(\mathsf{R}(\theta)\boldsymbol{x})\, u(\boldsymbol{x})\, d\boldsymbol{x} = \int_{-\infty}^{\infty} \int_{-\infty}^{\infty} \delta(\boldsymbol{y})\, u(\mathsf{R}(-\theta)\boldsymbol{y})\, d(\mathsf{R}(-\theta)\boldsymbol{y}) \tag{15.1.6}$$

ここで、$\boldsymbol{y} = \mathsf{R}(\theta)\boldsymbol{x}$ の変数変換を行った。回転により面素のサイズは変わらないので、$d(\mathsf{R}(-\theta)\boldsymbol{y}) = d\boldsymbol{y}$ である。よって、式 (15.1.6) より

$$\int_{-\infty}^{\infty} \int_{-\infty}^{\infty} \delta(\mathsf{R}(\theta)\boldsymbol{x})\, u(\boldsymbol{x})\, d\boldsymbol{x} = \int_{-\infty}^{\infty} \int_{-\infty}^{\infty} \delta(\boldsymbol{y})\, u(\mathsf{R}(-\theta)\boldsymbol{y})\, d\boldsymbol{y} = u(\boldsymbol{0}) \qquad (15.1.7)$$

となる。一方、2 次元デルタ超関数の定義 (15.1.4) から

$$\int_{-\infty}^{\infty} \int_{-\infty}^{\infty} \delta(\boldsymbol{x})\, u(\boldsymbol{x})\, d\boldsymbol{x} = u(\boldsymbol{0}) \qquad (15.1.8)$$

である。式 (15.1.7)-(15.1.8) より 2 次元デルタ超関数の回転対称性 (15.1.5) が示された。したがって、平面極座標（第 6.5 節）で表すと、2 次元デルタ超関数は半径 r のみの関数といえる。

2 変数関数における**畳み込み積分**は式 (13.3.1) を拡張することで、以下のように定義できる。無限遠方で急減少な関数 $f(\boldsymbol{x})$ および $g(\boldsymbol{x})$ に対して、畳み込み積分は

$$(f * g)(\boldsymbol{x}) = \int_{-\infty}^{\infty} \int_{-\infty}^{\infty} f(\boldsymbol{y})\, g(\boldsymbol{x} - \boldsymbol{y})\, d\boldsymbol{y} \qquad (15.1.9)$$

である。2 次元デルタ超関数の回転対称性より

$$\delta(\boldsymbol{x} - \boldsymbol{y}) = \delta(\boldsymbol{y} - \boldsymbol{x}) \qquad (15.1.10)$$

となるから、以下の計算で示す通り、関数 u とデルタ超関数 δ の畳み込み積分は関数 u 自身となる。

$$\begin{aligned}
(u * \delta)(\boldsymbol{x}) &= \int_{-\infty}^{\infty} \int_{-\infty}^{\infty} u(\boldsymbol{y})\, \delta(\boldsymbol{x} - \boldsymbol{y})\, d\boldsymbol{y} \\
&= \int_{-\infty}^{\infty} \int_{-\infty}^{\infty} u(\boldsymbol{y})\, \delta(\boldsymbol{y} - \boldsymbol{x})\, d\boldsymbol{y} = u(\boldsymbol{x}) \qquad (15.1.11)
\end{aligned}$$

演習問題 15.1. [やや易] 2 変数標準正規分布

$$N(\boldsymbol{x}) = \frac{1}{2\pi} \exp\left(-\frac{|\boldsymbol{x}|^2}{2}\right) \qquad (15.1.12)$$

に対し、$\displaystyle\int_{-\infty}^{\infty} \int_{-\infty}^{\infty} N(\boldsymbol{x})\, \delta(\boldsymbol{x})\, d\boldsymbol{x}$ を求めよ。

15.2 ラプラス方程式の基本解

本節以降、**ポワッソン方程式**
Poisson equation

$$\nabla^2 u(\boldsymbol{x}) = f(\boldsymbol{x}) \tag{15.2.1}$$

をラプラス方程式の基本解によって構成することを目標とする。

まず、ラプラス方程式の基本解は

$$\nabla^2 u(\boldsymbol{x}) = \delta(\boldsymbol{x}) \tag{15.2.2}$$

を満たす $u(\boldsymbol{x})$ と定義する。式 (15.2.2) は原点 $\boldsymbol{x} = \boldsymbol{0}$ 以外ではラプラス方程式そのものである。

$$\nabla^2 u(\boldsymbol{x}) = 0 \qquad (\boldsymbol{x} \neq \boldsymbol{0}) \tag{15.2.3}$$

また、第 15.1 節から 2 次元デルタ超関数は回転対称であるから、式 (15.2.2) の解は半径 r のみに依存する。そこで、ラプラシアンを平面極座標で表し（第 12.3 節参照）、関数 $u(\boldsymbol{x})$ を r のみの関数 $E(r)$ とする。すると、式 (15.2.2) は

$$\frac{d^2 E}{dr^2} + \frac{1}{r}\frac{dE}{dr} = \delta(r) \tag{15.2.4}$$

となる。$r > 0$ で式 (15.2.4) を満たす解を考える。

$$\frac{1}{r}\frac{d}{dr}\left(r\frac{dE}{dr} \right) = 0 \tag{15.2.5}$$

式 (15.2.5) に r を乗じて、1 回積分すると、

$$r\frac{dE}{dr} = C \qquad (C \text{ は積分定数}) \tag{15.2.6}$$

となる。さらに、r で除して、もう 1 回積分すると、

$$E(r) = C \log r + D \qquad (C \text{ と } D \text{ は積分定数}) \tag{15.2.7}$$

となる。ここで解の一つである

$$E(\boldsymbol{x}) = \frac{1}{2\pi} \log |\boldsymbol{x}| \tag{15.2.8}$$

をラプラス方程式の**基本解**という。本書の程度を超えるため、係数が $\dfrac{1}{2\pi}$ となる理由を説明しないが、確かに $\nabla^2 E(\boldsymbol{x}) = \delta(\boldsymbol{x})$ が成り立つ。

15.3 線積分・面積分とグリーンの定理

Ω を図 15.1 に示す領域とし、その境界 $\partial\Omega$ は滑らかであるとする。

まず、そのような境界に沿った積分を**線積分** (line integral) として定義する。境界 $\partial\Omega$ 上で定義された関数 $f(\boldsymbol{x})$ に対する線積分は $\int_{\partial\Omega} f(\boldsymbol{x})\, d\sigma_x$ である。ここで $d\sigma_x$ は線積分の経路線の微小変化であり、線素とよばれる。たとえば、Ω を円盤 $|\boldsymbol{x}| \leq R$ とすると、その境界 $\partial\Omega$ は円周 $|\boldsymbol{x}| = R$ となる。このとき、境界 $\partial\Omega$ 上での関数 $f(\boldsymbol{x})$ の線積分は、

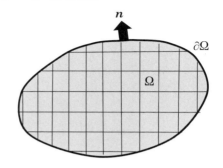

図 15.1 グリーンの定理における領域 Ω とその境界 $\partial\Omega$。$\boldsymbol{n}$ は境界に直交する外向き法線ベクトルである。

$$\int_{\partial\Omega} f(\boldsymbol{x})\, d\sigma_x = \int_0^{2\pi} f(R\cos\theta, R\sin\theta)\, R\, d\theta \tag{15.3.1}$$

となる。

次に、領域 Ω 内における積分を**面積分** (surface integral) として定義する。領域 Ω 内で定義された関数 $f(\boldsymbol{x})$ に対する面積分は $\int_\Omega f(\boldsymbol{x})\, d\boldsymbol{x}$ である。ここで $d\boldsymbol{x}$ は面積分の領域を構成する面の微小領域であり、面素とよばれる。たとえば、Ω を円盤 $|\boldsymbol{x}| \leq R$ とすると、領域 Ω 内での関数 $f(\boldsymbol{x})$ の面積分は

$$\int_\Omega f(\boldsymbol{x})\, d\boldsymbol{x} = \int_0^R \int_0^{2\pi} f(r\cos\theta, r\sin\theta)\, r\, dr\, d\theta \tag{15.3.2}$$

となる。いま、面素が $r\, dr\, d\theta$ となることに注意せよ（図 6.3b）。

さて、このような準備をもとに、領域 Ω で定義された関数 $u(\boldsymbol{x})$ および $v(\boldsymbol{x})$ に対し、以下の**グリーンの定理** (Green's theorem) （または**グリーンの第1恒等式** (Green's first identity)）が成り立つことを示す。

$$\int_\Omega u\nabla^2 v\, d\boldsymbol{x} = -\int_\Omega \nabla u \cdot \nabla v\, d\boldsymbol{x} + \int_{\partial\Omega} u\frac{\partial v}{\partial n}\, d\sigma_x \tag{15.3.3}$$

ここで、n は図 15.1 に示すように境界 $\partial\Omega$ の外向き法線方向である。また、∇（ナブラ）は $\nabla = \begin{pmatrix} \partial/\partial x_1 \\ \partial/\partial x_2 \end{pmatrix}$ と定義される微分演算子である。

図 15.2a に示す正方形領域で、式 (15.3.3) の左辺を部分積分する。

$$
\int_0^1 \int_0^1 u \left(\frac{\partial^2 v}{\partial x_1^2} + \frac{\partial^2 v}{\partial x_2^2} \right) dx_1 \, dx_2
$$

$$
= \int_0^1 \left[u \frac{\partial v}{\partial x_1} \right]_{x_1=0}^1 dx_2 - \int_0^1 \int_0^1 \frac{\partial u}{\partial x_1} \frac{\partial v}{\partial x_1} \, dx_1 \, dx_2
$$

$$
+ \int_0^1 \left[u \frac{\partial v}{\partial x_2} \right]_{x_2=0}^1 dx_1 - \int_0^1 \int_0^1 \frac{\partial u}{\partial x_2} \frac{\partial v}{\partial x_2} \, dx_1 \, dx_2
$$

$$
= \int_0^1 u(1, x_2) \frac{\partial v}{\partial x_1}(1, x_2) \, dx_2 - \int_0^1 u(0, x_2) \frac{\partial v}{\partial x_1}(0, x_2) \, dx_2
$$

$$
+ \int_0^1 u(x_1, 1) \frac{\partial v}{\partial x_2}(x_1, 1) \, dx_1 - \int_0^1 u(x_1, 0) \frac{\partial v}{\partial x_2}(x_1, 0) \, dx_1
$$

$$
- \int_0^1 \int_0^1 \nabla u \cdot \nabla v \, dx_1 \, dx_2 \tag{15.3.4}
$$

辺 $x_1 = 0$ の法線ベクトルは $(-1, 0)$ であり、辺 $x_2 = 0$ の法線ベクトルは $(0, -1)$ であることに注意すると、グリーンの定理 (15.3.3) が正方形領域で成り立つことが示された。

次に、図 15.2a の正方形を二つ並べて長方形を領域としてみよう(図 15.2b)。左右それぞれの正方形についてグリーンの定理 (15.3.3) が成り立つ。グリーンの定理の面積分の部分は、正方形二つを合わせて長方形にするのだから、積分の範囲が長方形に拡大される。一方、線積分は左の正方形に対するものと、右の正方形に対するものの足し算になる。その両者の線積分に共通する $x_1 = 1$ $(0 \leq x_2 \leq 1)$ の線分に着目する。$x_1 = 1$ に沿った線積分の法線ベクトルは、左の正方形に対しては黒矢印 $(1, 0)$ であるのに対し、右の正方形に対しては白矢印 $(-1, 0)$ である。よって、式 (15.3.3) の右辺第 2 項の線積分のうち、$x_1 = 1$ に沿った線積分は相殺され、結局、長方形領域の周囲に対する線積分のみが残る。よって、長方形領域を Ω とすると、これについてもグリーンの定理 (15.3.3) が成り立つ。図 15.1 のように領域 Ω を網目状に切り刻んで、一つ一つ正方形を組み合わせていくと、最終的にグリーンの定理 (15.3.3) は一般の領域 Ω についても成り立つことがいえる。

式 (15.3.3) の左辺と右辺第 1 項は 2 次元の面積分で、右辺第 2 項は 1 次元の線積分である。式 (6.3.2) の左辺と右辺第 2 項は 1 次元の積分で、右辺第 1 項は端点の値(0 次元の積分)であることと比較すると、グリーンの定理 (15.3.3) は部分積分の公式 (6.3.2) の拡張であるといえる。

ちなみに、**グリーンの第 2 恒等式**
Green's second identity

$$
\int_\Omega \left(u \nabla^2 v - v \nabla^2 u \right) d\boldsymbol{x} = \int_{\partial\Omega} \left(u \frac{\partial v}{\partial n} - v \frac{\partial u}{\partial n} \right) d\sigma_x \tag{15.3.5}
$$

第 15 章 グリーン関数　211

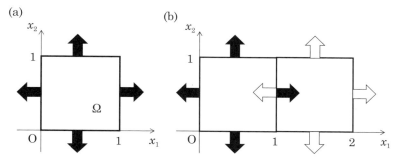

図 15.2 (a) グリーンの定理の証明に利用する正方形領域とその境界上の法線ベクトル。(b) (a) を左右に並べた長方形領域とその境界上の法線ベクトル。

というグリーンの定理の別形式がある。これは、式 (15.3.3) から式 (15.3.3) の u と v を入れ替えた

$$\int_\Omega v\nabla^2 u\,d\boldsymbol{x} = -\int_\Omega \nabla v\cdot\nabla u\,d\boldsymbol{x} + \int_{\partial\Omega} v\frac{\partial u}{\partial n}\,d\sigma_x \tag{15.3.6}$$

を引くことで得られる。

 Y. 3 次元ラプラス方程式の基本解

自然科学の問題では、しばしば 3 次元ラプラス方程式が登場するので、本コラムにて補足しておく。$\boldsymbol{x}=(x_1,x_2,x_3)$ の 3 次元空間で定義された関数 $u(\boldsymbol{x})$ に関するラプラス方程式

$$\left(\frac{\partial^2}{\partial x_1^2}+\frac{\partial^2}{\partial x_2^2}+\frac{\partial^2}{\partial x_3^2}\right)u(x_1,x_2,x_3)=0 \tag{15.3.7}$$

の基本解は $E(\boldsymbol{x})=-\dfrac{1}{4\pi|\boldsymbol{x}|}$ である。ポワッソン方程式の境界値問題は 2 次元平面のときと同じように、式 (15.4.5) の公式で求めることができる。ただし、式 (15.4.5) の左辺と右辺第 1 項は面積分ではなく体積分、右辺第 2 項は線積分ではなく面積分である。なお、電磁気学を知っている人は、基本解とは電位のことと考えればよい。また、例題 15.1 ⇨ p.212 は電気双極子に対し、電位を求めていることに他ならない。

15.4 ポワッソン方程式の境界値問題

ラプラス方程式の基本解とグリーンの定理を組み合わせて、**ポワッソン方程式**

$$\nabla^2 u(\boldsymbol{x}) = f(\boldsymbol{x}) \tag{15.4.1}$$

の解を求める。

まず、グリーンの第2恒等式 (15.3.5) の v に、ラプラス方程式の基本解 $E(\boldsymbol{x} - \boldsymbol{y})$ を代入する。積分の変数は $\boldsymbol{y}$ とし、$\boldsymbol{x}$ を定数と考える。すると、ある領域 Ω とその境界 $\partial\Omega$ に対し、

$$\int_\Omega \left\{ u(\boldsymbol{y}) \, \nabla^2 E(\boldsymbol{x} - \boldsymbol{y}) - E(\boldsymbol{x} - \boldsymbol{y}) \, \nabla^2 u(\boldsymbol{y}) \right\} d\boldsymbol{y} =$$
$$\int_{\partial\Omega} \left\{ u(\boldsymbol{y}) \frac{\partial}{\partial n} E(\boldsymbol{x} - \boldsymbol{y}) - E(\boldsymbol{x} - \boldsymbol{y}) \frac{\partial}{\partial n} u(\boldsymbol{y}) \right\} d\sigma_y \tag{15.4.2}$$

が成り立つ。基本解 (15.2.8) の性質

$$\nabla^2 E(\boldsymbol{x} - \boldsymbol{y}) = \delta(\boldsymbol{x} - \boldsymbol{y}) \tag{15.4.3}$$

より、式 (15.4.2) の左辺第1項は

$$\int_\Omega u(\boldsymbol{y}) \, \nabla^2 E(\boldsymbol{x} - \boldsymbol{y}) \, d\boldsymbol{y} = \int_\Omega u(\boldsymbol{y}) \, \delta(\boldsymbol{x} - \boldsymbol{y}) \, d\boldsymbol{y} = u(\boldsymbol{x}) \tag{15.4.4}$$

となる。式 (15.4.1) に注意すると、下記のポワッソン方程式の解の公式を得る。

$$u(\boldsymbol{x}) = \int_\Omega f(\boldsymbol{y}) \, E(\boldsymbol{x} - \boldsymbol{y}) \, d\boldsymbol{y}$$
$$+ \int_{\partial\Omega} \left\{ u(\boldsymbol{y}) \frac{\partial}{\partial n} E(\boldsymbol{x} - \boldsymbol{y}) - E(\boldsymbol{x} - \boldsymbol{y}) \frac{\partial}{\partial n} u(\boldsymbol{y}) \right\} d\sigma_y \tag{15.4.5}$$

境界 $\partial\Omega$ を無限遠方に伸ばしたとき、式 (15.4.5) の右辺第1項のみでポワッソン方程式 (15.4.1) の解の一つを表すことができる。

$$u(\boldsymbol{x}) = \int_\Omega f(\boldsymbol{y}) \, E(\boldsymbol{x} - \boldsymbol{y}) \, d\boldsymbol{y} \tag{15.4.6}$$

ただし、$u(\boldsymbol{x}) = x_1 x_2$ のようなラプラス方程式を満たす解を足しても、ポワッソン方程式の解となる。つまり、境界条件なしではポワッソン方程式の解は一意に定めることができない。

例題 15.1. 2次元平面内で定義された関数 $u(\boldsymbol{x})$ に関する以下のポワッソン方程式の解の一つを求めよ。

$$\nabla^2 u = \delta(x_1, x_2 - 1) - \delta(x_1, x_2 + 1) \tag{15.4.7}$$

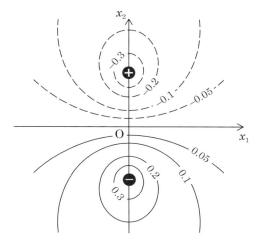

図 15.3　例題 15.1 の解 (15.4.8)。+の記号のところに正の外力として $\delta(x_1, x_2-1)$ を、−の記号のところに負の外力として $-\delta(x_1, x_2+1)$ を置いた。

解答 ポワッソン方程式の解は式 (15.4.6) で与えられるので、それに $f(\boldsymbol{y}) = \delta(y_1, y_2-1) - \delta(y_1, y_2+1)$ を代入する。

$$\begin{aligned}
u(x_1, x_2) &= \int_{-\infty}^{\infty} \int_{-\infty}^{\infty} \{\delta(y_1, y_2-1) - \delta(y_1, y_2+1)\} \times \\
&\qquad \frac{1}{2\pi} \log \sqrt{(x_1-y_1)^2 + (x_2-y_2)^2} \, dy_1 \, dy_2 \\
&= \frac{1}{2\pi} \log \sqrt{x_1^2 + (x_2-1)^2} - \frac{1}{2\pi} \log \sqrt{x_1^2 + (x_2+1)^2} \\
&= \frac{1}{4\pi} \log \frac{x_1^2 + (x_2-1)^2}{x_1^2 + (x_2+1)^2}
\end{aligned} \qquad (15.4.8)$$

ポワッソン方程式 (15.4.7) は、$(x_1, x_2) = (0, 1)$ に正の外力を、$(x_1, x_2) = (0, -1)$ に負の外力を置いた問題である。この解 (15.4.8) は、基本解を $(x_1, x_2) = (0, 1)$ 中心においたものと、基本解を $(x_1, x_2) = (0, -1)$ 中心においたものの −1 倍の和となっている（図 15.3）。注目すべきは、正の外力を加えたまわりには負の値の解（応答）が、負の外力を加えたまわりには正の値の解（応答）があることである。このように**ラプラシアン**には符号を反転させる効果がある。さらに、解は x_1 軸に対し反対称になっていて、x_1 軸上の解の値は 0 である。このことは上半平面における境界値問題を解くときにヒントとなる（第 15.5 節）。

214

　ポワッソン方程式の解の公式 (15.4.5) を使うと、ポワッソン方程式の境界値問題を解くことができる。いま領域 Ω 内で定義された関数 $u(\boldsymbol{x})$ および $f(\boldsymbol{x})$ および領域 Ω の境界 $\partial\Omega$ 上で定義された関数 $g(\boldsymbol{x})$ に関する偏微分方程式の境界値問題

$$\nabla^2 u = f(\boldsymbol{x}) \qquad (\boldsymbol{x} \text{ は領域 } \Omega \text{ 内の点}) \tag{15.4.9}$$

$$u(\boldsymbol{x}) = g(\boldsymbol{x}) \qquad (\boldsymbol{x} \text{ は境界 } \partial\Omega \text{ 上の点}) \tag{15.4.10}$$

を考える。**ディリクレ境界条件** (15.4.10) は、ノイマン境界条件に変更してもよいが、ノイマン境界条件の場合は、下記とは異なる議論になる。次節で具体的な領域に対して与えられた非斉次方程式と境界条件を満たす解を記述することを目標に、以下の準備をする。

　まず、**グリーン関数**を基本解 $E(\boldsymbol{x}-\boldsymbol{y})$ と補正関数 $h(\boldsymbol{x},\boldsymbol{y})$ の和として

$$G(\boldsymbol{x},\boldsymbol{y}) = E(\boldsymbol{x}-\boldsymbol{y}) + h(\boldsymbol{x},\boldsymbol{y}) \tag{15.4.11}$$

と定義する。ここで、補正関数 $h(\boldsymbol{x},\boldsymbol{y})$ は領域 Ω 内でラプラス方程式を満たし、境界 $\partial\Omega$ 上でグリーン関数が 0 になるように定める。つまり、$h(\boldsymbol{x},\boldsymbol{y})$ はある固定された $\boldsymbol{x}$ に対し

$$\nabla^2 h(\boldsymbol{x},\boldsymbol{y}) = 0 \qquad (\boldsymbol{y} \text{ は領域 } \Omega \text{ 内の点}) \tag{15.4.12}$$

$$h(\boldsymbol{x},\boldsymbol{y}) = -E(\boldsymbol{x}-\boldsymbol{y}) \quad (\boldsymbol{y} \text{ は境界 } \partial\Omega \text{ 上の点}) \tag{15.4.13}$$

を満たすようにする。グリーンの第 2 恒等式 (15.3.5) の v に補正関数 h を代入する。

$$0 = \int_\Omega f(\boldsymbol{y})\, h(\boldsymbol{x},\boldsymbol{y})\, d\boldsymbol{y}$$
$$+ \int_{\partial\Omega} \left\{ u(\boldsymbol{y})\frac{\partial}{\partial n}h(\boldsymbol{x},\boldsymbol{y}) + E(\boldsymbol{x}-\boldsymbol{y})\frac{\partial}{\partial n}u(\boldsymbol{y}) \right\} d\sigma_y \tag{15.4.14}$$

式 (15.4.5) と式 (15.4.14) の辺々を足す。

$$u(\boldsymbol{x}) = \int_\Omega f(\boldsymbol{y})\, G(\boldsymbol{x},\boldsymbol{y})\, d\boldsymbol{y} + \int_{\partial\Omega} g(\boldsymbol{y})\frac{\partial}{\partial n}G(\boldsymbol{x},\boldsymbol{y})\, d\sigma_y \tag{15.4.15}$$

このように、ポワッソン方程式の境界値問題 (15.4.9)-(15.4.10) の解 $u(\boldsymbol{x})$ は、非斉次項 $f(\boldsymbol{x})$ とグリーン関数 $G(\boldsymbol{x},\boldsymbol{y})$ の積の面積分と、境界値 $g(\boldsymbol{x})$ とグリーン関数の微分の積の線積分との和として表現できる。

演習問題 15.2. [標準] 2 次元平面で定義された関数 $u(\boldsymbol{x})$ に関する以下のポワッソン方程式の解の一つを求め、解を図示せよ。

$$\nabla^2 u(x_1,x_2) = \delta(x_1-1,x_2-1) - \delta(x_1+1,x_2-1)$$
$$+ \delta(x_1+1,x_2+1) - \delta(x_1-1,x_2+1) \tag{15.4.16}$$

第 15 章　グリーン関数　215

15.5　鏡像法とグリーン関数

まず、x_1 軸上で定義された関数 $g(x_1)$ ならびに上半平面で定義された関数 $u(x_1, x_2)$ および $f(x_1, x_2)$ に関するポワッソン方程式の境界値問題

$$\nabla^2 u(x_1, x_2) = f(x_1, x_2) \qquad (x_2 > 0) \tag{15.5.1}$$

$$u(x_1, 0) = g(x_1) \tag{15.5.2}$$

を考える。上半平面における点 $\boldsymbol{x} = \begin{pmatrix} x_1 \\ x_2 \end{pmatrix}$ の**鏡像点**を $\boldsymbol{x}^* = \begin{pmatrix} x_1 \\ -x_2 \end{pmatrix}$ と定義する。
mirror point
補正関数を式 (15.4.12)-(15.4.13) を満たすように

$$h(\boldsymbol{x}, \boldsymbol{y}) = -E(\boldsymbol{x}^* - \boldsymbol{y}) \tag{15.5.3}$$

と定義する。すると、グリーン関数は

$$\begin{aligned}
G(\boldsymbol{x}, \boldsymbol{y}) &= \frac{1}{2\pi} \log |\boldsymbol{x} - \boldsymbol{y}| - \frac{1}{2\pi} \log |\boldsymbol{x}^* - \boldsymbol{y}| \\
&= \frac{1}{2\pi} \log \sqrt{(x_1 - y_1)^2 + (x_2 - y_2)^2} - \frac{1}{2\pi} \log \sqrt{(x_1 - y_1)^2 + (x_2 + y_2)^2} \\
&= \frac{1}{4\pi} \log \frac{(x_1 - y_1)^2 + (x_2 - y_2)^2}{(x_1 - y_1)^2 + (x_2 + y_2)^2}
\end{aligned} \tag{15.5.4}$$

と計算できる。$\boldsymbol{y}$ が境界上にあるとき、$y_2 = 0$ である。これを式 (15.5.4) に代入すると、境界上の $\boldsymbol{y}$ のグリーン関数 $G(\boldsymbol{x}, \boldsymbol{y})$ の値は以下のように 0 になる。

$$G(\boldsymbol{x}, \boldsymbol{y}) = \frac{1}{4\pi} \log \frac{(x_1 - y_1)^2 + x_2^2}{(x_1 - y_1)^2 + x_2^2} = 0 \tag{15.5.5}$$

また、式 (15.4.15) の右辺第 2 項を具体的に計算するため、境界上におけるグリーン関数の微分 $\dfrac{\partial G}{\partial n}$ を求める必要がある。上半平面の外向き法線方向は下向き $(0, -1)$ であること（図 15.4a）に注意すると、

$$\begin{aligned}
\frac{\partial G}{\partial n} &= -\frac{\partial G}{\partial y_2} \\
&= -\frac{1}{2\pi} \frac{y_2 - x_2}{(x_1 - y_1)^2 + (x_2 - y_2)^2} + \frac{1}{2\pi} \frac{y_2 + x_2}{(x_1 - y_1)^2 + (x_2 + y_2)^2}
\end{aligned} \tag{15.5.6}$$

と計算できる。$\boldsymbol{y}$ が境界上の点、つまり $y_2 = 0$ ならば、グリーン関数の微分は

$$\frac{\partial G}{\partial n} = \frac{x_2}{\pi \{(x_1 - y_1)^2 + x_2^2\}} \tag{15.5.7}$$

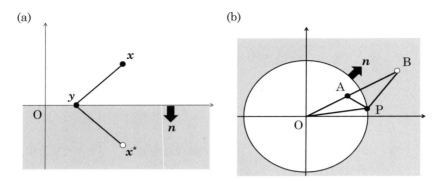

図 15.4　(a) 上半平面におけるポワッソン方程式を鏡像法で解くための解説の図。n は外向き法線ベクトル、y は境界上の点、x^* は x の鏡像点である。
(b) 円盤領域におけるポワッソン方程式を鏡像法で解くための解説の図。位置ベクトル x が示す点を A、その鏡像点を B、および位置ベクトル y が示す円周上の点を P とした。

となる。式 (15.5.6) は上半平面におけるラプラス方程式の**ポワッソン核**になっている。したがって、ポワッソン方程式の境界値問題 (15.5.1)-(15.5.2) の解は、式 (15.4.15) に非斉次項 $f(x_1, x_2)$、境界値 $g(x_1)$、グリーン関数 (15.5.4)、およびその微分 (15.5.6) を代入したものになる。

次に、原点中心で半径 a の円盤領域で定義された $u(\boldsymbol{x})$ と $f(\boldsymbol{x})$ に関するポワッソン方程式の境界値問題

$$\nabla^2 u(x_1, x_2) = f(x_1, x_2) \qquad (x_1^2 + x_2^2 < a^2) \qquad (15.5.8)$$

$$u(x_1, x_2) = g(x_1, x_2) \qquad (x_1^2 + x_2^2 = a^2) \qquad (15.5.9)$$

を考える。関数 $g(\boldsymbol{x})$ は円周上で定義されているとする。原点中心で半径 a の円盤内の点 $\boldsymbol{x}$ に対する鏡像点は $\boldsymbol{x}^* = \dfrac{a^2}{|\boldsymbol{x}|^2}\boldsymbol{x}$ である（図 15.4b）。このとき、図 15.4b において、三角形 OAP と三角形 OPB は二辺比挟角相等により相似である。よって、$\boldsymbol{y}$ が境界上にあるとき、

$$|\boldsymbol{x}^* - \boldsymbol{y}| = \frac{a}{|\boldsymbol{x}|}|\boldsymbol{x} - \boldsymbol{y}| \qquad (15.5.10)$$

が成り立つ。グリーン関数を

$$G(\boldsymbol{x}, \boldsymbol{y}) = E(\boldsymbol{x} - \boldsymbol{y}) - E\left(\frac{|\boldsymbol{x}|}{a}(\boldsymbol{x}^* - \boldsymbol{y})\right) \qquad (15.5.11)$$

第 15 章　グリーン関数　**217**

とおく。もし $\boldsymbol{y}$ が境界上の点ならば、式 (15.5.10) より $G(\boldsymbol{x}, \boldsymbol{y}) = 0$ となる。また、$y_r = \sqrt{y_1^2 + y_2^2}$ に対し、

$$\frac{\partial}{\partial y_r} = \frac{y_1}{|\boldsymbol{y}|}\frac{\partial}{\partial y_1} + \frac{y_2}{|\boldsymbol{y}|}\frac{\partial}{\partial y_2} \tag{15.5.12}$$

である（演習問題 12.4 ☞ p.169 を参考にせよ）。円盤の境界における外向き法線方向が動径方向であること（図 15.4b）に注意すると、$\boldsymbol{y}$ が境界の点であるとき、

$$\begin{aligned}
\frac{\partial G}{\partial n} = \frac{\partial G}{\partial y_r} &= \frac{y_1}{|\boldsymbol{y}|}\frac{\partial G}{\partial y_1} + \frac{y_2}{|\boldsymbol{y}|}\frac{\partial G}{\partial y_2} \\
&= \frac{1}{2\pi}\sum_{k=1}^{2}\left\{\frac{y_k}{|\boldsymbol{y}|}\frac{y_k - x_k}{|\boldsymbol{x} - \boldsymbol{y}|^2} - \frac{y_k}{|\boldsymbol{y}|}\frac{y_k - x_k^*}{|\boldsymbol{x}^* - \boldsymbol{y}|^2}\right\} \\
&= \frac{1}{2\pi}\sum_{k=1}^{2}\left[\frac{y_k}{|\boldsymbol{y}|}\frac{1}{|\boldsymbol{x} - \boldsymbol{y}|^2}\left\{(y_k - x_k) - \frac{|\boldsymbol{x}|^2}{a^2}\left(y_k - \frac{a^2}{|\boldsymbol{x}|^2}x_k\right)\right\}\right] \\
&= \frac{1}{2\pi}\frac{|\boldsymbol{y}|^2}{|\boldsymbol{y}||\boldsymbol{x} - \boldsymbol{y}|^2}\left(1 - \frac{|\boldsymbol{x}|^2}{a^2}\right) = \frac{1}{2\pi a}\frac{a^2 - |\boldsymbol{x}|^2}{|\boldsymbol{x} - \boldsymbol{y}|^2} \tag{15.5.13}
\end{aligned}$$

と計算できる。式 (15.5.11) と式 (15.5.13) の結果を、式 (15.4.15) に代入したものが、ポワッソン方程式の境界値問題 (15.5.8)-(15.5.9) の解となる。ここで、式 (15.5.13) で導いたものは**ポワッソン核**であり、これは式 (12.6.6) と同じである。

演習問題 15.3. [やや難] 上半平面において定義された関数 $u(x_1, x_2)$ に関する以下のラプラス方程式の境界値問題を解け。

$$\nabla^2 u(x_1, x_2) = 0 \qquad\qquad (x_2 > 0) \tag{15.5.14}$$
$$u(x_1, 0) = 1 \tag{15.5.15}$$

演習問題 15.4. [やや難] 第 1 象限において定義された関数 $u(x_1, x_2)$ に関する以下のポワッソン方程式の境界値問題を解け。

$$\nabla^2 u(x_1, x_2) = \delta(x_1 - 1, x_2 - 1) \qquad (x_1 > 0,\ x_2 > 0) \tag{15.5.16}$$
$$u(x_1, 0) = 0 \qquad\qquad (x_1 \geq 0) \tag{15.5.17}$$
$$u(0, x_2) = 0 \qquad\qquad (x_2 \geq 0) \tag{15.5.18}$$

（ヒント）演習問題 15.2 ☞ p.214 を参考にせよ。

演習問題 15.5. [易] 原点中心の単位円盤に対し、点 $\left(\dfrac{1}{2}, \dfrac{1}{2}\right)$ の鏡像点を求めよ。

演習問題 15.6. [標準] 式 (15.5.13) は式 (12.6.6) と同じであることを証明せよ。

あとがき

　ここまで本書を読んでくれたことに心から感謝します。さらに先を学習したい読者のために、本書で扱いきれなかった二点を記して終わりとしたい。

　本書で扱いきれなかった項目のうち、数学的に高度という理由であきらめたものが、特殊関数と積分変換である。たとえば、ラプラス変換は常微分方程式の非斉次問題（第3章）を解くときに利用できる。また、フーリエ正弦変換やフーリエ余弦変換は半無限区間における偏微分方程式の解法（第13.5節、第13.6節、第14.5節、および第14.6節）に便利である。このように、本書で扱ったフーリエ変換以外にもさまざまな積分変換がある。さらに、円盤上の熱拡散方程式や球面上のラプラス方程式を解く際、解を指数関数と三角関数の組み合わせで表現することができなくなる。たとえば、解の表示にベッセル関数とルジャンドル関数といった特殊関数を用いる（コラムP）。これらの点について、さらに学習したい人のために本書の語り口に似た下記の良書を紹介したい。

- 演習形式で学ぶ特殊関数・積分変換入門（蓬田清著）、共立出版、294pp。

　一方、実用の目的で微分方程式を解くとき、筆算で解けることはまれである。この理由は微分方程式が複雑であることや、初期条件や境界条件などが関数ではなくデータとして与えられるためである。たいていは、コラムFにあるように、微分方程式を数値的に解くのである。このような数値解法には解き方のノウハウが多くあり、安直に微分を差分に置き換えればよいというものではない。また、差分法以外にも有限要素法や境界要素法といった手法がある。数値解法の習熟には実際にプログラミングを行って、計算機上で解の挙動を体験することが肝要である。そのためにも、偏微分方程式の数値解法については以下がよい指南書と思う。

- 偏微分方程式の数値シミュレーション第2版（登坂宣好・大西和榮著）、東京大学出版会、304pp。

索引

L
L^2-ノルム 107

Z
Z変換 96

あ
安定渦状点 82, 84
安定結節点 77, 84
鞍点 78, 84

い
一般解 21

う
ウォリス積分 93
渦心点 82, 85

え
エルミート行列 52
エルミート内積 53
円錐曲線 68

お
オイラーの公式 2, 12
オイラー方程式 170, 172

か
解軌道 73
階数
　行列の— 55
　常微分方程式の— 21
　偏微分方程式の— 126
解析関数 12

回転行列 53, 206
ガウス分布 95
加法定理 4

き
奇関数 86
基底 57
ギブスの現象 102
基本解
　常微分方程式の— 21
　熱拡散方程式の— 186
　ラプラス方程式の— 208
逆行列 54
逆三角関数 10
逆正弦関数 10
逆正接関数 10
逆余弦関数 10
境界条件 111
境界値問題
　常微分方程式の— 111
　ラプラス方程式の— 163
共振 41
強制振動 40, 158
鏡像点 215
共鳴 41, 42
共役複素数 6
行列 50
行列式 54
行列積 51
行列の射影 64
極形式 6

虚軸 6

く

偶関数 86
グリーン関数
　熱拡散方程式の— 145, 190
　波動方程式の— 155
　ラプラス方程式の— 166, 175,
　214
グリーンの第1恒等式 209
グリーンの第2恒等式 210
グリーンの定理 209
クロネッカーのデルタ 67, 176

け

ケーリーハミルトンの定理 64

こ

高速フーリエ変換 109
誤差関数 188
固定端 203
固有関数 111, 165
固有関数展開 113, 144, 147
固有値 59, 111
固有値解析 59
固有ベクトル 60

さ

差分 25
三角不等式 107
三倍角の公式 4

し

自己随伴 120
自己随伴行列 52
自乗積分 101
指数行列 65, 73
実関数 15
実軸 6

自明解 58
射影行列 64
自由端 205
縮退 113
常微分方程式 16
初期条件 17, 127
初期値境界値問題
　熱拡散方程式の— 129
　波動方程式の— 153
初期値問題
　1階偏微分方程式の— 194
　常微分方程式の— 17
　熱拡散方程式の— 185
　波動方程式の— 198
ジョルダン分解 82

す

随伴行列 52
数値積分 97
スツルム＝リュービル問題 122
スペクトル分解 65

せ

正規化 61
正規直交基底 58, 106
正規分布 95
斉次方程式 21
正則行列 54
正方行列 50
積和の公式 5
零行列 52
線型 21
線型重ね合わせ 131, 154, 165, 173
線型結合 21, 57
線型作用素 43
線型写像 58
線型独立 21, 47, 57
線積分 209

索引　221

全微分　　. 167

そ

双曲型偏微分方程式　. 126

双曲線　. 69

双曲線関数　. 3

た

対角化　. 62

対角行列　. 52

対角和　. 60

台形公式　. 97

対称行列　. 52

楕円　. 69

楕円型偏微分方程式　. 126

畳み込み積分　. . . . . . . 183, 207

ダランベールの公式　. 199

ダランベルシャン　. 152

単位行列　. 52

ち

直交基底　. 57

直交行列　. 53

沈降点　. 77

て

定在波　. 154

テイラー展開　. . . . . 12, 85

ディリクレ境界条件114, 129, 163, 189,
203, 214

デルタ超関数

1次元の—　　　　177

2次元の—　　　　206

転置行列　. 52

と

峠点　. 78

等値線図　. 137

特殊解　. 34

特性曲線　. 196

特性方程式　. 22

特解　. . . . . 34, 46

ドモアブルの定理　. 5

な

内積

関数の—　　　　107, 120

ベクトルの—　　　　52

に

二次曲線　. 68

二次形式　. 68

二重階乗　. 93

二倍角の公式　. 5

ね

熱核　. 186

熱拡散方程式　. . . . . . . 126, 185

の

ノイマン境界条件　116, 134, 192, 205

ノルム　. 53

は

パーセバルの等式　. . . . 101, 107

波動方程式　. . . . . 152, 198

ひ

非自明解　. . . . . 58, 111

非斉次境界条件　. 150

非斉次項　. . . . . 21, 147, 158, 163

非斉次方程式

常微分方程式の—　　　　34

偏微分方程式の—　　　　147

非線型　. 85

標準正規分布　. 95

ふ

不安定渦状点　. . . . . 80, 85

不安定結節点　　………… 76, 84
フーリエ逆変換　　…………　179
フーリエ係数　　………… 99
フーリエ正弦展開　　… … 115
フーリエ展開　　　　　 98, 110
フーリエ変換　　… 179, 194, 198
フーリエ余弦展開　　…… 117
複素関数　　……………… 15
複素数　　…………… 6
複素フーリエ係数　　…… 104
複素フーリエ展開　　…… 104
複素平面　　……………… 6
不動点　　……………… 73
部分積分　　……………… 90
分散　　………………… 95
分離定数　　　　 129, 153

へ

平滑化作用　　… … … 133
平面極座標　　…………… 96, 168
べき等行列　　…………… 65
べき零行列　　…………… 82
偏角　　………………… 6
変数分離
　　常微分方程式の—　　 18
　　振動方程式の—　　　 153
　　熱拡散方程式の—　　 129
　　ラプラス方程式の—　 164, 171
変数変換　　…… 168, 170, 196
偏微分　　……………… 124
偏微分方程式　　………… 124

ほ

放物型偏微分方程式　　……… 126
補正関数　　………… 190, 214
ポワッソン核　　… 175, 216, 217
ポワッソンの公式　　…… 175
ポワッソン方程式　　… 208, 212

ま

マクローリン展開　　… … 13
マチンの公式　　………… 15

め

面積分　　…………… 209

や

ヤコビ行列　　……………　85

ゆ

湧昇点　　………… 76
ユニタリー行列　　………　53

ら

ラグランジュの定数変化法　…. 46
ラプラシアン　… 162, 167, 213
ラプラス方程式　　………… 162

り

力学系　　……………　85
離散フーリエ逆変換　　…… 108
離散フーリエ変換　　…… 109

る

ルジャンドル多項式　　… 123
ルジャンドル微分方程式　…. 123

れ

連立常微分方程式　　…… 72

ろ

ロピタルの定理　　………… 14
ロンスキー行列式　　……. 23, 48

稲津　將（いなつ まさる）

1977 年　北海道岩見沢市生まれ
1998 年　京都大学理学部中退
2002 年　北海道大学　博士（地球環境科学）取得、東京
大学気候システム研究センター特任助教などを経て
現在　北海道大学大学院理学研究院教授
専門　気象学

解ける！ 使える！ 微分方程式
2016 年 12 月 10 日　第 1 刷発行
2022 年 2 月 25 日　第 2 刷発行

著　者　稲　津　　將
発行者　櫻　井　義　秀

発行所　北海道大学出版会
札幌市北区北 9 条西 8 丁目 北海道大学構内（〒060-0809）
Tel. 011（747）2308・Fax. 011（736）8605・http://www.hup.gr.jp

㈱アイワード　　　　　　　　　　　　　　Ⓒ 2016　稲津　將
ISBN978-4-8329-8226-0

地球惑星科学入門 ［第2版］	在田一則 竹下　徹 見延庄士郎 渡部重十	編著	A5・478頁 価格 3000 円
地球と生命の進化学 ―新・自然史科学 Ⅰ―	沢田　健 綿貫　豊 西　弘嗣 栃内　新 馬渡峻輔	編著	A5・290頁 価格 3000 円
地球の変動と生物進化 ―新・自然史科学 Ⅱ―	沢田　健 綿貫　豊 西　弘嗣 栃内　新 馬渡峻輔	編著	A5・300頁 価格 3000 円

―――――――――― 北海道大学出版会 ――――――――――

価格は税別

公式集

■オイラーの公式■

$$e^{i\theta} = \cos\theta + i\sin\theta$$

$$\cos\theta = \frac{e^{i\theta} + e^{-i\theta}}{2}, \qquad \sin\theta = \frac{e^{i\theta} - e^{-i\theta}}{2i}$$

■三角関数の加法定理■

$$\cos(\alpha + \beta) = \cos\alpha\cos\beta - \sin\alpha\sin\beta$$

$$\sin(\alpha + \beta) = \cos\alpha\sin\beta + \cos\beta\sin\alpha$$

■三角関数の二倍角の公式■

$$\cos 2\theta = 2\cos^2\theta - 1 = 1 - 2\sin^2\theta$$

$$\sin 2\theta = 2\sin\theta\cos\theta$$

■三角関数の三倍角の公式■

$$\cos 3\theta = 4\cos^3\theta - 3\cos\theta$$

$$\sin 3\theta = 3\sin\theta - 4\sin^3\theta$$

■三角関数の積和の公式■

$$\cos\alpha\cos\beta = \frac{1}{2}\cos(\alpha + \beta) + \frac{1}{2}\cos(\alpha - \beta)$$

$$\sin\alpha\sin\beta = -\frac{1}{2}\cos(\alpha + \beta) + \frac{1}{2}\cos(\alpha - \beta)$$

$$\sin\alpha\cos\beta = \frac{1}{2}\sin(\alpha + \beta) + \frac{1}{2}\sin(\alpha - \beta)$$

■積の微分と部分積分■

$$(fg)' = f'g + fg'$$

$$\int f'g = fg - \int fg'$$

■テイラー展開■無限回微分可能な関数 $f(x)$ に対し、

$$f(x) = \sum_{k=0}^{\infty} \frac{f^{(k)}(x_0)}{k!}(x - x_0)^k$$